SOCIÉTÉ CENTRALE DES ARCHITECTES

FONDÉE EN 1840 — AUTORISÉE EN 1843
DÉCLARÉE D'UTILITÉ PUBLIQUE PAR DÉCRET DU 4 AOUT 1865

MANUEL

DES

LOIS DU BATIMENT

DEUXIÈME ÉDITION, REVUE ET AUGMENTÉE

PREMIER VOLUME — PREMIÈRE PARTIE

LE BEAU-LE VRAI-L'UTILE

PARIS
LIBRAIRIE GÉNÉRALE DE L'ARCHITECTURE
ET DES TRAVAUX PUBLICS
DUCHER ET Cie
Éditeurs de la Société Centrale des Architectes
51, RUE DES ÉCOLES, 51
1880

MANUEL

DES

LOIS DU BATIMENT

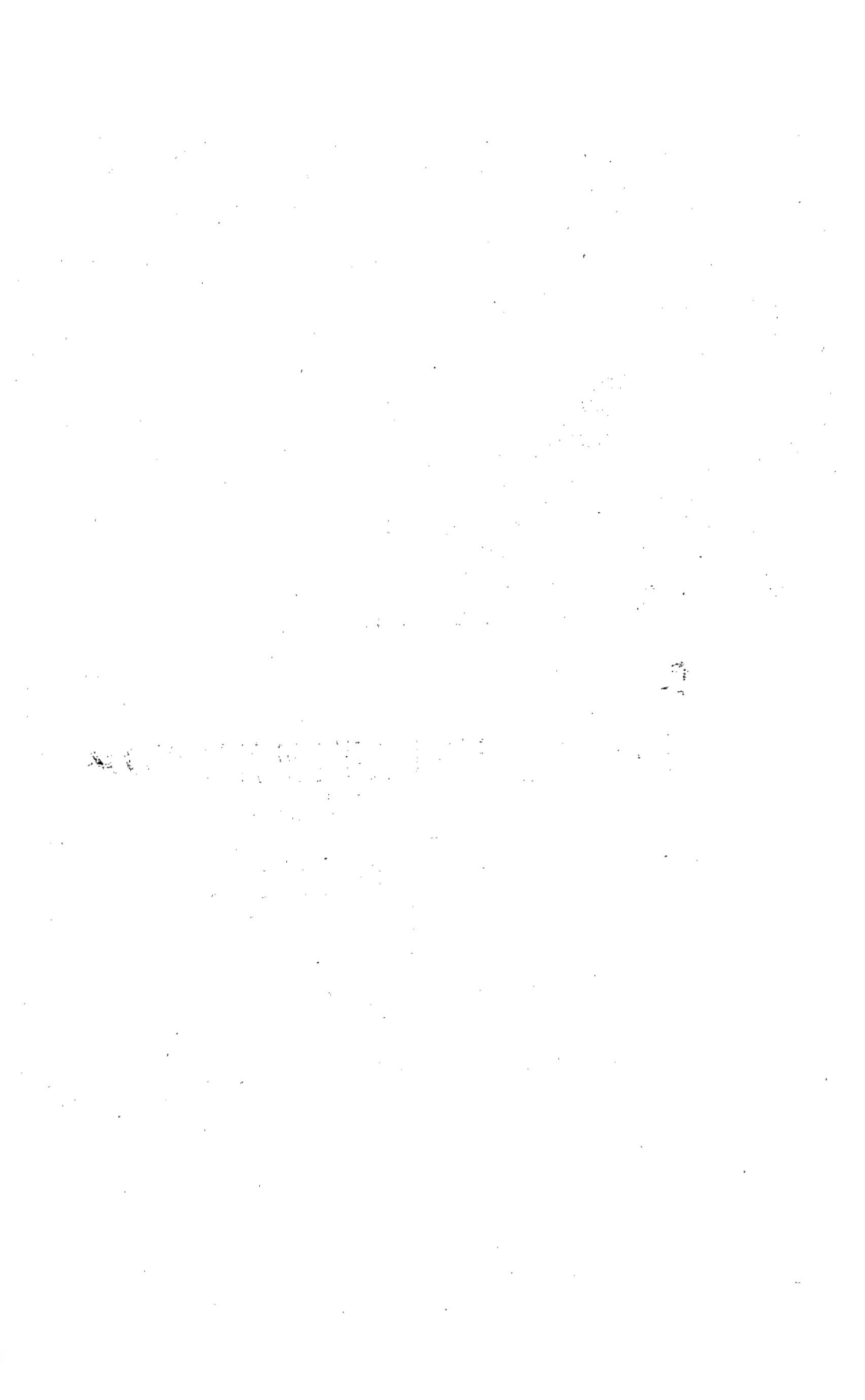

SOCIÉTÉ CENTRALE DES ARCHITECTES

FONDÉE EN 1840 — AUTORISÉE EN 1843
DÉCLARÉE D'UTILITÉ PUBLIQUE PAR DÉCRET DU 4 AOUT 1865

MANUEL

DES

LOIS DU BATIMENT

DEUXIÈME ÉDITION, REVUE ET AUGMENTÉE

PREMIER VOLUME — PREMIÈRE PARTIE

LE·BEAU·LE·VRAI·L'UTILE

PARIS

LIBRAIRIE GÉNÉRALE DE L'ARCHITECTURE

ET DES TRAVAUX PUBLICS

DUCHER ET Cⁱᵉ

Éditeurs de la Société Centrale des Architectes

51, RUE DES ÉCOLES, 51

1879

COMMISSION DE REVISION

DU

MANUEL DES LOIS DU BATIMENT

ET

CONSEIL JUDICIAIRE DE LA SOCIÉTÉ

Cette deuxième édition a été préparée par les soins d'une Commission composée de MM. ACH. LUCAS, président; BELLE, BIENAIMÉ, DAVIOUD, DESTORS, DUVERT, FANOST, GANCEL, GAUDRÉ, J. HÉNARD, HERMANT, CH. LE POITTEVIN, TOUCHARD, L. CERNESSON, rapporteur, et CH. LUCAS, secrétaire. Elle a été discutée par le Conseil de la Société et adoptée par la Société réunie en Assemblée générale, après avoir été contrôlée par le Conseil judiciaire de la Société, composé de MM. MATHIEU, avocat à la Cour d'appel; DE LA CHÈRE, avocat à la Cour de cassa-

tion; GLANDAZ, *président honoraire de la Chambre des avoués,* et LESAGE, *avoué honoraire près le Tribunal de première instance, membres honoraires,* et de MM. BÉTOLAUD, *ancien bâtonnier de l'ordre des avocats,* ALBERT MARTIN, *avocat à la Cour d'appel;* DU ROUSSET, *notaire;* SAINT-AMAND, *avoué honoraire près le Tribunal de première instance,* et PELLERIN, *avoué près le Tribunal de première instance, membres titulaires de ce Conseil.*

DIVISION DE L'OUVRAGE

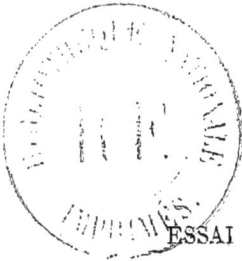

PREMIER VOLUME

PREMIÈRE PARTIE

ESSAI HISTORIQUE SUR LA LÉGISLATION
DU BATIMENT.

DEUXIÈME VOLUME
PREMIERE PARTIE

Section IV. — Usages anciens, Règlements adminis-
tratifs et Lois complémentaires. —
Jurisprudence spéciale.
(Table analytique et chronologique.

DEUXIÈME PARTIE

Section V. — COMPLÉMENTS.

I. — Coutumes locales.
II. — Formules : Marchés, Deman-
des, Rapports, Baux, etc.
(Table analytique.)

TABLE GÉNÉRALE ALPHABÉTIQUE ET MÉTHODIQUE.

AVIS IMPORTANT

Dès le 8 juillet 1876, un fascicule de cent vingt-quatre pages de texte et quarante-deux figures, portant le titre de PROJET DE REVISION DU MANUEL DES LOIS DU BATIMENT, *était distribué aux membres de la Société pour servir de base à la discussion en Assemblée générale des Commentaires des articles du Code civil préparés en vue de cette deuxième édition.*

A la suite de la discussion en Assemblée générale et des observations faites par son Conseil judiciaire, la Société a apporté des modifications, tant au texte qu'aux figures de son travail primitif.

Ce travail n'était destiné à aucune publicité, et cependant un grand nombre des figures qu'il renfermait ont été imitées ou servilement copiées et reproduites, à l'insu de la Société, dès le mois de septembre suivant.

La Société croit devoir signaler le plagiat commis et se réserver tous droits de publication et de reproduction du présent Manuel.

Paris, 28 décembre 1878.

Le Président de la Société,

LESUEUR,

Membre de l'Institut.

PRÉFACE DES ÉDITEURS

En présentant au public une seconde édition du *Manuel des Lois du Bâtiment* que publiait la Société centrale des architectes, il y a dix-sept ans, nous croyons devoir signaler aux lecteurs les nombreuses modifications qui ont été apportées au premier Manuel par la commission chargée de préparer cette nouvelle édition. Certes si jamais livre réédité a pu justement être qualifié d'œuvre revue, corrigée et considérablement augmentée, c'est celui-ci. Sans perdre son caractère de Manuel, — c'est-à-dire, de recueil destiné à un fréquent usage et toujours consulté dans la pratique des choses de l'art de bâtir, que la Société centrale des architectes a tenu à lui conserver, — le modeste volume publié en 1863 est devenu un ouvrage en deux tomes d'environ huit cents pages chacun. Il a quadruplé.

Plusieurs causes ont concouru à ce résultat. Le nombre des articles du Code civil insérés dans la première section a été de beaucoup augmenté. Une deuxième section, contenant des extraits du Code de procédure civile qui ne figuraient pas dans la première édition, a été ajoutée. Les commentaires placés à la suite des articles de loi, partout où la nécessité s'en est manifestée, sont beaucoup plus complets, partant plus étendus. En outre, un grand nombre de documents officiels nouveaux (lois, décrets, ordonnances ou arrêtés des divers pouvoirs publics régissant la voirie ou les constructions) viennent s'ajouter, en les complétant, à ceux compris dans la première édition.

Mais ce qui surtout contribue à donner une extension considérable au nouveau Manuel ce sont les chapitres suivants, inédits, et qui ne figuraient pas dans celui de 1863. 1° Sous le titre de *Jurisprudence du bâtiment*, un recueil des arrêts, presque toujours reproduits *in extenso*, de la Cour de cassation et du Conseil d'État, qui fixent aujourd'hui la jurisprudence en matière de construction; 2° la reproduction des principales coutumes locales, de telle sorte qu'il n'est pas un point de la France où le Manuel ne puisse être utilement consulté; 3° un recueil de modèles et de formules pour la plupart des actes qu'un architecte peut être appelé à rédiger : marchés pour entreprise de travaux, rapports d'expert, baux, etc.

Ce n'est que justice de rappeler ici le succès obtenu par le premier Manuel des lois du bâtiment, succès si bien établi par ce fait que, depuis dix ans, il est à peu près impossible de s'en procurer un exemplaire en librairie, à quelque prix que ce soit. Aussi que ne doit-on pas attendre du second qui, sans répudier aucun lien de famille avec son aîné, mais bien autrement complet, lui est supérieur à tous les points de vue !

Cette supériorité, dont chacun pourra se convaincre facilement par l'examen le plus rapide et le plus superficiel, est le fruit d'un travail assidù et de longue haleine. La Société centrale des architectes a fait cette œuvre sienne en la discutant durant plusieurs séances de Conseil et d'Assemblée générale, et en l'adoptant. Mais elle l'a reçue des mains d'une Commission qui a consacré plus de deux cents réunions à la préparer, à la discuter, avec une persévérance sans pareille, un amour profond de son travail, une véritable passion du vrai. Au point de vue des connaissances, comme à celui de l'expérience, cette Commission composée de MM. Belle, Bienaimé, Cernesson, Davioud, Destors, Duvert, Fanost, Gancel, J. Hénard, Hermant, Le Poittevin, Ach. Lucas, Ch. Lucas et Touchard, ne le cédait en rien à celle qui avait élaboré la première édition du Manuel, et dont plusieurs de ses membres d'ailleurs avaient fait partie ; elle offrait donc toutes les garanties possibles. Cependant, pas plus que sa devancière, elle n'a voulu s'en rapporter uniquement à elle-même ; et le Conseil judiciaire de la Société a été appelé par elle à contrôler ses principes et ses théories.

Ces travaux préliminaires accomplis, une sous-commission, prise dans le sein de la Commission et composée de MM. Cernesson, Duvert, Hermant, Ach. Lucas et Ch. Lucas, fut chargée de coordonner

les matières du nouveau Manuel ; d'arrêter définitivement la rédaction des commentaires ; de colliger les arrêts de la Cour de cassation et du Conseil d'État, qui fixent la jurisprudence spéciale du
bâtiment ; de recueillir les règlements administratifs, les lois complémentaires, et tout ce qui,
dans les usages anciens, peut présenter de l'intérêt ;
d'établir enfin les formules des divers actes dont
il a paru utile de donner des modèles.

Nous ne craignons donc pas de le dire : cet ouvrage, bien que devenu fort volumineux en la
forme, n'en sera pas moins un *vade mecum* indispensable à tous, aux architectes, aux ingénieurs
civils, aux entrepreneurs, aux propriétaires mêmes.
Les avocats et les avoués y trouveront aussi d'utiles
renseignements. Enfin, nous espérons que la magistrature accueillera ce Manuel avec faveur, car,
ainsi que le dit M. Ach. Lucas, à la fin de son essai
historique sur la législation du bâtiment, en rappelant heureusement un mot de Montaigne : *C'est
icy un livre de bonne foy.*

DUCHER et Cⁱᴱ,

Éditeurs de la Société centrale des Architectes.

MANUEL

DES

LOIS DU BATIMENT

———

ESSAI HISTORIQUE

SUR LA

LÉGISLATION DU BATIMENT.

Paris. — Imprimerie Arnous de Rivière, rue Racine 26.

ESSAI HISTORIQUE

SUR LA LÉGISLATION DU BATIMENT (1)

LA PROPRIÉTÉ, SON ORIGINE. — Le bâtiment, quelles que soient d'ailleurs sa forme et sa destination, implique l'idée de la propriété, cette source principale de faits litigieux dont les solutions, sous forme de jugements ou d'arrêts, constituent une partie notable de la législation générale : il semble donc utile de rappeler ici la définition de la propriété.

La Propriété (C. C. (2), art. 544) est le droit de jouir et disposer des choses de la manière la plus absolue, pourvu qu'on n'en fasse pas un usage prohibé par les lois ou par les règlements.

En dehors de cette acception générale, la pro-

(1) Lu et adopté en séance de la Commission le 20 janvier 1876 et lu au *Congrès des Architectes français* le 14 juin suivant.
(2) C. C., *Code civil.* — Le libellé des articles du Code est emprunté à la vingt-septième édition des *Codes français* de TRIPIER, Paris, in-8°, A. Cotillon et Cⁱᵉ, 1877.

1

priété est dite *mobilière*, de *mobilis*, qui peut se transporter d'un lieu dans un autre sans détério-ration, ou *immobilière*, de *immobilis*, qui ne peut être mû, déplacé.

Le propriétaire peut déléguer tout ou partie de ses droits à des tiers qui, suivant les termes de cette délégation, sont généralement désignés sous les noms d'*usufruitiers*, *usagers*, *locataires*, etc.

L'idée de propriété est inhérente à la nature humaine, elle est d'instinct naturel et remonte à l'origine des sociétés; quant au droit de propriété, il n'est pas contestable, et le premier homme qui cultiva le sol put se l'approprier et se dire : *Cette terre est mienne, cette terre est comme une partie de moi* (3).

S'il est impossible d'assigner une date à l'établis-sement de ce droit de propriété, on peut affirmer, du moins, qu'il remonte à la plus haute antiquité; en effet, nous voyons dans la Genèse (4), qu'après la mort de Sarah (vers l'an 2 000 av. J.-C.), Abra-ham acheta d'Éphron, qui vivait au milieu des enfants de Heth, en la ville d'Arbée, au pays de Chanaan, et moyennant quatre cents sicles d'argent,

---

(3) FUSTEL DE COULANGES, *la Cité antique*, c. VI, p. 67, 2ᵉ édit., in-8°, Paris, Hachette, 1866.

(4) C. XXIII, traduction LEMAISTRE DE SACY, t. I, p. 26, gr. in-8°, Paris, Furne, 1845.

un champ dans lequel il y avait une caverne double
où fut enterrée sa femme Sarah, « et le champ avec
la caverne qui y était, fut livré et assuré à Abra-
ham, par les enfants de Heth, *afin qu'il le possédât
comme un sépulcre qui lui appartenait légitime-
ment* ».

Plus tard, nous voyons dans la loi de Moïse
combien, à l'époque de ce législateur, cette propriété
de la terre était déjà soumise à de nombreuses conditions, parmi lesquelles nous ne pouvons négliger
de citer celle dérivant de *l'année jubilaire.*

« L'année jubilaire, dit M. Fr. Lenormant (5),
— c'est-à-dire la cinquantième année ou plutôt encore la septième année sabbatique, qui représente la
cinquantième, en comptant celle du point de départ selon l'usage d'un grand nombre de peuples
anciens, — devait rétablir chaque famille en possession de l'héritage qui lui serait assigné lors de la
conquête. Ainsi la vente des biens ruraux ne pouvait jamais être qu'un engagement de la terre pour
les années qui restaient à écouler jusqu'à la prochaine année jubilaire ; en sorte que l'impré-
voyance, la prodigalité ou la mauvaise conduite d'un
père ne pouvait compromettre que temporairement
le sort de sa famille. Au bout du terme fixé, elle
recouvrait son ancienne aisance, et cela sans que

(5) *Manuel d'histoire ancienne de l'Orient,* t. I, *les Israélites,*
p. 170, in-12, Paris, A. Lévy, 1869.

les droits de personne fussent compromis » ; tradition de l'année jubilaire qui s'est en partie conservée de nos jours dans le régime de la pro-priété en Angleterre et dans le bail emphytéotique consenti en France par certaines administrations.

Dans l'antique Égypte, nombre de contrats de vente et de louage de fonds de terre et de maisons, tracés sur papyrus, nous ont été conservés dans des hypogées funéraires, au milieu des papiers de famille des défunts, et l'on y voit de quelles garanties et de combien de formalités protectrices la propriété était déjà environnée, même sous les premières dynasties (6).

Enfin il en était de même dans les anciens em-pires d'Assyrie et de Babylonie, ainsi que nous l'apprennent plusieurs contrats de vente et de louage de propriétés foncières qui sont parvenus jusqu'à nous, tracés sur des tablettes d'argile que l'on passait ensuite au four pour les conserver. « La transmission de la propriété (dès l'empire primitif de Chaldée) ne pouvait avoir lieu que par des formules solennelles et d'un caractère sacré, ainsi que par un acte reçu par un officier public et auquel inter-venaient un certain nombre de témoins. Quand il y avait lieu de déposer une somme en garantie de l'exécution du contrat, elle était remise dans le

---

(6) *Manuel d'histoire ancienne de l'Orient*, déjà cité, t. I, *les Égyptiens*, p. 495.

trésor d'un temple, dont les prêtres étaient présents à l'acte. Un cadastre, soigneusement établi et tenu au courant des mutations, servait de contrôle à l'état de possession des terres et de base à la répartition des impôts (7). »

Les populations de la Grèce et de l'Italie ont également connu et pratiqué la propriété privée : l'idée même de propriété implique chez ces peuples une pensée religieuse ; le foyer est l'autel domestique (8), Dieu caché, Dieu intérieur, *Pénates*, et le symbole de la vie sédentaire ; il est posé sur le sol : de là l'idée de domicile, de demeure permanente « *que la famille ne songera pas à quitter à moins qu'une nécessité impérieuse ne l'y contraigne.* » Le foyer doit être isolé et « pour que cette règle religieuse soit bien remplie, il faut qu'autour du foyer, à une certaine distance, il y ait une enceinte. Peu importe qu'elle soit formée par une haie, par une cloison de bois, ou par un mur de pierre. Quelle qu'elle soit, elle marque la limite qui sépare le domaine d'un foyer du domaine d'un autre foyer. Cette enceinte (ἕρϰος) est réputée sacrée (9). Il y a impiété à la franchir (10) ».

---

(7) *Manuel d'histoire ancienne de l'Orient,* déjà cité, t. II, *les Assyriens et les Babyloniens,* p. 141.

(8) RAVAISSON, *Gazette archéologique,* t. I, 1875, p. 44, in-4°, Paris, A. Lévy.

(9) ἕρϰος ἱερὸν, SOPHOCLE, *Trachiniennes,* v. 606, in-12°, Paris, Hachette, 1874.

(10) FUSTEL DE COULANGES, *la Cité antique,* déjà cité, p. 70.

Cette pensée subsiste même dans la fondation des villes. « Les demeures se sont rapprochées : elles ne sont pourtant pas contiguës. L'enceinte sacrée existe encore, mais dans de moindres proportions ; elle est le plus souvent réduite à un petit mur, à un fossé, à un sillon, ou à un simple espace libre de quelques pieds de largeur. Dans tous les cas, deux maisons ne doivent pas se toucher, *la mitoyenneté est une chose réputée impossible*. Le même mur ne peut pas être commun à deux maisons ; car alors l'enceinte sacrée des dieux domestiques aurait disparu. A Rome, la loi fixe à deux pieds et demi la largeur de l'espace libre qui doit toujours séparer deux maisons, et cet espace est consacré au *dieu de l'enceinte* (11). »

Après avoir envisagé la propriété à son point de vue abstrait pour ainsi dire, la propriété isolée, entourée d'une enceinte et sans contact avec d'autres propriétés, il faut considérer que, dans la suite, l'accroissement de la population et la nécessité de se réunir pour la défense commune ont amené la contiguïté de la propriété et la formation de la Cité qui, dans l'antiquité, s'établit et s'agrandit au pied de l'*Acropole* (*ville haute, citadelle*), et, à une époque plus rapprochée de nous, se groupa autour de la Cathédrale et sous la protection du Château fort.

---

(11) FESTUS, *ambitus*. — VARRON, *De lingua latina*, V, 22. — FUSTEL DE COULANGES, *ouvrage cité*, p. 71.

PROPRIÉTÉ URBAINE OU RURALE. — La propriété immobilière, la seule qui doive faire l'objet de cette étude, se divise en deux grandes fractions, celle formant les centres de population, villes, bourgs, villages, etc., désignée sous le nom de *propriété urbaine ;* celle au dehors, attenant le plus habituellement à une exploitation agricole, dite *propriété rurale ;* mais, par suite des besoins des sociétés modernes, la propriété affectée à des usages plus spéciaux a pris encore d'autres dénominations se rattachant aux diverses industries qui, avec l'agriculture, concourent à la richesse des nations, ainsi : la ferme, le moulin, la filature, la magnanerie, l'usine en général, etc.

LE BATIMENT. — Au point de vue de cette étude, la propriété immobilière présente à la pensée l'idée d'un ensemble, *Terrain et Constructions,* et, entre autres parties principales qui constituent cette propriété, il y a lieu de rappeler que la plus importante est celle désignée sous le nom de bâtiment que Littré définit ainsi : *Toute construction servant à loger soit hommes, soit bêtes, soit choses* (12). Le bâtiment prend de plus, suivant sa destination, diverses qualifications (bâtiment d'administration, industriel, rural, etc.); mais, quelle que soit cette destination, il est toujours soumis à des lois spéciales

(12) *Dictionnaire de la langue française,* art. *Bâtiment.*

comme à des servitudes de voisinage et enfin à des prescriptions administratives concernant ses dimensions et sa construction au point de vue de la sûreté et de la salubrité publiques.

BATIMENT ISOLÉ OU CONTIGU. — Le bâtiment est isolé et l'on comprend que, dans ce cas, les conditions de voisinage soient de beaucoup simplifiées. Le bâtiment est au contraire contigu à un ou à plusieurs autres bâtiments voisins, et c'est le cas d'appliquer les lois relatives aux servitudes qui résultent souvent de ce voisinage, soit par la mitoyenneté de tout ou partie des murs séparant les héritages, soit par l'existence de vues directes ou de jours de souffrance de l'une des propriétés sur l'autre ou réciproquement des deux propriétés, soit par la jouissance de parties communes à plusieurs propriétés comme passages, cours, fosses, etc., ou bien enfin de ce fait assez fréquent, surtout dans les départements, que les divers étages du bâtiment appartiennent à autant de propriétaires différents. En outre, le bâtiment peut être situé en bordure sur la voie publique ou à proximité de celle-ci et par suite se trouver soumis à des prescriptions administratives qui constituent autant de servitudes.

PROPRIÉTAIRE, ARCHITECTE, ENTREPRENEUR. — Après avoir considéré la propriété dans son plein exercice et le bâtiment qui en est l'un des principaux éléments, il n'est peut-être pas inutile de rappeler les droits de ceux qui concourent à la construction de ce bâtiment, les charges et les obligations qui leur incombent. En général, les constructions de quelque importance sont érigées sous la direction d'un architecte, par un entrepreneur dit entrepreneur général, s'il est chargé de l'ensemble des travaux, ou par plusieurs entrepreneurs exécutant chacun une partie seulement de ces travaux. Le bâtiment est de plus construit conformément à des plans, devis, cahiers des charges et marchés, rédigés le plus souvent par l'architecte, approuvés par le propriétaire et acceptés par le ou par les entrepreneurs.

Un marché est dit *à forfait* ou *à prix fait* si le prix total des travaux a été arrêté d'avance pour tout l'ensemble ou même pour partie seulement de ces travaux.

Il existe d'autres marchés ou conventions en vertu desquelles les travaux sont évalués après leur achèvement suivant les prix en usage dans la localité où ils ont été exécutés.

De l'ensemble de ces faits, il résulte :

Un *Propriétaire* ou son représentant qui fait construire ;

Un *Architecte* qui dirige la construction sur des plans et devis approuvés par le propriétaire dont il devient ainsi le *Mandataire;*

Enfin un ou plusieurs *Entrepreneurs* accomplissant l'œuvre sous la direction de cet architecte.

Il y a donc ici trois intérêts en présence, intérêts non pas absolument opposés, mais présentant cependant quelque divergence sur plusieurs points. Ainsi, le propriétaire attend de son architecte la conception d'un projet, la rédaction de devis, la surveillance des travaux et le règlement des mémoires des entrepreneurs ; de son côté, l'entrepreneur doit fournir avec probité et employer suivant les règles de l'art les matériaux qui entrent dans la construction. Il ressort de ces positions respectives, de la part de l'architecte dirigeant, comme de celle de l'entrepreneur exécutant, une grave responsabilité envers le propriétaire et même envers des tiers, responsabilité dont toutes les causes n'ont pas encore été parfaitement définies et établies.

Il n'y a pas lieu d'entrer ici dans de plus amples considérations sur les questions qui touchent à la responsabilité de l'architecte ; ces questions ont été déjà traitées par des jurisconsultes éminents, par de savants architectes dont plusieurs sont nos collègues, et elles ont enfin donné lieu à de récentes études de notre honorable collègue, M. Hermant, études dont les conclusions prendront place dans

cette deuxième édition du *Manuel des lois du bâtiment* (13).

Après cet aperçu de l'origine de la propriété,
de sa constitution, des droits qu'elle confère et des
servitudes qui l'accompagnent, comme aussi de la
responsabilité qui pèse sur ceux qui concourent à
son établissement matériel, il reste à rechercher
quelles modifications a subies la législation du
bâtiment depuis les temps anciens jusqu'à notre
époque.

LÉGISLATION DU BATIMENT. — Il existe un dicton
ou proverbe que l'on peut croire vieux comme le
monde : « *qui terre a, guerre a* ». Sous cette forme
familière, ce proverbe résume assez bien cette
pensée, que si le premier propriétaire dut l'être
sans conteste et put s'établir avec sa compagne sur
une partie du sol aussi étendue qu'il pouvait la cultiver, la famille vint, puis les hommes se multi-
plièrent, la propriété fut divisée et cette division
amena par suite la contiguïté, fait important d'où
dérivèrent surtout les contestations et les procès.

Pour les premiers cas litigieux, on pria le plus
ancien, comme étant le plus sage, de régler le diffé-

---

(13) Voir aussi *Annales de la Société*, Iʳᵉ série, t. 1, II et III,
Congrès de 1873, 1874 *et* 1875, les conférences faites sur ce sujet
par M. HERMANT.

rend et de donner un avis qui pût être invoqué à
l'avenir dans un cas semblable ; mais il fallait une
sanction pour que cet avis prît forme de droit : or
il se trouva un plus savant pour formuler cette sanction, et de là l'expert, le juge, l'arrêt, etc. Cela
paraît simple et, évidemment, à l'origine des sociétés, les contestations durent se résoudre ainsi ;
mais depuis, si le droit même ne fut pas atteint, la
forme et l'usage de la propriété furent sensiblement modifiés par des causes diverses et multiples : ainsi les conquêtes successives ou les révolu-
tions et les différentes formes de gouvernement
qu'elles imposent, apportèrent de notables changements dans le régime de la propriété. Cependant,
cette dernière survécut à tous les troubles sociaux,
tant son principe contenait de force, et la propriété
devint, dès les temps antiques, l'objet d'une législation spéciale dont il peut être intéressant de
rechercher sommairement les différentes modifications jusqu'à nos jours.

CODE DE JUSTINIEN. — La législation qui régit
la propriété dans les sociétés de race latine et
notamment en France, est presque tout entière
contenue en germe dans le droit romain et formulée dans le *Code de Justinien* dont les différents
titres ont été coordonnés l'an 529 de l'ère moderne
dans les cinquante livres du *Digeste* ou *Pandectes* et

résumés l'an 533 dans les *Institutes de Justinien*.

Dans le préambule de ce dernier ouvrage, l'Empereur, parlant au peuple romain et particulièrement à la jeunesse désireuse de connaître le droit, dit que ce livre a été rédigé avec l'aide de Tribonien, personnage illustre, maître et ex-questeur du Palais Impérial, ainsi que des illustres professeurs Dorothée et Théophile, afin que, « *au lieu de chercher dans des ouvrages surannés les premiers éléments de la science, vous pussiez les recevoir directement de notre Majesté Impériale, de manière que vos oreilles, comme vos esprits, ne soient plus frappées de principes erronés ou tombés en désuétude, mais seulement de choses qui présentent une utilité actuelle et journalière* (14)».

Tel est l'esprit dans lequel ont été composées les *Institutes* qui comprenaient en abrégé les parties de l'ancien droit romain encore en vigueur à l'époque de Justinien, et, ajoute ce législateur, « *celles qui, obscurcies par le temps, ont été éclairées d'un nouveau jour par les constitutions impériales* (15) ».

Le cadre dans lequel doit être restreint cet essai ne permet pas de faire l'analyse des *Institutes*, mais quelques citations sont utiles dans le but de faire connaître, au moins à notre point de vue, l'état de la législation du bâtiment au sixième siècle de notre ère ; car la domination romaine dans les Gaules

(14 et 15) *Institutes de Justinien*, trad. BLONDEAU, p. 7 et 9, in-8°, Paris, 1839.

avait eu, entre autres résultats, l'introduction du droit romain que Justinien définit ainsi au titre Ier :

« *De la justice et du droit.* — « *Les préceptes de droit sont ceux-ci : Vivre en honnête homme; ne léser personne; rendre à chacun ce qui lui appartient* (16). »

Toute la justice humaine n'est-elle pas comprise dans ces trois préceptes?

Le droit romain était divisé en droit écrit et en droit non écrit. La définition du droit écrit n'est plus à faire, et les Instituts définissent ainsi le droit non écrit : « *Celui qui n'a d'autre fondement que l'usage : car les coutumes pratiquées chaque jour et approuvées par le consentement de ceux qui s'en servent, imitent la loi* (17). »

Cette définition est encore exacte de nos jours, et la jurisprudence, après avoir invoqué les principes généraux du droit, renvoie aux Coutumes locales et aux conventions consenties par les parties, lesquelles, pour ces dernières, imitent la loi.

Le Code civil reproduit, en les développant, les principes contenus dans les Instituts pour ce qui concerne la propriété. Ainsi, les titres du Code traitant des servitudes, de l'usufruit, de l'usage et

---

(16) *Institutes de Justinien,* trad. BONDEAU, p. 11.
(17) *Institutes*, p. 15.

de l'habitation, qui tiennent une si grande place dans notre droit moderne, sont résumés en ces termes dans les Institutes, pour les *servitudes d'héritages urbains* :

« *Que le voisin soutiendra notre bâtiment; que nous pourrons placer des poutres dans son mur; qu'il recevra sur son bâtiment ou sur son terrain, ou dans son cloaque, l'eau qui tombe de nos gouttières; ou qu'il ne la recevra pas; qu'il ne pourra élever ses constructions au delà d'une certaine hauteur, pour ne pas nuire à notre jour* (18). »

Ce qui précède implique évidemment la contiguïté des propriétés, mais est loin de prévoir toutes les circonstances qui se rattachent à ce fait et tous les cas litigieux qui peuvent en découler et qui étaient sans doute réglés par la tradition, les *us et coutumes*, en un mot, par le droit non écrit. Et cette briéveté du texte ancien, en ce qui concerne les servitudes, se remarque également aux titres de l'*Usufruit* et de l'*Usage de l'Habitation*, bien moins développés dans le droit romain que dans notre législation moderne. Cependant les principes sont les mêmes, parce qu'ils ressortent de la conscience humaine appliquée à des faits analogues et, par suite, la plupart des définitions sont en partie

---

(18) *Institutes de Justinien*, p. 91.

conformes ; mais le droit romain laissait beaucoup
plus à réglementer par les us et coutumes que le
droit moderne, et rien ne rappelle, dans les Institutes, en ce qui concerne l'usufruit de la propriété,
les articles 605 à 609 du Code civil, relatifs aux
droits et aux obligations auxquelles sont tenus le
nu-propriétaire et l'usufruitier. Il en est de même
pour le titre de l'*usage de l'habitation* qui, dans les
Institutes, se résume ainsi : « *Le simple usage s'établit
et s'éteint de la même manière que l'usufruit* (19). »
Or, les articles 625 et suivants du Code civil rap-
pellent cette prescription, mais en la développant
davantage et en distinguant les droits d'usage des
droits d'habitation.

Rien n'autorise à croire que la responsabilité
des architectes, telle que nous l'entendons de nos
jours, existât à Rome, et Vitruve, regrettant cette
absence de responsabilité de la part de l'architecte (20), rappelle « *qu'à Éphèse, qui est une des
plus grandes et des plus célèbres villes de la Grèce, il
y avait autrefois une loi très-sévère, mais très-juste,
par laquelle les architectes qui entreprenaient un
ouvrage public étaient tenus de déclarer ce qu'il devait coûter, de le faire pour le prix qu'ils avaient*

(19) *Institutes*, p. 93.
(20) *De l'Architecture*, X, préface, trad. PERRAULT, édit. Nisard,
gr. in-8°, Paris, Didot.

demandé, et d'y obliger tous leurs biens. Quand l'ouvrage était achevé, ils étaient récompensés et honorés publiquement si la dépense était telle qu'ils l'avaient annoncée; si elle n'excédait que du quart ce qui était demandé dans le marché, le surplus était fourni sur les deniers publics; mais quand elle dépassait le quart, l'excédant était fourni par les architectes (21) ».

Il s'agit ici, il est vrai, d'édifices publics qui étaient généralement construits à grands frais et de manière à défier les injures du temps. D'ailleurs, l'application du principe de la garantie, en ce qui touche la construction des édifices privés à Rome, eût été difficile à l'égard des maisons à location qui, divisées comme les nôtres en nombreux étages, étaient, en général, mal construites et destinées à l'habitation des gens de la classe inférieure. En effet, et jusqu'à l'incendie de Rome, sous Néron (l'an 64 de notre ère), la capitale des Césars était loin de ressembler à ce qu'aujourd'hui on appellerait une belle cité. Par suite de la précipitation avec laquelle avaient été réparés les désastres causés par l'invasion gauloise arrivée l'an de Rome 362, Rome avait été reconstruite

---

(21) Il faut remarquer que *ces Architectes*, dont parle ici Vitruve, *étaient de véritables entrepreneurs généraux, ayant soumissionné un travail pour un prix fixé à l'avance et ayant fourni une caution.* — Voir, au sujet des diverses classes d'architectes dans l'antiquité gréco-romaine, plus loin, note A, p. 53 et suiv.

sans plan et sans ordre, ce qui lui donnait l'apparence d'une ville bâtie au hasard. Mais, dit Friedlænder (22), « de ce vaste amas de cendres renaquit une ville toute nouvelle. Les maisons furent reconstruites jusqu'à une certaine hauteur en pierre galbine et albaine, ce qui les mettait à l'abri du feu, et l'on fixa des limites à l'élévation des bâtiments, autour desquels on ménagea des espaces libres. Des plans bien arrêtés servirent de règle dans la construction des quartiers nouveaux. On établit enfin des rues plus larges, mieux alignées et bordées d'arcades. »

Cependant il est certain que la construction et l'usage de la propriété entraînaient après eux, comme de nos jours, des questions litigieuses et des procès; aussi Vitruve dit-il encore de l'architecte : « *qu'il doit savoir la jurisprudence et la coutume des lieux pour la construction des murs mitoyens, des égouts, des toits et des cloaques, pour les vues des bâtiments, pour l'écoulement des eaux et autres choses de même genre, afin qu'il pourvoie, avant de commencer un édifice, à tous les procès qui pourraient, l'ouvrage achevé, être faits sur ce sujet aux propriétaires....., et afin aussi qu'il soit capable de donner de bons conseils pour dresser les*

(22) *Mœurs romaines*, trad. VOGEL, t. I, liv. Iᵉʳ, *la Ville*, p. 9 et 11, in-8°, Paris, 1865.

*baux, à l'utilité réciproque des preneurs et des bail-
leurs ; car en y mettant toutes les clauses sans ambiguïté, il sera facile d'empêcher qu'ils ne se trom-
pent l'un l'autre..... (23). »*

LÉGISLATION DU BATIMENT AU MOYEN AGE. —
La législation romaine fut introduite dans les
Gaules à la suite de la conquête de Jules César et,
depuis cette conquête jusqu'au v⁰ siècle, régle-
menta tout ce qui se rattache à la propriété. Tout
porte à croire que cet état de choses subsista lorsque la Gaule romaine fut envahie par les Francs ;
car la loi salique, promulguée vers 420, le Code
Théodosien publié antérieurement, mais qui ne fut
introduit dans l'Occident que vers 443, la Loi
d'Alaric, roi des Visigoths, publiée à Toulouse vers
466, la Loi Gombette (de Gondebaut, roi des
Bourguignons), datée de Lyon en 502, et même
les Capitulaires de Charlemagne, n'apportèrent aucune modification sensible dans la législation de la
propriété qui put subir toutes les vicissitudes
de la conquête et des guerres qui la suivirent,
mais qui n'en demeura pas moins soumise, ainsi
que le bâtiment qui n'en est qu'un des éléments, à la législation romaine. Les conquérants,
peuples à demi barbares, acceptèrent les lois des

(23) VITRUVE, *idem*, I, c. 1.

peuples conquis et la tradition romaine fut évidemment suivie jusqu'au xiie siècle, époque à laquelle
on retrouva, vers 1137, le Code de Justinien qui,
dès lors, devint notre droit écrit (24).

En effet, pendant la période si troublée de la
féodalité, alors que la France était divisée en provinces, subdivisées elles-même en un nombre infini de seigneuries presque indépendantes l'une
de l'autre, à cette époque où l'unité du pays se
formait lentement et par des conquêtes successives,
on comprend que la propriété dut subir de rudes
atteintes qui, sans en altérer le principe, ont pu en
modifier sensiblement la législation, quoique l'on
ne peut guère donner ce nom de législation (qui
implique l'idée d'ordre et de sécurité) aux rapports
qui existaient entre seigneurs guerroyant presque
constamment l'un contre l'autre ou contre leur
suzerain pour s'en rendre indépendants, ou enfin
contre leurs vassaux qui réclamaient, par les armes,
des franchises communales.

Dans un pareil état social, jusqu'au xiie siècle
et à défaut d'un droit certain que l'on pût invoquer, chaque province et même un grand
nombre de localités contractèrent à la longue des
coutumes, et ces coutumes, dans lesquelles on
retrouve la tradition romaine, acquirent, en s'affir-

(24) Hénault, *Abrégé chronologique de l'Histoire de France*,
revu par Michaud, Paris, in-4°, 1836, passim.

mant plus tard, force de loi sous la dénomination de *coutumes locales* ou de *droit coutumier*. Ces coutumes existaient déjà sous les deux premières races, et Pépin ordonna « *que partout où il n'y aurait pas de loi, on suivrait la coutume, mais que la coutume ne serait pas préférée à la loi* (25). »

« *Lorsqu'à la chute de la dynastie carlovingienne, la féodalité fut établie sur des bases plus solides, les usages particuliers de chaque seigneurie en devinrent le droit civil et la multiplicité de ces usages devint telle que, suivant Beaumanoir, il n'y avait pas, au* XIII° *siècle, dans tout le royaume, deux seigneuries qui fussent gouvernées par la même loi* (26). » Ces coutumes, dit Montesquieu, étaient conservées dans la mémoire des vieillards; mais il se forma peu à peu des lois ou des coutumes écrites. Cependant, vers le milieu du XII° siècle, le droit romain qui avait été abandonné fut remis en vigueur par des jurisconsultes, en opposition au droit coutumier, et la France fut, au point de vue de la législation civile, partagée en deux grandes fractions : les pays de *droit écrit* et ceux de *droit coutumier*.

Enfin, « *sous les règnes de saint Louis et des successeurs de ce prince, des praticiens habiles, tels que Desfontaines, Beaumanoir et autres, rédigèrent par*

(25) Montesquieu. *Esprit des Lois*, Paris, 3 in-8°, Treuttel et Würtz, 1836, passim.

(26) *Univers pittoresque, France,* Dictionnaire encyclopédique, art. *Coutumier,* in-8°, Paris, Didot.

écrit les coutumes de leurs bailliages ; mais ce furent Charles VII et ses successeurs qui firent rédiger par écrit dans tout le royaume, les diverses coutumes locales, et prescrivirent les formalités qui devaient être observées à leur rédaction (27). » Ces coutumes ont été rassemblées et publiées dans diverses provinces avec des commentaires et ainsi se sont formés des coutumiers particuliers que l'on a désignés sous le nom de ces provinces, et tels que les *Coutumiers de Picardie, du Vermandois, du Poitou*, et les *Coutumes de la Ville, Prévotée et Vicomtée de Paris* qui doivent plus particulièrement fixer notre attention (28).

(27) MONTESQUIEU, *Esprit des Lois.*

(28) M. DUPIN aîné, dans la préface des *Lettres de Camus*, sur la profession d'avocat, annonce *deux cent quarante* coutumes générales, non compris les coutumes locales. M. KLIMRATH, en revanche, dans ses *Études sur les Coutumes*, n'en compte que *cinquante-deux* générales réparties en plusieurs régions : celles du nord-est, du milieu, du sud, de l'ouest et du sud-est.

D'après J. PAILLET (*Introduction au Manuel complémentaire des Codes français*), ces diverses coutumes n'ayant été, ainsi que les lois romaines, abrogées que dans les matières qui font l'objet de nos lois actuelles, et certaines de leurs dispositions étant expressément maintenues par ces lois mêmes, sous la dénomination d'*usages locaux;* de plus, « comme il y a ouverture à cassation pour les contraventions aux lois romaines et aux coutumes, quant aux contrats ou faits passés sous leur empire, lors même qu'elles sont abrogées par les lois nouvelles, et qu'enfin, ces coutumes sont encore invoquées lorsque la législation actuelle n'en donne pas l'équivalent et laisse le juge embarrassé pour justifier, par un texte nouveau, la proposition la plus évidente », il a paru utile de transcrire, d'après Klimrath (voir plus loin, note B, p. 60 et suiv.), l'indication des diverses coutumes régissant autrefois la France.

LA COUTUME DE PARIS. — Dès le XIIIe siècle, la Coutume de Paris paraît avoir été appliquée, au moins en ce qui concerne les constructions de cette ville, par des *jurés maçons et charpentiers*, et l'on voit en 1293 que : « *Jean Popin, prévôt des marchands, de concert avec son collègue Guillaume de Haugest, prévôt royal, règle les vacations des jurés maçons et charpentiers de Paris, et, la même année, siégeant au parloir, avec ses échevins seuls, il décide, arbitralement et comme amiable compositeur, sur plusieurs articles de la Coutume de Paris, et les sentences rendues par lui fixent le droit sur les points controversés, ainsi que le fait remarquer René Chopin dans son curieux livre* DE MORIBUS PARI-SIORUM (29). »

En étudiant plusieurs sentences du *Livre des Sentences*, dit M. Leroux de Lincy, on voit « *que les membres du parloir aux bourgeois étaient chargés de régler aussi les questions de mitoyenneté et celles qui s'élevaient entre les propriétaires et leurs loca-taires, en même temps qu'ils veillaient à la sûreté des habitants, en faisant visiter, par des experts, les constructions nouvelles et anciennes et, à la fin du* XIIIe *siècle, l'un des échevins exerçait les fonctions de voyer de la capitale* (30). »

---

(29) *Histoire générale de Paris*, Étienne Marcel, prévôt des marchands ; Introduction, p. 2.

(30) *Histoire générale de Paris, idem*, Introduction, p. 15.

Mais l'un des documents les plus curieux sur l'application de la Coutume de Paris est une expertise datant du commencement du xv⁰ siècle et relative à une maison sise rue de Montmorency, n° 51, paroisse Saint-Jacques-la-Boucherie, maison appartenant à Nicolas Flamel, écrivain.

Le 26 juin 1411, Flamel reçut dans les termes suivants, du garde de la Voirie de Paris, l'autorisation de faire quelques constructions qui devaient s'avancer sur la rue :

« *Nous, Robert de Hesbuterne, garde pour ıe Roy nostre Sire de la Voyerie de Paris, et Godefroy Vivien, colecteur d'icelle Voyerie, avons donné congié à Nicolas Flamel de faire trois saillies de fenestres.....*

..... « Parmi ce que ledit Nicolas nous a pour ce paié quarante huit solz parisis dont le Roy a les trois pars et nous le quart. Et de ce nous tenons pour contens et l'en quittons pour et au nom du Roy nostre Sire. »

Au mois d'août suivant, les travaux continuaient, et le Prévôt de Paris reçut des maçons jurés du roi, un rapport dans lequel était indiquée l'épaisseur des murs de l'ancienne et de la nouvelle construction.

« *A noble homme monseigneur Bruneau de Saint-Cler, chevalier, maistre d'ostel du Roy nostre Sire et garde de la Prévosté de Paris, Benoît de Savoie et Jehan Chelant, maçons jurés du Roy nostre dit Sei-*

gnèur, es offices de maçonnerie, honneur, service et révérence avecques toute obéissance..... » Les qualités des parties suivent et il est dit que les jurés ont mission de « *veoir, mesurer et savoir l'espoisse* (épaisseur) *des murs qui sont et ont été au temps passé moitoiens entre la dicte place du dit Nicolas Flamel et les maisons et lieux des dessus dit. Lesquels murs qui sont tous mauvais et à refaire nous avons veuz et mesurez les espoisses d'iceulz diligemment, et avons trouvé que les murs moitoiens estant en terre moitoienne entre la maion et jardin desdits frères et la maison dudit Nicolas qui sont à refaire comme dit est, n'ont ne n'avoient le temps passé que neuf pouces d'espoisse en la dicte moitoirie et n'estoient que de plastre cuit et cru et de moilon, et ledit Nicolas Flamel, pour avoir plus fort édiffié, fait à présent faire murs de deux piés d'espoisse en fondemens et de ung pié et demi au-dessus du rez-de-chaucée.....* (31). »

(Suivent les signatures avec la date du 12 août 1411.)

Cet extrait d'expertise nous a semblé intéressant à reproduire parce qu'il établit la forme du rapport qui d'ailleurs diffère peu de celle employée de nos jours et qu'il constate, il y a près de cinq

(31) *Histoire du diocèse de Paris*, par l'ABBÉ LEBEUF; nouv. édit. annotée par COCHERIS, t. II, p, 419, in-8°, Paris, 1865.

siècles, l'épaisseur d'un mur mitoyen en fondation et en élévation, épaisseur qui devient presque légale ici, mais qui pourtant n'a pas toujours été observée dans les constructions érigées à Paris jusqu'au commencement de ce siècle, ainsi que nous pouvons nous en assurer encore chaque jour, surtout dans les anciennes maisons des quartiers du centre.

C'est en 1453 seulement, sous Charles VII, que les Coutumes du Royaume furent mises par écrit.

« *Ordonnons que les Coustumes, Usages et Stiles de tous les Pays de nostre Royaulme, soient rédigez et mis par Escript : accordez par les Coustumiers, Praticiens, et Gens de chacun Pays de nostre Royaulme : Lesquelles coustumes ainsi rédigées par l'advis des gens de trois Estats de chacun Pays, et publiées sur les lieux, seront apportées et mises au Greffe de notre Cour de Parlement, et par les Commissaires qui auront été commis pour la rédaction d'icelles. Et ce fait, Voulons iceux Usages estre observez, et gardez en Jugement, et deslors, ès Pays dont ils seront et aussi en nostre Cour de Parlement, et aussi par nos Baillis, Seneschaux et aultres Juges qui seront tenuz juger, selon iceux Usages et Coustumes, sans en faire aultre preuve que ce qui sera Escript au Livre et Cahier, rédigé : Coustumes, Usages et Stiles ainsi accordez et Confirmez, Vou-*

lons estre gardez et observez en Jugement et dehors.
Défendons à tous les Advocats, et Procureurs de
nostre Royaulme, et tous aultres qu'ils n'allèguent,
ou proposent, aultres Coustumes, Usages, que ceux
qui seront ainsi Escripts, accordez et decretez : et à
nos Juges n'oyent ni reçoivent, aulcunes personnes à
alléguer, proposer ne dire le contraire (32). »

Cependant nous voyons qu'au siècle précédent,
en 1374, sous Charles V, et en 1383, sous Charles VI,
il est dit : *Coutume de Paris*, Art. 193, que :

« *Tous propriétaires de maisons en la ville et*
faubourgs de Paris, seront tenus avoir latrines et
privez suffisants en leurs maisons, avec cette mention que : *pour la santé et honnêteté des habitants,*
les faubourgs en cet article et plusieurs autres sont
réputés de pareille condition que la Ville, comme
compris sous l'appellation de Paris (33). »

Cette prescription est répétée nombre de fois
depuis dans plusieurs coutumes locales ou provinciales et l'on peut citer à cet égard : celles
d'*Étampes*, art. 87 ; *Mantes* et *Meulant*, art. 107 ;

(32) CHARLES VII, 1453, art. 127. — HENRI III, 1586 (*Des*
Coustumes). — *Code du Roy Henri III*, in-fol., Paris, MDLXXXVII,
p. 511 (verso).

(33) *Recueil des ordonnances et arrétés.* — Voir *Ordonnance Royale*
de janvier 1374, publiée au Châtelet le 3 mars suivant, et celle
de février 1383 concernant la *Nouvelle Enceinte de Paris.*

Melun, art. 210 ; *Orléans*, art. 244 ; *les Coutumes
du Nivernais*, chap. X, art. 15 ; *du Bourbonnais*,
art. 515 ; *du Dunois*, art. 63 ; *de Calais*, art. 179 (34).

COUTUME DE PARIS DE 1510. — La première
édition connue de la Coutume de Paris date de
1510, et si l'on rappelle que l'imprimerie ne fut
introduite en France que dans la seconde moitié
du xvᵉ siècle, on comprendra que les coutumes
en général durent rester encore un temps assez
long à l'état de tradition ou n'être connues que par
les juges et par les praticiens, ce qui d'ailleurs
arrive encore de nos jours, où, malgré l'axiome
« *nul ne peut ignorer la loi* », on doit presque
toujours recourir pour la connaître à l'homme de
loi. La coutume non écrite ou la tradition a donc
eu une énorme influence jusqu'au xvıᵉ siècle,
non-seulement en ce qui concerne le bâtiment;
mais il est évident qu'elle réglementait la plupart
des actes des citoyens, soit entre eux, soit réunis en
*Corporations d'artisans représentés par leurs Maîtres-
jurés ou Prud'hommes*.

C'est au xıııᵉ siècle qu'Étienne Boileau, prévôt
des marchands sous Louis IX, fit comparaître
ces corporations « *l'une après l'autre devant lui*

(34) *Bulletin de la Société de l'histoire de Paris et de l'Ile de
France*, note de M. L. PEISE, 2ᵉ année, 1875, p. 35, in-8°, Paris,
1875.

au Châtelet pour déclarer les us et coutumes
pratiqués depuis un temps immémorial dans leur
communauté et pour les faire enregistrer dans
le livre qui désormais devait servir de régulateur,
de Cartulaire à l'industrie ouvrière (35). » Ce recueil de règlements est connu sous le nom de
Livre des métiers d'Étienne Boileau ; il comprend un
grand nombre de règlements d'industries diverses
et, pour ce qui concerne l'industrie du bâtiment,
il donne les statuts des corporations suivantes :

1° *Des serruriers ;*

2° *Des charpentiers, huichiers, tonneliers, cou-*
vreurs de maisons et toutes manières d'autres
ouvriers qui œuvrent du tranchant ;

3° *Des maçons, des tailleurs de pierre, des plas-*
triers et des morteliers.

Il semble digne d'intérêt de rappeler ici que les
modestes auxiliaires des architectes, en cela plus
sages que ces derniers, avaient su, de temps
immémorial, se réunir et vivre en corporations (36),

(35) DEPPING, *Introduction au Livre des Métiers d'Étienne Boileau.*
(36) Le siége de la juridiction de la maçonnerie à Paris était
dans l'enclos du Palais, et ce furent les Maîtres généraux des
bâtiments du roi qui la conservèrent jusqu'au dernier siècle.
Les statuts des maçons ne furent jamais renouvelés et furent
constamment suivis par cette corporation, à laquelle les règlements du temps de Louis IX et d'Étienne Boileau servirent
de règle.

sous la protection de statuts qui devaient être bien conçus puisqu'ils ont subsisté jusqu'au siècle dernier.

Pour la Coutume de Paris de 1510, la partie relative au bâtiment comprend *treize* articles (de LXXIX à XCI) et les dispositions qu'ils contiennent, concernant la propriété, la mitoyenneté et les servitudes, ont été reproduites jusqu'à nos jours (37).

Ce Code du bâtiment était certes bien incomplet et il faut supposer à cette époque un droit usager qui était indispensable pour le règlement des autres rapports de voisinage et de contiguïté des propriétés.

Coutume de Paris de 1580. — Soixante-dix ans plus tard, Henri III, par lettres patentes des 15 décembre 1579 et 10 janvier 1580, fit assembler les trois états de la Prévôté de Paris sous la présidence de M. Christophe de Thou, premier président en sa cour du Parlement, et, suivant le procès-verbal, sont comparus, pour le tiers état, « *les manants et habitants de Poissy, Triel, Saint-Germain-en-Laye et des autres villages de la dite Chatellenie étant du tiers état par maître Lazare le masson élu pour le roy en la ville et Chatellenie de Poissy.* »

---

(37) Voir plus loin, note C, p. 72 et suiv., le texte des *treize* articles (LXXIX à XCI) de cette Coutume concernant le bâtiment.

Cette deuxième édition de la *Coutume*, beaucoup plus complète que celle de 1510, comprend pour le bâtiment *trente-cinq* articles (n^{os} CLXXXIV à CCXIX) (38) et indique en substance tous les rapports de voisinage et de contiguïté qui ont été développés depuis par une législation spéciale.

A partir de cette époque (il y a près de trois siècles), la législation du bâtiment est établie ; les traités et commentaires sur cette législation se succèdent, et l'on peut citer, entre autres commentateurs et dès le XVIIe siècle, Charondas Le Caron en 1602 et 1614, et Julien Brodeau en 1658 et 1669 (39) ; puis Auzanet en 1708 (40), de Ferrière en 1714 (41), Le Maistre en 1741 (42) et Duplessis en 1754 (43) ; mais ces auteurs, qui firent paraître des traités sur la Coutume de Paris, sont, pour la plupart, des jurisconsultes traitant de la Coutume en général et non des lois spéciales au bâtiment.

(38) Voir plus loin, note D, p. 76 et suiv., le texte des *trente-cinq* articles (CLXXXIV à CCXIX) de cette Coutume concernant le bâtiment.

(39) *Coustume de la ville, prévosté et vicomté de Paris*, avec les commentaires de CHARONDAS LE CARON, Paris, in-4°.— *Coutume de Paris*, commentée par JULIEN BRODEAU, Paris, 2 vol. pet. in-fol.

(40) *OEuvres d'*AUZANET, sur la *Coutume de Paris*, Paris, pet. in-fol.

(41) *Coutume de Paris*, par CH. DE FERRIÈRE (avec les observations de LE CAMUS), Paris, 4 vol. in-fol.

(42) *Coutume de Paris*, par LE MAISTRE, Paris, pet. in-fol.

(43) *Traités de* DUPLESSIS sur la *Coutume de Paris*, avec des Notes de BERROYER et DE LAURIÈRE, Paris, 2 vol. in-fol.

Lois des Batiments par Desgodetz. — Ce fut seulement en 1724 que Desgodetz, architecte du roi et professeur en l'école de l'Académie d'architecture, publia son ouvrage sur *les Lois des Bâtiments suivant la Coutume de Paris*, ouvrage qui fut édité de nouveau en 1748, 1768, 1777, 1787 et 1802, avec des annotations par Goupy, architecte-expert-bourgeois (44).

L'ouvrage de Desgodetz est évidemment le mieux conçu et le mieux rédigé qui ait paru sur la matière, et c'est encore à lui qu'il faut recourir lorsqu'on veut remonter aux sources, et apprécier les faits relatifs aux rapports entre propriétés; on peut même affirmer que, pendant quatre-vingts ans, jusqu'à la promulgation du Code civil, le traité de Desgodetz a été la loi du bâtiment, au moins dans la Prévôté et Vicomté de Paris.

Coutume de Paris mise en vers. — Le livre de Desgodetz a été suivi de nombreux ouvrages sur la Coutume, et cette dernière a aussi été mise en vers, et non sans succès (45), par un auteur qui, dit-il, n'a entrepris son œuvre que parce qu'il

(44) *Les Lois des Bâtiments*, par Desgodetz, avec Notes de Goupy, in-8°, Paris, 1748, nomb. édit. — La première édition des *Lois des Bâtiments* de Desgodetz (aujourd'hui fort rare), est un petit in-8° carré.

(45) *La Coutume de Paris mise en vers*, par M. G*** D***, (M° Garnier-Deschènes, notaire royal), ouvrage arrivé en 1787 à sa 3° édition, Paris, in-12.

lui semblait « *infiniment pénible et rebutant de se mettre dans la mémoire des articles de coutume écrits dans un langage rude et suranné* ».

Cet auteur pensait qu'il serait « *très-facile et beaucoup plus sûr d'apprendre ces mêmes articles versifiés sans en altérer le sens ni les termes propres.* » On peut, pour donner une idée de son travail, citer, entre autres, l'article 194 de la Coutume de Paris versifié sous ce titre :

Bâtissant dans un mur non mitoyen, qui doit payer, et quand ?

Si contre le mur du voisin
Qui ne sera pas mitoyen
On veut faire quelque bâtisse,
Rien n'empêche qu'on ne le puisse,
Pourvu qu'on paye auparavant
Moitié de la valeur réelle
Du mur et de son fondement,
Jusqu'à la hauteur seulement,
De la construction nouvelle,
Et ce, paravant que bâtir
De même que rien démolir ;
Et pour l'estimation faire,
On doit comprendre dans le prix
La terre où le mur est assis,
Au cas que le propriétaire
Tout entier sur son fonds l'ait pris.

Après cette excursion dans le domaine de la poésie, si toutefois on peut traiter ainsi un tel sujet en de pareils vers, il faut, en poursuivant

cette étude, rappeler en modeste prose que la
Coutume de Paris est, au moins pour ce qui
concerne le bâtiment, dans la mémoire de tous
et fait partie de notre éducation professionnelle.

Cependant les coutumes générales ou locales ne
pouvaient prévoir tous les cas litigieux qui se présentent dans la jouissance de la propriété et dans les
rapports de voisinage; de plus, dans une nation qui,
comme la France, a été subdivisée en tant de terri-
toires obéissant à des lois ou à des coutumes différentes et possédant en outre une aussi grande
variété de matériaux, la construction du bâtiment
a éprouvé constamment des modifications notables
suivant la nature de ces matériaux, ce qui devait
rendre fort difficile les appréciations des experts et
des praticiens; il était donc résulté partout, de
l'ensemble de ces faits, et indépendamment des
coutumes locales écrites ou traditionnelles, une
sorte de *droit usager* variant suivant les localités et
réglant les rapports des particuliers entre eux.

Ce sera l'immortel honneur des auteurs du Code
civil d'avoir su respecter ces coutumes et ces
usages et de leur avoir donné force de loi entre
les parties lorsqu'ils ne sont pas en contradiction
avec la loi.

Le droit coutumier a eu, en effet, une grande
influence sur les rapports des propriétés entre

elles et sur les différents modes de construction du bâtiment ; ainsi, et pour ne citer que quelques faits, le Code civil n'a pas fixé l'épaisseur des murs mitoyens, qui varie nécessairement suivant la nature des matériaux employés, pierre, moellon, brique, etc., etc. : l'usage seul en a décidé (46). Il en est de même de la *jambe étrière*, qui n'est qu'un fait de droit usager, une extension pour Paris de l'article 207 de la Coutume (ancien article 89 de la rédaction primitive) (47); car, dans le commentaire de cet article, Desgodetz rappelle que « *l'usage est de mettre à la tête des murs mitoyens, en l'étage du rez-de-chaussée, une jambe de pierre de taille, soit boutisse ou étrière*, etc. ». Or, cet usage est devenu une prescription de la grande voirie qui a même varié plusieurs fois dans les dimensions à fixer pour cette donnée si importante de la construction.

On pourrait multiplier ces exemples et, pour en citer de plus récents, rappeler la substitution du fer au bois dans la construction des planchers, les différents modes d'établissement des tuyaux de fumée, soit adossés, soit dans l'intérieur des murs de refend ou mitoyens et, dans ce dernier cas, les rapports obligés entre les propriétaires voisins, ainsi que le doute qui règne même encore dans la

---

(46) Voir plus haut, [p. 24 et suiv., l'expertise relative à la maison de Nicolas Flamel, en 1411.

(47) Voir plus loin, p. 74 et p. 81.

jurisprudence à l'égard de cette question (48); mais le but de cet essai est seulement de faire entrevoir combien les variations apportées dans la construction du bâtiment, par la nature différente des matériaux et les besoins spéciaux, peuvent prêter à des interprétations diverses, quels litiges peuvent en résulter, et la nécessité, pour les praticiens, de fixer aussi clairement que possible la législation du bâtiment.

EXPERTS-JURÉS. — Avant d'en arriver au Code civil et à la législation actuelle du bâtiment, il y a lieu de mentionner l'institution des *Experts-Jurés des bâtiments*, telle qu'elle existait sous l'ancien régime. Ces Experts-Jurés, dont l'origine remonte au moins au XIIIᵉ siècle (49), avaient été créés par édit royal de mai 1690 au nombre de soixante « *pour faire dans tout le royaume et, à l'exclusion de toutes personnes, dans la Ville, Prévôté et Vicomté de Paris, les rapports de visites, prisées, alignements et estimations de tous ouvrages concernant les bâtiments et héritages; ensemble les rapports de parta-*

---

(48) Voir l'arrêté du Préfet de la Seine en date du 8 août 1874, arrêté ayant pour objet la *construction des tuyaux de fumée dans l'intérieur des maisons de Paris*, et consulter, à ce sujet, le *Bulletin* de la Société, IIIᵉ et IVᵉ séries, années 1871 et 1874, tant pour le texte de cet arrêté que pour l'avis donné par la Société sur cette question. .

(49) Voir plus haut, p. 23.

ges, licitations, servitudes, périls imminents, visites
de carrières et de moulins, cours d'eau, chaussées, jar-
dinage, arpentage de terres, bois, forêts, prés, pâtis,
vignes et généralement de tout ce qui dépend de l'ex-
pertise; avec défenses aux parties de convenir, et aux
juges de nommer d'autres personnes, à peine de nul-
lité; comme aussi à toutes personnes de s'immiscer
dans la fonction d'expert, sous peine de 3 000 livres
d'amende (50). »

On peut remarquer, parmi les Experts-Archi-
tectes-Bourgeois, quelques noms d'architectes qui
sont restés attachés à des œuvres remarquables;
ainsi : Le Camus de Mézières, à la Halle au Blé
de Paris et à l'hôtel de Beauveau (aujourd'hui
Ministère de l'Intérieur); Delespine, au Marché
des Blancs-Manteaux; puis André, qui fut le premier maître de Fontaine; Desmaisons, l'un des
architectes du Palais de Justice, et enfin, Antoine,
l'architecte de l'hôtel des Monnaies. Au reste,
cette institution des Experts-Jurés, quoique trans-
formée par la législation moderne, n'a pas dé-
généré, et la composition du tableau de nos jours,
pour ne parler que des Architectes-Experts atta-

---

(50) *Bulletin de la Société de l'histoire de Paris* déjà cité. — Voir
plus loin, note E, p. 85 et 86, la liste des *Architectes-Experts-*
Bourgeois et des *Experts-Entrepreneurs* en fonction en 1792.

chés au Tribunal de première instance, continue, à cet égard, la tradition de l'ancien régime (51).

CODE CIVIL. — Mais le temps était venu où le droit coutumier écrit et les us et les coutumes traditionnels devaient se fondre en un recueil unique, monument caractéristique de la législation française, désormais formulée dans les cinq livres du Code civil.

Le Code civil, cet admirable résumé de toute la législation antérieure au dix-neuvième siècle, a été, avant sa promulgation, l'objet de plusieurs projets, dont le premier fut présenté à la Convention par Cambacérès au mois d'août 1793, et ce n'est que sept ans plus tard, en 1800, qu'un arrêté des Consuls ordonna que MM. Tronchet, Bigot-Préameneu et Portalis, assistés de M. Maleville comme secrétaire, se réuniraient pour conférer entre eux sur la rédaction définitive d'un Code civil, avec mission de prendre pour point de départ les projets déjà rédigés par ordre de la Convention. Ce dernier projet fut étudié avec la plus grande activité, et quatre mois après, le 1er pluviôse an IX, il était imprimé; mais avant de le faire discuter au Conseil d'État, le Gouvernement le communiqua au Tribunal de cassation et à tous les tribunaux d'appel

(51) Voir plus loin, note F, p. 87, la liste des Architectes-Experts près le Tribunal de première instance de la Seine.

de la République pour qu'ils proposassent leurs observations; il fut ensuite discuté par la section législative du Conseil d'État, puis en assemblée générale de toutes les sections qui n'y employè- rent pas moins de cent deux séances, et il ne fut enfin revêtu de la sanction législative et promul- gué qu'au mois de mars 1804, après onze années d'études depuis la présentation du premier projet.

Les travaux qui ont précédé le Code civil, no- tamment les discussions en Conseil d'État, présen- tent le plus grand intérêt, et nous avons cru utile de reproduire dans ce *Manuel* celle de ces dis- cussions qui a précédé l'adoption de l'article 1792 relatif à la responsabilité de l'architecte telle que l'ont entendue les auteurs du Code (52).

Le Code civil résume toute la législation anté- rieure, et, en effet, il est non-seulement devenu la loi pour tous les faits généraux, mais on peut affir- mer que, depuis 1804, les coutumes provinciales et locales sont en partie éteintes et tendent de plus en plus à se fondre dans la législation générale.

ACTES DE L'AUTORITÉ. — La législation du bâtiment n'a pas seulement pour objet les rapports des propriétés entre elles; les constructions, — quelle que soit leur situation, isolées dans un ter- rain, ou contiguës entre elles, ou enfin bordant la

(52) Voir plus loin, note G, p. 88 et suiv.

voie publique, — sont assujetties à une foule de
prescriptions administratives ayant rapport, soit à
leurs dimensions, soit même au mode de construction employé, et ces prescriptions, qui ne concernent pas seulement l'ensemble, mais qui s'appliquent encore aux détails intérieurs au point de
vue de l'hygiène, de la salubrité et de la sûreté
de tous, ne pouvaient être réglementées que par
l'autorité publique.

L'intervention de l'autorité se manifeste par des
édits, décrets, lois, ordonnances, etc., émanant du
chef de l'État ou provenant, en ce qui concerne le
bâtiment civil constituant la propriété privée, des
administrations spéciales comme le ministère de
l'intérieur, les préfectures et les sous-préfectures, ou
enfin de l'autorité municipale, représentée par les
maires dans les départements, et par le préfet de la
Seine dans le département de la Seine.

Ces documents administratifs sont aujourd'hui
devenus innombrables ; ils se suivent presque sans
interruption depuis le xiii⁰ siècle jusqu'à nos jours,
et leur ensemble constitue ce que l'on pourrait
appeler le *Code de la Grande voirie*.

L'étude de ces documents est fort intéressante
au point de vue de la civilisation, en ce sens qu'ils
donnent à toutes les époques une idée réelle de la
physionomie des villes et surtout des capitales
qui, presque constamment habitées par les souve-

rains, devaient appeler plus spécialement leur sollicitude.

Pour ne parler que de Paris, ces actes administratifs ont souvent prescrit des mesures tendant à modifier l'hygiène et l'aspect de la ville; ainsi, après Philippe-Auguste, qui, le premier, en 1185, ordonne au prévôt de la ville de paver avec de fortes et dures pierres toutes les rues et voies de la cité (53), qui fait achever Notre-Dame par la construction de son admirable portail et commencer le Louvre hors la Ville, on remarque l'*Édit de Henry II*, qui, en 1554, contraint tous les propriétaires des maisons de Ville d'abattre et retrancher à leurs dépens *les saillies des dites maisons aboutissant sur rues*, lesquelles ne pourront, ajoute cet édit, *être refaites, ni rebâties, ni pareillement les maisons qui sont sur rues, d'autres matières que de pierres de taille, briques ou maçonnerie de moellon ou pierre* (54).

Quelle influence considérable ces édits proscrivant sur la rue la construction des façades en pans de bois (les bois étaient laissés apparents) a dû avoir sur l'aspect des nouvelles constructions en

(53) Voir plus loin note H, p. 101 et 102, un extrait des *Chroniques de Saint-Denis*, au sujet de ce *premier pavé de Paris*.

(54) MANDEMENT *qui ordonne la démolition des Maisons qui sont hors l'alignement dans Paris*, Compiègne, 16 mai 1554, enregistré au Parlement de Paris, le 12 juin, et publié au Châtelet de Paris, le 16, sous le titre de : *Arrêt de règlement du Parlement de Paris* qui prohibe les saillies sur la voie publique (16 juin 1554). — ISAMBERT, *Anciennes lois françaises*, in-8°, t. XIII, Paris, 1828.

pierres, moellons ou briques, et enfin sur la nouvelle physionomie de la Ville! Cet édit de 1554 a été souvent rappelé depuis, et, sauf de rares exceptions, a fixé jusqu'ici le mode de construction des bâtiments en bordure sur la voie publique.

Plus d'un siècle après, le 18 août 1667, une ordonnance de police faisait défense aux propriétaires de « *faire faire aucune pointe de pignon, forme ronde ou quarrée* », et enjoignait de « *faire couvrir à l'avenir les pans de bois de lattes, clous et plâtre, tant au dedans qu'au dehors, de telle manière qu'ils soient en état de résister au feu, le tout à peine de* 150 *livres d'amende* ».

A cette époque, les bois restant apparents à l'extérieur devenaient assez facilement une cause d'incendie; ils se consommaient de plus assez vite et l'on obviait à ces inconvénients en les revêtissant d'ardoises, ce qui donnait aux façades un aspect d'autant plus sombre que les rues étaient généralement étroites.

D'autres prescriptions administratives ont, depuis et à différentes époques, déterminé la largeur des rues, l'établissement d'égouts, la hauteur (proportionnelle à la largeur de la voie publique) des bâtiments en façade sur cette dernière, la hauteur des combles en rapport avec la profondeur du bâtiment, etc.

L'observation de ces dernières prescriptions eut

pour effet, dès le siècle dernier, de donner aux villes un aspect plus régulier et quelque peu monotone ; mais on ne peut nier qu'elles ne contribuent à en assurer la salubrité. Elles subsistèrent dans leur forme primitive, ou quelque peu modifiées, jusqu'aux *Lettres patentes de Louis XVI* (55), et elles ont été appliquées dans leurs dispositions principales jusqu'à l'*Ordonnance royale du* 1er *novembre* 1844 qui les a développées en y apportant des modifications notables et en substituant, dans les dimensions indiquées, le système métrique au système duodécimal.

Cependant ces prescriptions de grande voirie, suffisantes alors que Paris ne contenait que de 6 à 800 000 habitants, étaient devenues absolument insuffisantes vers 1850. La population, par suite de différents faits économiques au nombre desquels on doit compter la facilité des communications assurée par les chemins de fer rayonnant sur la Capitale, l'annexion des communes suburbaines et un accroissement ainsi qu'une centralisation industrielle inconnue jusqu'alors, etc., la population de Paris se trouva presque doublée; son agglomération, surtout vers le centre, rendait la circulation pres-

(55) *Lettres patentes du Roi* concernant la hauteur des maisons de la ville et faubourgs de Paris (25 août 1784), lettres rappelant et confirmant la *Déclaration du Roi* concernant les alignements et ouvertures des rues de Paris, donnée à Versailles le 10 avril 1783.

que impossible et devenait inquiétante pour la salubrité publique, au sujet de laquelle il y avait lieu
de se rappeler les épidémies de 1832 et de 1849 :
il fallut donc recourir à des mesures énergiques.

L'État et la Ville firent achever de grands édifices
d'utilité publique déja commencés et en créèrent de
nouveaux, et ces édifices, isolés de toute part et
vers lesquels il fallait diriger la population, moti-
vèrent un développement considérable de nouvelles voies : c'est ainsi que les Halles centrales
et le Louvre furent terminés, la rue de Rivoli
prolongée; on construisit l'Opéra au centre d'un
réseau de voies nouvelles; des boulevards intérieurs furent ouverts et quelques-uns conduisirent
aux extrémités de la Ville, etc. Concurremment à
ces grands travaux, l'Administration municipale
créa des squares au centre des quartiers populeux,
et c'est là certes une des innovations les plus heu-
reuses de notre temps. Enfin, des rivières (la
d'Huys et la Vanne) furent détournées de leurs
cours pour augmenter le volume toujours insuffisant des eaux nécessaires aux besoins d'une
population de 2 millions d'habitants, et, comme
complément de ce travail déja si considérable, les
eaux vannes furent conduites hors la Ville au
moyen d'une immense canalisation souterraine.

Ces travaux exécutés à Paris donnèrent l'essor
a des entreprises analogues, non-seulement dans

les plus grandes villes des départements comme
Lyon, Marseille, Bordeaux, Lille, Rouen, le Ha-
vre, etc., mais encore dans des cités moins impor-
tantes; pour quelques-unes, les anciens remparts,
désormais inutiles, furent détruits et leurs fossés
furent couverts et convertis en boulevards reliant
les nouveaux quartiers aux anciens; à l'intérieur
des villes, on perça, à travers des quartiers res-
serrés et populeux, de nouvelles voies aboutissant
à des places spacieuses et bordées d'édifices publics
et privés offrant en général un caractère de somp-
tuosité, et mieux encore, une recherche de style
inconnue jusqu'ici.

On comprendra que des travaux aussi considé-
rables n'aient pu être exécutés que par le concours
de tous les pouvoirs publics aidés par une législation spéciale, telle que l'application de la loi du
3 mai 1841 complétée par celle de 1867 sur l'expropriation pour cause d'utilité publique, et les décrets
des 26 mars 1852, 1er janvier et 27 juillet 1859, relatifs aux rues de Paris et à la hauteur des maisons. Le dernier de ces décrets, tenant compte de
la largeur des nouvelles rues et boulevards, autorise
à porter jusqu'à 20 mètres la hauteur des façades.
Ce même décret fixe également, entre autres dispositions nouvelles, le maximum de hauteur des bâtiments dans les cours et espaces intérieurs à 17^m,55

et la hauteur minima des étages à $2^m,60$; et, sans s'arrêter aux nombreux actes administratifs parus pendant cette dernière période et que l'on peut considérer comme complémentaires des décrets précités, il y a lieu de rappeler les ordonnances relatives à l'hygiène et à la salubrité des habitations, celles concernant l'écoulement des eaux vannes dans les égouts publics, la distribution de l'eau et du gaz à l'intérieur des propriétés, et enfin, la plus récente de toutes ces ordonnances, celle du 15 septembre 1875, relative aux incendies (56).

MANUEL DES LOIS DU BATIMENT. — Le Code civil, dans son ensemble comme dans les articles qui ont rapport à la propriété, aux servitudes qui en sont la conséquence, au contrat de louage, à la responsabilité des architectes et des entrepreneurs, à la prescription en matière de travaux, etc., a été, de notre temps, l'objet de nombreux commentaires publiés par des magistrats et des jurisconsultes, parmi lesquels il faut citer les noms de Delvincourt (57), Proudhon (58), Pardessus (59), Perrin (60),

---

(56) Voir tous ces documents dans la 2ᵉ partie de cet ouvrage (2ᵉ volume).

(57) *Cours de Code civil*, 3 in-4°, Paris, 1819.

(58) *Traité des droits d'Usufruit, d'Usage, d'Habitation et de Superficie*, 9 in-8°, Dijon, 1824.

(59) *Traité des Servitudes*, 7ᵉ édit., in-8°, Paris, 1829.

(60) *Code des Constructions et de la Contiguïté*, 4ᵉ édit., in-8°, Paris, 1836.

Toullier et Duvergier (61), Duranton (62), Zachariæ et Troplong (63), Fremy-Ligneville (64), Teulet, d'Auvilliers et Sulpicy (65), Lepage (66), Clamageran (67), Domenget (68), Rogron (69), Aubry et Rau (70), Demolombe (71), Sirey et Gilbert (72), Sourdat (73), etc.

Mais ces commentaires, présentés, pour la plupart, sous une forme trop juridique pour les architectes, qui, en dehors de l'art pur, aiment à rechercher le sens pratique de toute chose, leur firent regretter cet excellent ouvrage des *Lois des bâtiments de Desgodetz*, ouvrage essentiellement

(61) *Le Droit civil français*, 5ᵉ édit., 21 in-8°, Paris, 1839.

(62) *Cours de Droit français, suivant le Code civil*, 4ᵉ édit., 22 in-8°, Paris, 1844.

(63) TROPLONG, *le Droit civil expliqué*, 16 in-8°, Paris, Hingray, 1846, ouvrage qui fait suite à celui de ZACHARIÆ, intitulé *le Droit civil français*. — Voir 5ᵉ édition de l'ouvrage de ZACHARIÆ, par MM. G. MASSÉ et Ch. VERGÉ, 5 in-8°, Paris, Durand, 1856.

(64) *Traité de de Législation des Bâtiments et Constructions*, 2ᵉ édit., 2 in-8°, Paris, Carilian-Gœury, 1848.

(65) *Les Codes français annotés*, 2 in-8°, Paris, 1848.

(66) *Lois des Bâtiments* ou *le nouveau Desgodetz*, 2 in-8°, Paris, Marescq, 1852.

(67) *Du louage d'industrie, du Mandat*, etc., in-8°, Paris, 1856.

(68) *Du Mandat*, 2 in-8°, Paris, Cotillon, 1862.

(69) *Code civil expliqué*, 17ᵉ édit., 2 in-12, Paris, 1867.

(70) *Cours de Droit civil français* (d'après la méthode de ZACHARIÆ), 8 in-8°, Paris, Cosse et Marchal, 1869.

(71) *Cours de Code Napoléon*, 24 in-8°, Paris, Durand (en cours de publication).

(72) *Les Codes annotés avec supplément*, 4 in-4°, Paris, Cosse et Marchal, 1868-1871.

(73) *Traité général de la Responsabilité*, 2 in-8°, Paris, Marchal, 1876.

pratique et dont le seul tort est, à notre époque, de contenir des parties qui ne sont plus absolument en harmonie avec le droit moderne ; c'est pour cela que, en 1862, la Société Centrale des Architectes publia le *Manuel des lois du bâtiment* dont les commentaires, étudiés par une Commission (74), ont été rédigés par notre regretté confrère M. Rohault de Fleury (75), président-rapporteur de cette Commission, avec le concours de notre collègue M. Simon Girard, secrétaire.

Ce n'est pas manquer de modestie que de rappeler le succès du *Manuel des Lois du Bâtiment*, succès certainement dû au plan de l'ouvrage qui, suivant pas à pas le Code civil, donne, sur les articles relatifs à la pratique de notre profession, des commentaires dans un texte concis et de plus élucidé par des figures. Le Code civil illustré, c'était déja

(74) Cette Commission, prise dans le sein de la Société, était composée de MM. ROHAULT DE FLEURY, *président-rapporteur;* PROSPER DESCHAMPS, DUPEYRAT, PAUL FLAMENT, JULIEN HÉNARD, ACHILLE LUCAS, MOUTARD-MARTIN, ROUGEVIN et SIMON GIRARD, *secrétaire*, et son travail, revisé par le Conseil de la Société, avait été contrôlé par son Conseil judiciaire composé de MM. MATHIEU, avocat à la Cour d'appel ; DE LA CHÈRE, premier syndic de la Chambre des Avocats aux Conseils ; FOUCHÉ, notaire ; GLANDAZ, président honoraire de la Chambre des Avoués, et GUIDOU, avoué de première instance, puis discuté et adopté par la Société réunie en Assembiée. — Note de l'introduction de la première édition, Paris, in-8°, Morel et Cie, 1863 (épuisée).

(75) Voir Note biographique sur M. ROHAULT DE FLEURY, *Bulletin de la Société*, IVᵉ série, t. II, 1875, p. 142 et suiv.

nouveau, mais une innovation qui fut également
appréciée par tous a été de compléter le Manuel par
le recueil des lois, décrets, ordonnances et actes
administratifs relatifs à la Grande Voirie, en mettant ainsi le lecteur à même de trouver réuni tout
ce qui est journellement nécessaire dans la pratique
de notre art.

Cependant quinze années se sont écoulées depuis la publication de ce Manuel, des modifications notables ont été apportées dans les constructions, soit par l'emploi plus général de nouveaux
matériaux, soit par de nouvelles prescriptions
administratives; de plus, des ordonnances, autrefois en vigueur et tombées depuis en désuétude,
ont été rapportées ou remplacées par de nouvelles :
le Manuel de la Société, pour lequel ses auteurs
avaient eux-mêmes réclamé le contrôle pratique
de l'expérience (76), n'était donc plus en harmonie
avec l'état actuel de la législation du bâtiment,
et d'ailleurs on en eût difficilement trouvé un
exemplaire en librairie; il devenait enfin urgent
d'en publier une nouvelle édition.

Sans rappeler ici les nombreuses modifications
apportées au premier Manuel par cette seconde édition, il peut être bon cependant d'attirer l'attention

---

(76) *Manuel des Lois du Bâtiment.* Introduction citée, p. viii.

sur le plus grand nombre d'articles du Code civil qui sont suivis de commentaires, et spécialement sur les nouveaux commentaires relatifs à la responsabilité des architectes et des entrepreneurs, responsabilité que nous croyons, — en ce qui touche cette partie de la mission de l'architecte qui consiste à diriger les travaux comme mandataire du propriétaire, — devoir reporter au titre du Mandat (art. 1984 et suivants du Code civil), conformément au remarquable travail inséré par notre collègue M. Hermant, dans les *Annales* de la Société Centrale en 1873, 1874 et 1875.

DIVISION DE CETTE NOUVELLE ÉDITION. — Cette nouvelle édition du Manuel, divisée en trois parties, comprend, dans sa PREMIÈRE PARTIE et sous le titre de *Lois du Bâtiment*, outre les extraits du *Code civil* et leurs commentaires, des commentaires nouveaux sur les articles du *Code de procédure civile* relatifs aux expertises et aux arbitrages, et enfin quelques *Édits royaux* antérieurs à 1790, ainsi qu'une indication des *Lois* postérieures à la promulgation du Code civil.

LA DEUXIÈME PARTIE, sous le titre de *Règlements administratifs*, comprend un choix d'*Arrêts des Conseils du Roi* et d'*Ordonnances des Bureaux avant* 1790, de *Décrets* et d'*Ordonnances Royales* depuis cette époque, et enfin des *Arrêtés spéciaux* et des *Ordonnances de police.*

Une TROISIÈME PARTIE, consacrée à la *Jurisprudence du Bâtiment*, reproduira les *Arrêts de la Cour de cassation* (77) et les *Arrêts du Conseil d'État* cités dans la première partie, comme commentaires et à la suite des articles du Code civil, et permettra ainsi de recourir aux textes mêmes qui sont destinés à fixer notre Jurisprudence actuelle.

Enfin, sous le titre de *Compléments*, des *Tables analytiques et méthodiques* permettront de grouper ensemble les divers documents relatifs à une même question pratique et d'en suivre l'étude depuis les origines de notre législation, en même temps que de connaître les divers textes de Jurisprudence à invoquer pour la résoudre.

Un dernier mot. Dans l'Introduction de la première édition de cet ouvrage, nos prédécesseurs

(77) Qu'il soit permis d'indiquer ici l'esprit dans lequel la Société centrale des Architectes a cru devoir faire appel à la jurisprudence de la Cour de cassation. Toujours la Commission, chargée de préparer cette nouvelle édition du Manuel des Lois du Bâtiment, a cité les arrêts qui se rattachent de près ou de loin aux questions de droit si diverses intéressant le Bâtiment; mais la Société, tout en s'inspirant sans réserve de ces arrêts, toutes les fois qu'il ne s'est agi que de points de droit, a cru, en revanche, dans ses nouveaux commentaires, pouvoir s'écarter parfois de l'interprétation de la Cour suprême, sur les points où se sont présentées les questions intéressant seulement la construction.

écrivaient : « La Société n'a pas eu la prétention
de faire un Code, mais seulement de composer un
Manuel pratique pour l'usage de ses membres (78), »
et nous ajouterons que nous nous sommes efforcés,
avant de faire paraître cette nouvelle édition, de
compléter l'œuvre de nos devanciers au point de
vue de la jurisprudence et de l'améliorer par de
nombreux éclaircissements destinés surtout à nos
jeunes confrères.

Comme pour la première édition de ce Manuel,
nous avons réclamé le contrôle des jurisconsultes
éminents qui composent le Conseil judiciaire de la
Société (79) et, forts de leur précieux concours autant que du dévouement de nos collègues de la
Commission (80), nous croyons pouvoir terminer
cette préface, en disant avec Montaigne :

« *C'est icy un livre de bonne foy* (81). »

Le Président de la Commission
de Révision du Manuel des Lois du Bâtiment,

ACH. LUCAS.

---

(78) *Introduction citée*, p. VI.
(79 et 80) Voir la note placée après le faux titre, p. VI.
(81) *Essais de* MONTAIGNE : *l'Aucteur au Lecteur.*

NOTE A [(82)]

DIVERSES CLASSES D'ARCHITECTES

EN GRÈCE ET A ROME.

L'emploi des mots ἀρχιτέκτων et *Architectus* pour désigner, dans l'antiquité gréco-romaine, soit un *architecte-directeur de travaux*, soit un *architecte-entrepreneur général*, soit même un des *sous-traitants* de ce dernier, semble devoir longtemps encore maintenir une réelle incertitude sur tout ce qui concerne la position de l'architecte dans le monde gréco-romain; cependant il peut être intéressant de reproduire ci-dessous quelques données empruntées sur cette question à l'article *Architectus*, dû à notre confrère Charles Lucas, et récemment paru dans le 3ᵉ fascicule du *Dictionnaire des Antiquités grecques et romaines*, de MM. CH. DAREMBERG et EDM. SAGLIO (83).

Quoiqu'un texte du jurisconsulte Æmilius Macer, qui vivait sous Alexandre Sévère, texte inséré au Digeste, porte « *qu'il n'est permis qu'au prince ou à celui qui a fait les frais d'un édifice public d'y inscrire son nom (84)* », on connaît, en dehors des auteurs grecs et latins, un certain nombre d'inscriptions antiques renfermant des noms d'architectes. Quelques-unes de ces inscriptions sont funéraires, il est vrai, mais d'autres sont commémoratives

(82) Voir plus haut, note 21, p. 17.

(83) Paris, 1874, Hachette et Cⁱᵉ, grand in-4°, n. fig. (en cours de publication).

(84) *Digesta*, L. x, 3, *De Operibus publicis :* Inscribi autem nomen operi publico alterius quam principis, aut ejus cujus pecunia id opus factum sit, non licet.

de faits politiques et religieux ou même retracent des décrets relatifs au mode d'exécution et aux conditions de payement des travaux. Ce sont ces inscriptions, publiées dans un grand nombre d'ouvrages spéciaux, qui ont permis aux archéologues modernes, tels que Otfried Müller (85), Böckh (86) et MM. Brunn (87), Rangabé (88), Choisy (89), Caillemer (90) et Promis (91), de reconnaître diverses classes parmi les architectes grecs et romains.

Ainsi, d'après M. Caillemer, le savant helléniste, doyen de la Faculté des lettres de Lyon (92), une inscription relative à la reconstruction des murs d'Athènes (93) mentionne des ἀρχιτέκτονες (architectes) (94) et un ἀρχιτέκτων κεχειροτονημένος ὑπὸ τοῦ δήμου (95) [architecte nommé (à la suite d'un vote à mains levées) par le peuple], qu'il faut bien se garder de mettre sur la même ligne. Les premiers sont des *entrepreneurs de travaux de construction* qui ont fait *un contrat de louage d'ouvrage* οἱ μισθωσάμενοι (96), en

(85) *De Minervæ Poliadis sacris et æde* et *De Munimentis Athenæ* in-8°, Gœttingue, 1836.
(86) *Corpus inscriptionum græcarum*, in-fol., Berlin.
(87) *Geschischte der griechischen Künstler*, 2 in-8°, Stuttgart, 1859.
(88) *Antiquités helléniques*, in-4°, t. II, n° 771.
(89) *L'Art de bâtir chez les Romains*, gr. in-8°, nomb. pl., Paris, Ducher et Cⁱᵉ, 1873, et Conférence faite par M. Choisy à la Société Centrale des Architectes, le 20 mai 1870.
(90) Voir plus bas, note 92.
(91) *Gli Architetti e l'Architettura presso i Romani*, in-4°, Torino 1872.
(92) Notes fournies pour une Conférence faite par M. Ch. Lucas à la Société Centrale des Architectes, le 17 février 1871, et insérées dans l'article *Architectus*, Dictionnaire cité plus haut, note 83, p. 379-380.
(93) Rangabé, *Antiquités Helléniques*, déjà cité, n° 771.
(94) Idem, *idem*, lignes 32 et 117.
(95) Idem, *idem*, l. 6, et voir aussi l. 9 et 21.
(96) Idem, *idem*, l. 18 et 22. Voir aussi l. 26. — Dans le *Jardin des Racines grecques*, on trouve Μισθὸς, loyer, prix du mérite, d'où μίσθωσις, location ; μισθωτεύω, être serviteur à gages.

un mot des ἐργολάβοι (97), ayant sous leurs ordres de simples ouvriers, de ces τέκτονες (98) qui, au temps de Platon, « ne coûtaient que *cinq ou six mines, tout au plus* (99), tandis que, pour les architectes, il fallait mettre *dix mille drachmes* (100) »; car, ajoutait Platon, « *les architectes sont rares dans toute la Grèce* (101)».

Le rôle de l'ἀρχιτέκτων κεχειροτονημένος ὑπὸ τοῦ δήμου est celui d'un fonctionnaire public (102) et est analogue à celui des ἐπιστάται τῶν δημοσίων ἔργων (mot à mot, qui est à la tête, qui surveille les travaux publics), à la suite desquels l'architecte figure quelquefois (103).

Cet architecte fonctionnaire aura, dit l'inscription, la direction générale et la surveillance des travaux, et l'œuvre tout entière sera partagée en dix sections, chiffre qui nous autorise à croire que chacun des τειχοποιοί (entrepreneurs chargés de construire les murailles) aura, sous le contrôle supérieur de cet ἀρχιτέκτων, une section particulière à exécuter.

C'est cet ἀρχιτέκτων, fonctionnaire public, qui dressera le cahier des charges, qui recevra les soumissions des

(97) [Ἔργον, chose, ouvrage; λαμβάνω, recevoir et prendre; d'où Ἐργολάβος, celui qui entreprend un ouvrage à forfait, un entrepreneur dans le sens même de l'inscription relative aux murs d'Athènes et de la loi d'Éphèse, citée par Vitruve. (Voir plus haut, note 21, p. 17.)

(98) Τέκτων, ouvrier, d'où est venu ἀρχιτέκτων en y ajoutant ἄρχω, je commande.

(99) La *mine* représentait *cent drachmes* (environ 92 fr.), soit 460 fr. ou 552 fr.

(100) Environ 9 200 fr.

(101) *Amatores*, éd., Didot, I, p. 105.

(102) O. Müller, *De Munimentis Athenæ* (voir note 85), p. 40: Publica auctoritate operi inspiciendo præfectus (préposé par l'autorité publique à l'inspection des travaux).

(103) *Corpus inscriptionum græcarum* (voir note 86), n° 160, et aussi n°ᵉ 77 et 2266.

ἀρχιτέτονες, entrepreneurs (104), et qui agréera définitivement leurs ouvrages. Ces entrepreneurs, si leurs soumissions sont admises, viendront jurer devant le Sénat des
Cinq-Cents qu'ils se conformeront à toutes les obligations du cahier des charges (105), et ils devront fournir
des cautions (106).

On doit donc, pour ce qui est de la Grèce antique,
s'abstenir, comme l'avait fait Otfried Müller (107), de voir
dans tout ἀρχιτέκτων un ἐργολάβος, un *redemptor* ou *locator
operis*, un *entrepreneur ayant fait un contrat de louage
d'ouvrage;* puisque, si le mot ἀρχιτέκτων désignait souvent cette profession, il désignait aussi en revanche un
fonctionnaire élu par le peuple tout entier et supérieur
même, par l'origine de ses fonctions, aux ἐπιστάται τῶν
δημωσίων ἔργων ou *surveillants des travaux publics*, qui,
à Athènes, n'étaient élus que par les tribus (108). L'acception qu'il faut préférer dépend donc des circonstances.

Mais, à Rome, la situation de l'architecte fut parfois différente. Les beaux-arts n'ayant guère pris d'essor dans
cette ville qu'après la conquête de la Grèce, les fonctions
d'architecte y furent longtemps exercées principalement
par des esclaves, des affranchis ou des Grecs (109); et si

(104) Il y a lieu de remarquer ce même emploi (signalé en tête de la
Note A, p. 53) des mots ἀρχιτέκτων et ἀρχιτέκτονες qui désignent ici,
tantôt *l'architecte* et tantôt *les entrepreneurs.*

(105) RANGABÉ, *Antiquités Helléniques*, déjà cité, n° 771, 1. 23.

(106) IDEM, *idem*, 1. 112. — Voir aussi DÉMOSTHÈNE, *Contre Timocrate,*
§ 40, R. 713.

(107) *De Minervæ Poliadis sacris et æde*, p. 46 à 56. — MÜLLER est revenu au reste de cette erreur dans sa dissertation : *De Munimentis
Athenæ*, p. 40, citée plus haut, notes 85 et 102.

(108) ESCHINE, *Contre Ctésiphon* , § 27, D. 102.

(109) Voir à ce sujet les recueils d'Inscriptions latines et CARLO PROMIS,
Gli Architetti e l'Architettura (cité plus haut, note 91).

les inscriptions et les auteurs nomment également des hommes libres parmi les architectes romains (110), Plutarque rapporte que Crassus, parmi ses nombreux esclaves, en possédait « *jusqu'à cinq cents* habiles dans l'art des constructions, et qu'il louait comme *architectes*, maçons et charpentiers (111) ».

Qu'attendre, au point de vue de la dignité professionnelle ou de la responsabilité, de. semblables architectes ?

Au sujet des édifices publics, on voit, sous la République romaine, le Sénat, par un sénatus-consulte, autoriser les censeurs ou les consuls, ou, à leur défaut, des commissaires spéciaux (*duumviri, triumviri,* etc., suivant leur nombre), à mettre la construction ou la réparation en adjudication, aux enchères et au rabais, et, de plus, avec caution en immeubles de la part de l'entrepreneur-adjudicataire. Après l'exécution des travaux, les censeurs, les édiles ou des commissaires spéciaux, nommés par le Sénat, les recevaient (112).

Sous Auguste et depuis cet empereur, l'administration des travaux publics appartint à des magistrats spéciaux, *curatores operum publicorum* (113), nommés par l'empereur ou à l'élection (114), qui traitaient avec l'entrepreneur

(110) C. Promis, *Gli Architetti e l'Architettura.*

(111) *Vie de Crassus,* c. 2.

(112) Ch. Dezobry, *Rome au Siècle d'Auguste,* 3e édit., in-8^, Paris, Garnier, 1870, t. IV, p. 75 et 76, et les nombreux auteurs anciens cités dans ce passage. — Ed. Labatut, *Histoire de la Préture,* L. I, c. xv, in-8°, Paris, Thorin, 1868.

(113) Ed. Labatut, *la Municipalité romaine et les Curatores rei publicæ,* in-8°, Paris, Thorin, 1868.

(114) *Annales de l'Institut de Correspondance archéologique de Rome,* t. XXIII, p. 15.

(*redemptor* ou *locator operis*) pour l'adjudication et se réservaient la réception des travaux (115).

L'architecte romain, quelle que fût sa condition, faisait (on le sait d'autre part) les plans et même parfois un modèle de l'édifice à construire (116), et l'on doit croire, vu les détails minutieux des adjudications, qu'il en préparait les clauses et qu'il assistait à la réception des travaux, quoiqu'on ne le voie pas mentionné à ce titre dans le texte des inscriptions. Il avait, dans tous les cas, le double rôle d'artiste et de directeur technique du chantier, à moins, — ce qui arrivait parfois, mais non à Rome même, — que l'architecte fût en plus le *curator*, comme Vitruve, qui nous apprend lui-même qu'il construisit la basilique de Fano (117).

Cet architecte romain, comme l'architecte grec fonctionnaire public, ne pouvait donc, — sauf de bien rares exceptions, — tomber sous l'application de la loi que Vitruve donne comme existant autrefois à Éphèse (118), et les regrets exprimés par Vitruve (119), — au sujet de l'absence de garantie offerte par la législation de son

(115) Voir, pour tout ce passage relatif aux conditions d'exécution des travaux publics chez les Romains, la célèbre inscription de Pouzzoles dans CARISTIE, *Temple de Sérapis à Pouzzoles* (Bibliothèque de l'École des Beaux-Arts, atlas et mémoire).

(116) AULU-GELLE, XIX, 10, CICÉRON, *Ad Quintum fratrem*, II, (édit. Nizard); PLUTARQUE, *An vitiositas*, 3, et *Représentation de la Colonne Théodosienne*, par PAILLET (Bibliothèque de l'École des Beaux-Arts).

(117) VITRUVE dit, en effet (L. V, c. 1), au sujet des dispositions des basiliques, « *Quo genere coloniæ Juliæ Fanestri* COLLOCAVI CURAVIQUE *faciendum* »; passage d'où l'on pourrait inférer que, dans la construction de cette basilique, Vitruve fut à la fois *architecte*, *curateur* et peut-être même *entrepreneur général* (?).

(118) Voir plus haut, p. 16 et 17.

(119) L. X, *Préface*.

temps à l'endroit des architectes proprement dits et tels que nous les concevons aujourd'hui, — montrent bien que, à Rome, au siècle d'Auguste, il n'y avait, dans la législation, aucun article spécial à la responsabilité encourue par l'architecte, tant à l'endroit des édifices publics que des édifices privés (120).

(120) Voir, au sujet de la responsabilité encourue par les constructeurs d'édifices publics, à la fin du quatrième siècle de notre ère, GOTHOFRED, *Corpus Juris*, tit. XII, § 8, *du Code de Justinien*, donnant une *loi spéciale de l'empereur Zénon*, rappelant la prescription qui suit :

Gratien, Valentinien et Théodose empereurs, à Cynegius, préfet de la province :

« Que toutes les personnes qui ont été chargées de la construction d'édifices publics, ou dont l'argent a été, suivant le mode habituel, engagé dans cette construction, puissent, ainsi que leurs héritiers, être rendues responsables de cette construction pendant *quinze années* après son achèvement, afin que si quelque faute ou fraude se découvre dans cette construction, le dommage puisse être réparé aux dépens de leurs biens ou patrimoines (sauf cependant ce qui serait l'effet d'un accident).

» Donné à Constantinople, le 3 des nones de Février, Arcadius et Bauton, consuls (année 385). »

NOTE B [(121)]

LISTE DES DIVERSES COUTUMES

RÉGISSANT AUTREFOIS LA FRANCE.

(D'après Klimrath).

Dans la région du Nord-Est :

La coutume générale de la prévôté et vicomté de Paris s'étendait, outre le ressort immédiat du Châtelet, sur la châtellenie de Triel, située dans le Vexin français, sur les prévôtés, sous-bailliages et châtellenies de Poissy, Saint-Germain-en-Laye, Châteaufort, Montléry, La Ferté-Aleps, Brie-Comte-Robert, Tournan-en-Brie, Gournay-sur-Marne et Gonesse. L'hôtel épiscopal de Meaux, la grande place située devant la porte de l'hôtel, quelques fiefs assis à Meaux ou aux environs, étaient aussi régis par la coutume de Paris.

Les coutumes des bailliage et prévôté d'Étampes s'étendaient sur un territoire peu étendu au sud de Paris, borné à l'ouest par l'Essonne, et confinant au midi au territoire de la coutume d'Orléans.

Les coutumes du bailliage et châtellenie de Dourdan régissaient un plus petit territoire entre le ressort des coutumes de Paris, d'Étampes et de Montfort-l'Amaury.

Les coutumes du comté et bailliage de Montfort-l'Amaury, Gambais, Néauphle-le-Châtel, Saint-Léger-en-Yveline, étendaient leur empire sur Rambouillet, Épernon, Houdan, etc.

Les coutumes du comté et bailliage de Mantes et Meulan.

(121) Voir note 28, p. 22.

La coutume locale du Vexin français pour le relief des fiefs était suivie dans la partie de ce territoire sur la rive droite de la Seine.

Le territoire de la coutume du bailliage de Senlis comprenait une petite partie de l'Ile-de-France, la plus grande partie du Vexin français et une partie considérable du Beauvaisis. Ce territoire était divisé en plusieurs châtellenies, savoir : Senlis, Compiègne, Pontoise, Chaumont, Creil et Chambly-le-Haut-Berger. De celle de Senlis dépendaient le temporel de l'évêché et comté de Beauvais avec la ville de ce nom, et les baronnies et châtellenies de Mello et de Mouchy-le-Châtel. A celle de Compiègne ressortissaient certaines terres et seigneuries assises au duché de Valois, mais exemptes de la juridiction de ce duché et formant la prévôté de l'exemption de Pierrefonds. La châtellenie de Pontoise comprenait celle de l'Ile-Adam. Celle de Chaumont, érigée en bailliage séparé, comprenait l'*escroissement* de Magny et la seigneurie de la Roche-Guyon. La coutume de Senlis s'étendait encore sur le comté et bailliage de Beaumont-sur-Oise. La coutume locale du Vexin français, pour le relief des fiefs, était suivie dans les châtellenies de Pontoise, de Chaumont, de Mello et de Mouchy-le-Châtel. Pour la succession féodale, tout le territoire du bailliage se divisait en trois coutumes locales : celle de la châtellenie de Pontoise, celle de delà l'Oise et celle en deçà de l'Oise.

Si une partie du Beauvaisis était soumise à la coutume de Senlis, une autre était réunie à la Normandie, une troisième au bailliage d'Amiens ; une quatrième et dernière était régie par les coutumes générales du bailliage et comté de Clermont en Beauvaisis.

Les coutumes du bailliage et duché de Valois s'étendaient sur les châtellenies de Crespy, la Ferté-Milon, Pierrefonds, Béthisy et Verberie. Celles de Neuilly-Saint-

Front et d'Oulchy-le-Châtel, quoique réunies au duché de Valois, se gouvernaient par les coutumes du bailliage de Vitry en Champagne.

Les coutumes du gouvernement de Péronne, Montdidier et Roye régissaient le territoire situé sur les deux rives de la Somme, entre l'Artois au nord, l'Amiennais à l'ouest, les bailliages de Senlis et de Clermont en Beauvaisis au sud, le Vermandois à l'ouest. Chacune des prévôtés de Péronne, de Montdidier et de Roye avaient quelques coutumes particulières et locales, ainsi que les villes de Péronne et de Roye.

Le territoire des coutumes générales de la sénéchaussée et comté de Ponthieu s'étendait de même des deux côtés de la Somme. Les coutumes locales de la ville et banlieue d'Abbeville, et celles de la ville, pays et banlieue de Marquenterre-sur-la-Mer, dérogeaient à la générale de Ponthieu.

Les coutumes générales du bailliage d'Amiens embrassaient les prévôtés royales d'Amiens, Beauquesne, de Doullens, de Saint-Riquier, de Foulloy (comprenant la ville de Corbie), de Beauvaisis, de Vimeu et de Montreuil. Chacune des prévôtés du bailliage d'Amiens alléguait des coutumes locales dérogeantes aux coutumes générales du bailliage.

Dans le territoire des coutumes générales du comté, pays et sénéchaussées de Boulenois, on suivait, outre les générales, les coutumes de la ville, basse ville, bourgage et banlieue de Boulogne-sur-Mer, celles des lieu et bourgade de Desvrenes, celles de la ville et banlieue d'Étaples-sur-la-Mer, celles de la ville de Wissant, celles du village de Herly, celle de la terre et seigneurie de Quesques en Boulenois et celles du bailliage de Nédonchel, enclavé dans l'Artois.

Calais ayant été repris sur les Anglais en 1558, on rédigea, en 1583, les coutumes de la ville de Calais et pays reconquis. La ville de Calais avait quelques usances particulières dérogeantes à la coutume générale.

Les coutumes générales du pays et comté d'Artois étaient modifiées dans leur application par un nombre presque infini de coutumes locales des bailliages, châtellenies, terres et seigneuries, expressément réservés dans les diverses confirmations des coutumes générales. —Voyez-en l'énumération dans les *Travaux sur l'histoire du droit français*, par KLIMRATH, t. II, p. 185.

Les coutumes du bailliage et prévôté de Chauny.

Les coutumes du bailliage de Vermandois, en la cité, ville, banlieue et prévôté foraine de Laon, et quatre coutumes locales, savoir : celles de la cité, ville et prévôté royale de Noyon ; celles des ville, prévôté et ressort de Saint-Quentin ; celles de la prévôté de Ribemont, comprenant Guise et Aubenton ; celles du bailliage et gouvernement de Coucy.

Les coutumes de Châlons s'étendaient sur plusieurs lieux des environs et d'autres épars sur le territoire de la coutume de Vitry et jusque dans le Barrois.

Les coutumes de la cité et ville de Reims, villes et villages régis selon icelles, s'étendaient sur une partie considérable du Rhémois et du Rhéthelois, depuis le territoire de la coutume de Laon jusqu'à la Meuse, et même au delà. Les lieux régis par elle étaient entremêlés aux lieux dépendant de la coutume de Vitry.

Les coutumes du bailliage de Vitry en Perthois s'étendaient sur Passavant, Vertus, Rouvray, Lanzicourt, Saint-Dizier et Commercy.

Les coutumes du bailliage de Chaumont en Bassigny régissaient, en outre, Bar-sur-Aube, Vassy, Joinville, Vaucouleurs, Montigny-le-Roi, Nogent-le-Roi, Vignory, Château-Vilain, Essoyes, Brienne-le-Château, Piney, Ramrupt, etc.

Les coutumes générales du bailliage de Troyes gouvernaient aussi les siéges royaux de Méry-sur-Seine, Virey-sous-Bar, Romilly-les-Vauldes, Nogent-sur-Seine, Pont-sur-Seine, etc. ; les châtellenies de Chaource, Vandœuvre, Ervy, Saint-Florentin, Trainel, etc. ; le comté de Joigny, la châtellenie de l'Ile-sous-Montréal.

Le territoire des coutumes générales du bailliage de Sens s'étendait sur Sens, Villeneuve-l'Archevêque, Marcilly-le-Hayer, Brienon-l'Archevêque, Mussy-l'Évêque, etc. ; Villeneuve-le-Roi, Saignalay, Châblis, Tonnerre, Ancy-le-Franc, Ligny-le-Châtel, etc. ; Langres, Montsaujon, Montigny-sur-Aube, Prauthoy, Neuilly-l'Évêque, etc. Outre les coutumes générales de ce bailliage, il y avait les coutumes locales de la ville de Sens et les coutumes locales et particulières de Langres et comté de Montsaujon, pays et quartier de Langres.

Le territoire des coutumes du bailliage et comté de Clermont en Argonne comprenait les prévôtés de Clermont, de Varennes, des Montignons, la baronnie de Vienne-le-Château.

Les coutumes du bailliage de Bar s'étendaient sur les villes de Bar-le-Duc, Ligny, Pierrefitte, sur tout le pays Barrois mouvant de la France.

Le territoire des coutumes générales du bailliage de Bassigny se composait de la prévôté de Gondrecourt, des prévôtés de la Marche, Châtillon-sur-Saône, Conflans en Bassigny, des sénéchaussées de la Motte et Bourmont.

Les coutumes générales du bailliage de Meaux s'étendaient sur Meaux, Lagny, Crécy, Faremoutier, Coulommiers, la Ferté-au-Col, la Ferté-Gaucher, Sézanne, la Fère champenoise, Anglure, Provins, Bray, Montereau.

Les coutumes générales du bailliage de Melun s'étendaient sur Melun, Rosoy, Nangis, Donne-Marie, sur une partie du Gâtinais, entre la Seine et l'Essonne, notamment sur Fontainebleau, Moret, la Chapelle-la-Reine et Milly.

Dans la région du milieu :

Les coutumes de Lorris, des bailliage et prévôté de Montargis (122), Saint-Fargeau, pays de Puysaye, Châtillon-sur-Loing, comtés de Gien, de Sancerre, duché de Nemours, en ce qui est au pays de Gâtinais, châtellenie de Château-Landon, et autres lieux régis et gouvernés par ces coutumes, où il y avait aussi quelques coutumes locales. — KLIMRATH, t. II, p. 197.

Les coutumes des duché, bailliage et prévôté d'Orléans embrassaient une partie du Gâtinais, la Beauce et la Sologne, c'est-à-dire, outre le ressort du Châtelet d'Orléans, les châtellenies de Lorris, Janville, Beaugency, Boiscommun, Yèvre-le-Châtel, Châteauneuf-sur-Loire, Vitry-aux-Loges, Neuville-aux-Loges et Pithiviers. La ville d'Orléans a quelques coutumes particulières, ainsi que la châtellenie de Janville. Les droits de pâturage se règlent diversement selon qu'il s'agit des lieux situés en Beauce, hors la forêt d'Orléans, ou de ceux qui sont situés en Sologne, dans le Val-de-Loire, le Gâtinais et forêt d'Orléans. — Voir l'article 148 de la coutume.

Les coutumes de Chartres, pays chartrain, baronnies et châtellenies d'Alluye, Brou, Auton, Montmirail et la Bazoche-Gouet, étant au Perche-Gouet, et autres châtellenies étant au bailliage de Chartres. Il y avait aussi la coutume locale des cinq baronnies et Perche-Gouet, qui dérogeait en plusieurs points à la générale. Le Drouis était régi par les coutumes de l'auditoire et bailliage du comté de Dreux. Le territoire des coutumes générales de la baronnie, châtellenie, terres et seigneuries de Châteauneuf en Thimerais, ressort français (123),

---

(122) La coutume de Montargis contient des dispositions particulières pour Orléans, Meung, Jargeau, Sully, Saint-Benoît, Janville, chap. Ier, art. 40 et 64.

(123) Voir plus bas, p. 69, pour le ressort normand.

qui comprenait Châteauneuf, Senonches, la Ferté-le-Vidame, Thimer et quelques lieux du Chartrain et du Drouis. Les coutumes des pays, comté et bailliage du Grand-Perche comprenaient les siéges de Mortagne, Bellême et Nogent-le-Rotrou.

Les coutumes générales des pays, comté et bailliage de Blois embrassaient le Blaisois, le Dunois, le Vendômois et s'étendaient en outre dans la Sologne et dans le Berry. Elles étaient modifiées par un nombre considérable de coutumes locales, surtout dans le Dunois, la Sologne et le Berry. — Voyez-en la nomenclature dans KLIMRATH, t. II, p. 202.

Les coutumes générales des duché et bailliage de Touraine comprenaient les siéges royaux de Tours, Amboise, Chinon, Loches, Châtillon-sur-Indre, Langeais et la châtellenie de Montrichard. Elles s'étendaient encore sur une partie du Berry, le long de l'Indre.

Les coutumes générales des terres, pays et seigneuries de Loudunois.

Les coutumes générales des pays et comté du Maine s'étendaient sur les siéges du Mans, de Beaumont, de Fresnay, de la Ferté-Bernard, du Château-du-Loir, de Mayenne, et sur le comté de Laval.

Les coutumes générales des pays et duché d'Anjou régissaient en outre, mais modifiées par les coutumes locales : Faye-la-Vineuse, la baronnie de Mirebeau et pays de Mirabelais, etc.

Les coutumes des comté et bailliage d'Auxerre ne s'étendaient pas seulement sur la ville d'Auxerre et tout l'Auxerrois, mais encore sur Vezelay, Donzy, Cosne-sur-Loire, Saint-Amand, Saint-Sauveur, plusieurs autres villes et villages des pays de Donziois et de Puysaye.

Les coutumes du Nivernais embrassaient le pays et comté de Nivernais avec les villes de Nevers et de Clamecy, la seigneurie de Château-Chinon et le bailliage royal de Saint-Pierre-le-Moutier. La coutume locale du Val-de-Lurcy, en fait de servitudes, s'étendait sur sept paroisses de la châtellenie de Montenoison. En matière de succession, il y avait coutume locale dans la ville et prévôté de Clamecy; aux châtellenies de Metz, Monceaux-le-Comte, Neufontaines, dans la ville, faubourgs et prévôté de Saint-Léonard ou Corbigny.

Dans la région du Sud :

Les coutumes générales des pays et duché de Berry, tant de la ville et septaine de Bourges que des autres villes et lieux de ce pays et duché, ne s'étendaient, malgré la généralité de leur titre, que sur la partie, au reste considérable, du pays qui n'est pas comprise sous les coutumes de Montargis, de Blois et de Touraine. Elles mentionnent la coutume locale de la ville et châtellenie d'Issoudun, quelques coutumes particulières aux ville et septaine de Bourges, ville et septaine de Dun-le-Roi, Méhun-sur-Yèvre, Vierzon. La ville, terre et châtellenie de Château-Meillant, la terre et châtellenie du Châtelet-en-Berry, la ville et baronnie de Châteauneuf-sur-Cher, terres de Beauvoir et Saint-Julien, la terre et baronnie de Lignières, la terre et justice de Rezay, la terre et justice de Thevé, la prévôté de Troy, la terre et châtellenie de Nançay avaient des coutumes locales.

Les coutumes générales des pays et duché de Bourbonnais s'étendaient sur le Bourbonnais tout entier. Il y avait des coutumes locales à Verneuil, à Billy, à Germigny, à Saint-Pourçain, etc.

Les coutumes générales des haut et bas pays d'Auvergne régissaient les deux bailliages royaux de Montferrand et des montagnes d'Auvergne, le ressort de la sénéchaussée du duché d'Auvergne, à l'exception des lieux soumis à la coutume de Bourbonnais et de ceux de droit écrit. On y trouve une multitude de coutumes locales concernant, pour la plupart, le règlement des biens entre époux ou les pâturages. (Voir le 4ᵉ vol. de CHABROL.) Le territoire des coutumes d'Auvergne comprenait aussi le comté de Montpensier, qui avait des coutumes locales différentes, selon qu'il s'agissait de la ville d'Aiguesperse ou du plat pays, et la haute Marche d'Auvergne, qui se composait du pays de Combrailles et du franc-alleu, où il y avait aussi des coutumes particulières.

Les coutumes générales du haut pays du comté de la Marche proprement dite, ou Marche de Limousin, régissaient les sept châtellenies de Guéret, Drouilles, Chenerailles, Felletin, Ahun, Aubusson et Jarnages.

La basse Marche était en partie pays de droit écrit, et en partie soumise aux coutumes générales du comté et du pays de Poitou. Le vaste territoire de ces dernières embrassait tout le Poitou avec les siéges de Poitiers, Fontenay-le-Comte, Niort, Montmorillon, Civray, Saint-Maixent et Melle, l'Ile de Noirmoutiers, l'Ile-Dieu et l'Ile de Bonin; la Petite-Marche de Poitou avec Rochechouard; la sénéchaussée de la basse Marche avec Bourganeuf, Pontarion, Saint-Benoît-du-Sault, et la ville et sénéchaussée du Dorat, située aussi dans la basse Marche.

Le pays d'Aunis et l'Ile de Ré étaient régis par les coutumes générales de la ville et du gouvernement de la Rochelle.

Les coutumes de la sénéchaussée et du pays de Saintonge s'étendaient sur la partie septentrionale de la Saintonge jusqu'à la Charente, plus quelques lieux situés sur la rive gauche de cette rivière, et moins quelques autres régis par le droit écrit, quoique situés sur la rive droite.

Les coutumes générales de la comté et sénéchaussée d'Angoumois avaient pour territoire toute la province de ce nom.

Dans la région de l'Ouest :

Outre les coutumes générales des pays et duché de Normandie, il y avait la coutume locale de Caux, qui s'étendait dans tout le bailliage de ce nom et sur quelques lieux de la vicomté de Rouen. Dans le bailliage de Rouen, il y avait des coutumes locales à Jumiéges et au village de la Haie-Malherbe. Dans le bailliage de Gisors ou Vexin normand, il y avait des coutumes locales dans chacune des quatre vicomtés de Gisors, Vernon, Andely et Lions. Les vicomtés de Caen, de Vire, de Bayeux et de Falaise du bailliage de Caen, avaient chacune leurs coutumes locales, tandis que le bailliage de Cotentin tout entier, avec les vicomtés de Coutances, Avranches, Valogne, Carentan, et les bailliages de Saint-Sauveur-Landelin, Saint-Sauveur-le-Vicomte et Mortain, ne se régissaient que par la coutume générale. Le bailliage d'Évreux avait les coutumes locales de la vicomté et châtellenie d'Évreux et Nonancourt, celles de la vicomté de Beaumont-le-Roger, y compris le comté d'Arcourt, et celles de la vicomté et châtellenie de Conches et Breteuil. Les châtellenies de Pacy et Ezy étaient soumises aux coutumes d'Évreux et Nonancourt. La vicomté d'Orbec, comprenant la ville de Lisieux, suivait la coutume générale de Normandie. Dans le bailliage d'Alençon, la vicomté et châtellenie d'Alençon, et la vicomté de Verneuil avec Châteauneuf-en-Thimerais, ressort normand, avaient des coutumes locales. Les vicomtés d'Argentan et Exmes, Saint-Sylvain et le Thuit, Montreuil et Bernay suivaient la coutume générale de Normandie. Les coutumes générales des bailliage et comté d'Eu, sous l'autorité du Parlement de Paris (124), s'étendaient sur Eu, Blangy, Fourcarmont, et Mesnières. La

(124) A cause du privilége de la pairie d'Eu.

vicomté d'Ourville dépendant du comté d'Eu, et qui se composait d'Ourville, Gerponville, Gremonville, Romare et autres lieux entièrement enclavés dans les vicomtés de Rouen et de Caudebec, suivaient la coutume de Normandie.

Dans la Bretagne, il y avait les coutumes générales des pays et duché de Bretagne, et plusieurs coutumes locales, telles que celles des ville, faubourgs et prévôté de Rennes, du territoire de Goëllo, des ville, faubourgs, et quatre paroisses de Vannes, des ville, faubourgs et comté de Nantes. Il y avait encore des usances locales pour les droits de convenant et domaine congéable.

Les paroisses, terres et seigneuries situées sur les confins des provinces de Bretagne, Poitou et Anjou qu'on appelait les Marches, n'avaient point de coutumes locales, mais suivaient des usages particuliers pour déterminer la coutume d'après laquelle elles devaient se régir.

Dans la région du Sud-Est :

Les coutumes générales des pays et duché de Bourgogne régissaient cinq grands bailliages, sous-divisés en plusieurs autres : 1° le bailliage d'Auxois comprenait ceux de Semur en Auxois, Arnay-le-Duc, Saulieu et Avalon avec le comté de Noyers; 2° le bailliage de la Montagne, ou de Châtillon-sur-Seine, comprenait ceux d'Arc-en-Barrois et le comté de Bar-sur-Seine, enclavés dans la Champagne; 3° le bailliage de Dijon avec ceux d'Auxone, de Saint-Jean-de-Losne, de Nuits et de Beaune; 4° le bailliage d'Autun comprenait ceux de Montcenis, Bourbon-Lancy, Semur en Brionnais et le comté de Charolais; 5° le bailliage de Châlons-sur-Saône comprenait celui de la Bresse châlonnaise.

Les coutumes générales du comté de Bourgogne s'é-
tendaient sur toute la Franche-Comté, dans les bailliages
d'amont, d'aval, de Dôle et de Besançon.

(Extrait du *Manuel complémentaire des Codes français*,
par J. B. J. PAILLET, introduction, p. XII à XVIII, in-8,
Paris, Delhomme, 1846.)

NOTE C (125)

Les coustumes generalles de la preuoste et viconte de Paris.

(Cliché emprunté au *Manuel du Libraire* de Brunet et dû à l'obligeance de M. Firmin Didot.)

Et sont lesdictes coustumes a vendre a Paris rue sainct Jacques à lenseigne de la fleur de liz d'or : en lhostel de Jehan petit. Et au palais par Guillaume eustache au tiers pillier : commis des greffiers du chastellet de Paris

Auec priuilege de messieurs de Parlement.

(125) Voir note 37. p. 28.

lxxix.

Par la coustume de la ville preuoste & viconte de Paris a vng raport de iurez deuement fait par auctorite de iustice partie presente ou appellee de ce qui gist en leur art et industrie foy doibt estre adioustee sil nen est demande lamendement des bachelliers.

lxxx.

Item en la ville & faulxbourgs de paris vng voisin ne peult acquerir sur son autre voisin aucun droit de seruitute sans tiltre par quelque laps de temps quil en ait ioy.

lxxxi.

Item en ladicte ville et faulxbourgs a celluy a qui appartient le rez de chaussee appartient le dessus et le dessoubz du rez de chaussee sil ny a tiltre au contraire.

lxxxii.

Item il est loisible a vng voisin haulser a ses despens le mur moytoien dentre luy et son voisin si hault que bon luy semble sans le consentement de sondit voisin, sil ny a tiltre au contraire.

lxxxiii.

Par ladicte coustume quiconques a le sol appelle lestage du rez de chaussee daucun heritaige il peult & doibt avoir le dessus & le dessoubz de son sol & peult ediffier par dessus & par dessoubz & y faire puis aisemens & autres choses licites sil ny a lettres ou tiltres au contraire.

lxxxiiii.

Il est loisible a vng voisin se loger ou ediffier au mur commun et moytoien dentre luy et sondit voisin si hault que bon luy semble en payant la moytie dudit mur moytoien sil ny a tiltre au contraire.

lxxxv.

Il est loisible a vng voisin percer ou faire percer & demolir le mur commun & moytoien dentre luy & son voisin pour se loger & ediffier en le restablissant deuement & faire refaire a ses despens sil ny a tiltre au contraire.

lxxxvi.

Item il est loisible a vng voisin contraindre ou faire contraindre par iustice son autre voisin a faire ou faire reffaire le mur et ediffice commun pendant & corrompu dentre luy & sondit voisin & den payer sa part chascun selon son herberge : & pour telle part & portion que lesdictes parties ont & peuent avoir audit mur & ediffice moytoien.

lxxxvii.

Item par lesditz vsaige & coustumes droit de seruitude ne se acquiert point par prescription ou longue ioyssance quelle quelle soit sans tiltre.

lxxxviii.

Item n est loisible a vng voisin de mettre ou faire mettre & loger les poultres & soliues de sa maison dedans le mur dentre luy et sondit voisin se ledit mur n est moytoien.

lxxxix.

Item il n est loisible a vng voisin mettre ou faire mettre & asseoir les poultres de sa maison dedans le mur moytoien dentre luy & son voisin sans y faire ou faire faire ou mettre iambes parpaignes ou dosseresses chesnes & corbeaulx suffisans de pierre de taille pour porter lesdictes poultres & en restablissant ledit mur.

xc.

Par lesditz vsaige et coustume aucun ne peult percer vng mur moytoien dentre luy & son voisin pour y mettre & loger les poutres de sa maison que iusques a lespoisseur de la moytie dudit mur. Et au point du meilleu en restablissant ledit mur & en y mettant ou faisant mettre iambes chesnes et corbeaulx comme dessus.

xci.

Par ladicte coustume disposition ou destination de pere de famille vault tiltre.

(Copié sur l'exemplaire de la Bibliothèque nationale : réserve F., format in-12°, imprimé sur vélin en caractères gothiques. En tête, on lit deux extraits des registres du Parlement, l'un du 13, l'autre du 23 mai 1513 : le premier est un permis d'imprimer dans le délai de trois ans et de vendre « les coustumes de la preuoste et viconte de paris nagueres redigees par escript accordees par les estats et publiees par les commissaires a ce commis par le roy ». L'autre est une interdiction de vendre « chascun liure dicelles coustumes blanc plus de trois solz tournois et relie quatre solz tournois. » — A la fin du volume, est le « Proces verbal des coustumes de la preuoste et viconte de Paris » dressé « le samedy huytiesme iour du moys de mars lan mil cinq cens & dix ». (c. à. d. 8 mars 1511 nouveau style) en exécution les lettres patentes du roi datées de Blois le 21 janvier 1511 n. st.

Certifié conforme :

CH. BÉMONT,
Archiviste-paléographe.

NOTE D (126)

—

DE SERVITVTES ET RAPPORTS DE IUREZ.

CLXXXIIII.

N toutes matieres subiectes à visitation, les parties doiuent conuenir en iugement de iurez ou expers & gens à ce cognoissans, qui font le serment pardeuant le iuge. Et doit estre le rapport apporté en iustice pour en plaidant ou iugeant le procès, y auoir tel esgard que de raison, sans qu'on puisse demander amandement. Peut néantmoins le iuge ordonner autre ou plus ample visitation estre faicte s'il y eschet. Et où les parties ne conuiennent de personnes, le iuge en nomme d'office.

CLXXXV.

ET sont tenuz lesdits iurez ou expers & gens cognoissans, faire et rediger par escript & signer la minute du rapport sur le lieu, & parauant qu'en partir, & mettre à l'instant ladite minute és mains du clerc qui les assiste : lequel est tenu dedans les vingt quatre heures apres deliurer ledit rapport aux parties qui l'en requierent.

CLXXXVI.

DROIT de seruitude ne s'acquiert par longue ioüissance quelle quelle soit sans tiltre, encores que l'on en ait iouy par cent ans : mais la liberté se peut reacquerir

(126) Voir note 38, p. 29.

contre le tiltre de seruitute par trente ans, entre aagez & non priuilegiez.

CLXXXVII.

QUICONQUE a le sol, appellé l'estage du Rez de chaussee, d'aucun heritage, il peut & doit auoir le dessus & dessoubs de son sol, & peut ediffier par dessus & par dessoubs, & y faire puits, aisements & autres choses licites, s'il n'y a tiltre au contraire.

CLXXXVIII.

QUI faict estable contre vn mur moitoyen, il doit faire contre-mur de huict poulces d'espoisseur de hauteur iusques au rez de la mangeoire.

CLXXXIX.

QUI veut faire cheminees & attres contre le mur moitoyen, doit faire contre-mur de thuilots ou autre chose suffisante de demy pied d'espoisseur.

CXC.

QUI veut faire forge, four & fourneau contre le mur moitoyen, doit laisser demy pied de vuyde & intervalle entre deux du mur du four ou forge : & doit estre ledit mur d'vn pied d'epoisseur.

CXCI.

QUI veut faire aisances de priuez ou puits contre vn mur moitoyen, il doit faire contre-mur d'vn pied d'espoisseur. Et où il y a de chacun costé puits, ou bien puits d'vn costé et aisance de l'autre, suffit qu'il y ait quatre piedz de maçonnerie d'espoisseur entre deux, comprenant les espoisseurs des murs d'une part & d'autre. Mais entre deux puits suffisent trois piedz pour le moins.

CXCII.

CELUY qui a place, iardin ou autre lieu vuyde qui ioint immediatement au mur d'autruy, ou à mur moitoyen & il veut faire labourer & fumer, il est tenu de faire contre-mur de demy pied d'espoisseur : & s'il a terres iectisses, il est tenu faire contre-mur d'vn pied d'espoisseur.

CXCIII.

TOUS proprietaires de maisons en la ville & fauxbourgs de Paris, sont tenuz auoir latrines & priuez suffisans en leurs maisons.

CXCIIII.

SI aucun veut bastir contre vn mur non moitoyen, faire le peut en payant moitié tant dudit mur que fondation d'iceluy, iusques à son heberge. Ce qu'il est tenu payer parauant que riens desmolir ne bastir. En l'estimation duquel mur est compris la valeur de la terre sur laquelle est ledit mur fondé ou assis : ou cas que celuy qui a faict le mur, l'ait tout prins sur son heritage.

CXCV.

IL est loisible à vn voisin haulser à ses despens le mur moitoyen d'entre luy & son voisin, si haut que bon luy semble, sans le consentement de sondit voisin s'il n'y a tiltre au contraire, en payant les charges : pouruen toutefois que le mur soit suffisant pour porter le rehaulsement, & s'il n'est suffisant, faut que celuy qui veut rehaulser, le face fortifier, & se doit prendre l'espoisseur de son costé.

CXCVI.

SI le mur est bon pour closture & de duree, celuy qui

veut bastir dessus & desmolir ledit mur antien, pour n'estre suffisant pour porter son bastiment, est tenu de payer entierement tous les fraiz, & en ce faisant, ne payera aucunes charges : mais s'il s'ayde du mur antien, payera les charges.

CXCVII.

LES charges sont de payer & rembourser par celuy qui se loge & heberge sur & contre le mur moitoyen de six toises l'vne de ce qui sera basty au dessus de dix piedz.

CXCVIII.

IL est loisible à vn voisin se loger, ou edifier au mur commun et moitoien d'entre luy & son voisin, si haut que bon luy semblera en payant la moitié dudit mur moitoyen, s'il n'y a tiltre au contraire.

CXCIX.

EN mur moitoien ne peut l'vn des voisins sans l'accord & consentement de l'autre, faire faire fenestres ou troux pour veuë en quelque maniere que ce soit à voire dormant, ny autrement.

CC.

TOUTEFOIS si aucun a mur à luy seul appartenant ioignant sans moyen à l'heritage d'autruy, il peut en iceluy mur, auoir fenestres, lumieres ou veuës aux vs et coustumes de Paris. C'est asçauoir de neuf piedz de haut au dessus du rez de chaussee & terre, quant au premier estage, & quant aux autres estages, de sept piedz au dessus du rez de chaussee : Le tout à fer maillé et voire dormant.

CCI.

FER maillé est treillis dont les troux ne peuuent estre que de quatre poulces en tout sens : & voire dormant, est voire attaché & seellé en plastre, qu'on ne peut ouurir.

CCII.

AUCUN ne peut faire veuës droictes sur son voisin, ne sur places à luy appartenantes, s'il n'y a six piedz de distance entre ladicte veuë & l'heritage du voisin : & ne peut auoir bees de costé, s'il n'y a deux piedz de distance.

CCIII.

LES maçons ne peuuent toucher ne faire toucher à vn mur moitoyen pour le desmolir, percer & reedifier, sans y appeller les voisins qui y ont interestz, par vne simple signification seulement. Et ce en peine de tous despens dommages & interests & restablissement dudit mur.

CCIV.

IL est loisible à vn voisin percer ou faire percer & desmolir le mur commun & moitoyen d'entre luy & son voisin pour se loger & edifier, en le restablissant deuëment à ses despens, s'il n'y a tiltre au contraire, en le dénonçant toutefois au prealable à son voisin. Et est tenu faire incontinent & sans discontinuation dedit restablissement.

CCV.

IL est aussi loisible à vn voisin contraindre ou faire contraindre par iustice son autre voisin à faire ou faire refaire le mur & edifice commun pendant & corrompu entre luy & sondit voisin, & d'en payer sa part chacun selon son heberge : & pour telle part & portion que lesdites parties ont & peuuent auoir audit mur & edifice moitoyen.

CCVI.

N'EST loisible à vn voisin de mettre ou faire mettre & loger les poultres & soliues de sa maison dans le mur d'entre luy & sondit voisin, si ledit mur n'est moitoyen.

CCVII.

IL n'est aussi loisible à vn voisin mettre ou faire mettre & assoir les poultres de sa maison dedans le mur moitoyen d'entre luy & son voisin, sans y faire faire & mettre iambes parpaignes ou chesnes & corbeaux suffisans de pierre de taille pour porter lesdites poultres, en restablissant ledit mur : Toutefois pour les murs des champs suffit y mettre matiere suffisante.

CCVIII.

AUCUN ne peut percer le mur moitoyen d'entre luy & son voisin pour y mettre & loger les poultres de sa maison, que iusques à l'espoisseur de la moitié dudit mur, & au poinct du milieu, en restablissant ledit mur, & en mettant ou faisant mettre iambes, chesnes & corbeaux, comme dessus.

CCIX.

CHACUN peut contraindre son voisin ès villes & faulxbourgs de la preuosté & vicomté de Paris, à contribuer pour faire faire closture faisant separations de leurs maisons, courts & iardins assis esdites villes & fauxbourgs, iusques à la hauteur de dix piedz de haut du rez de chaussee compris le chaperon.

CCX.

HORS lesdites villes & fauxbourgs on ne peut contraindre voisin à faire mur de nouuel separant les courts & iardins : mais bien les peut on contraindre à l'entretenement & refection necessaire des murs anciens selon l'ancienne hauteur desdits murs, si mieux le voisin n'ayme quiter le droict de mur & la terre sur laquelle il est assis.

CCXI.

TOUS murs separans courts et iardins sont reputez moitoyens, s'il n'y a tiltre au contraire. Et celuy qui veut faire bastir nouuel mur ou refaire l'ancien corrompu : peut faire appeller son voisin pour contribuer au bastiment ou refection dudit mur, ou bien luy accorder lettres que ledit mur soit tout sien.

CCXII.

ET neantmoins ès cas des deux precedens articles, est ledit voisin receu quand bon luy semble, à demander moitié dudit mur basti & fond d'iceluy, ou à rentrer en son premier droit en remboursant moitié dudit mur & fonds d'iceluy.

CCXIII.

LE semblable est gardé pour la refection, vuydanges & entretenemens des anciens fossèz communs & moitoyen s.

CCXIIII.

FILETS doivent être faicts accompagnez de pierres, pour cognoistre que le mur est moitoyen, ou à vn seul.

CCXV.

QUAND vn pere de famille met hors ses mains partie de sa maison, il doit specialement declarer quelles seruitudes il retient sur l'heritage qu'il met hors ses mains, ou quelles il constitue sur le sien : & les faut nommé - ment & specialement declarer, tant pour l'endroit, grandeur, hauteur, mesure, qu'espece de seruitute. Autrement toutes constitutions generales de seruitutes sans les declarer comme dessus, ne valent.

CCXVI.

DESTINATION de pere de famille vaut tiltre quand elle est ou a esté par escrit, & non autrement.

CCXVII.

NUL ne peut faire fossez à eauës ou cloaques s'il n'y a six piedz de distance en tout sens des murs appartenans au voisin ou moitoyen.

CCXVIII.

NUL ne peut mettre vuydanges de fosses de priuez dans la ville.

CCXIX.

LES enduicts & crespis de maçonnerie faicts à viels

murs, se toisent à la raison de six toises pour vne toise de gros mur.

Copié sur l'exemplaire de la Bibliothèque nationale (F. 2800) intitulé :

COUSTUMES DE LA PREUOSTÉ ET VICOMTÉ DE PARIS,

MISES ET REDIGEES PAR

escrit, en presence des gens des trois Estats de ladite Preuosté & Vicomté

PAR

Nous Chrestofle de Thou premier President, Claude Anjorant, Mathieu Chartier, Iaques Viole & Pierre de Longueil, Conseillers du Roy en sa Cour de Parlement, & Commissaires par luy ordonnez.

A PARIS
Chez Iaques du Puis, Libraire Iuré à la Samaritaine.
1580.

AVEC PRIVILEGE DU ROY.

Certifié conforme :

CH. BÉMONT,
Archiviste-paléographe.

NOTE E (127)

ARCHITECTES-EXPERTS-JURÉS

CRÉÉS PAR ÉDIT DE MAI 1690

Pour faire les Rapports, Visites, Prisées, Estimations de tout ce qui concerne les Bâtiments; ensemble les Licitations, Servitudes, Alignements, Cours d'eau, Chaussées, Arpentages; comme aussi de tout ce qui a rapport aux Bâtiments, tels que Maçonnerie, Charpenterie, Menuiserie et tous autres, etc.

PREMIÈRE COLONNE	SECONDE COLONNE
Architectes-Experts-Bourgeois	*Experts - Entrepreneurs*
MESSIEURS	MESSIEURS
1751 Danjan.	1735 Simon, *doyen.*
1751 Le Camus de Mézières.	1739 Mouchet.
1758 Blanchard.	1752 Egreffet.
1762 Clavareau.	1754 Giraud.
1764 Delespine.	1755 Dumont.
1766 Goupy.	1761 Bourgeois.
1766 Bleoc, *syndic.*	1762 Villetard.
1766 Porquet.	1766 Buron, *adjoint.*
1768 Gabriel.	1767 Thevenin.
1768 Poullain.	1768 Regnard de Barentin.
1770 Petit-Radel.	1770 Lardant.
1773 D'Osmont, *trésorier.*	1772 Ango.
1773 Bouchu.	1773 Vavasseur Desperriers.
1773 André.	1773 Le Foulon.

(127) Voir note 50, p. 37.

MESSIEURS		MESSIEURS	
1774	Boulland.	1774	Chabouillé.
1776	Antoine.	1779	Siguy.
1777	Mangin.	1780	Capron.
1777	Normand.	1780	Petit.
1778	Mouchelet.	1785	Aubert.
1778	Le Mit.	1785	Bellanger.
1780	Dauvergne.	1785	Soissons.
1782	Desjardins.	1786	Goulet.
1785	Villetard, fils.	1788	Faugeroux.
1785	Dherbelot.	1788	Nepveu.
1785	Hallet.	1789	Le Roux.
1786	Varin.	1789	Yvert.
1789	Roché.		Antoine, *honoraire*.
1789	Pharoux.		Devouges, *honoraire*.
1780	Desmaisons, *honoraire*.		

*Leur Bureau, rue de la Verrerie, vis-à-vis
l'hôtel de Pomponne.*

(*Nota.* — A la suite, est une liste de treize *Maîtres Greffiers des
Bâtiments à Paris, pour recevoir les Rapports des Experts* avec
indication du même Bureau.)

*Inspecteurs pour la sûreté dans les Bâtiments
et Alignements des encoignures,*

MM. Vannier et Belat.

(Copié sur l'*Almanach Royal*
Année bissextile MDCCXCII; in-8°, Paris, Testu.)

NOTE F (128)

ARCHITECTES-EXPERTS

PRÈS LE TRIBUNAL DE PREMIÈRE INSTANCE DU DÉPARTEMENT

DE LA SEINE.

MM. ALDROPHE (Alfred), O. ✳. MM. GALLOIS.

BACHELLERY (Léo). GUADET.

BELLE. HAMON.

BILLON. HERMANT.

BOUCHOT, ✳. JANICOT.

BOURDAIS, ✳. JOLY (de), O. ✳.

BOURNICHON. LACOMBE.

CHABROL (Wilbrod). LECOMTE.

CHARPENTIER. MONGE, ✳.

DAUMET, ✳. MORIN (Ch.), ✳.

DAVID (Ludovic). NORMAND (Alfred), ✳.

DAVIOUD, ✳. OLIVIER.

DE LA CHARDONNIÈRE. PETIT DE VILLENEUVE.

DE METZ. PONTHIEU.

DESCAVES (Henry). RAMOUSSET.

DESCHAMPS (Prosper). RIVIÈRE (Alfred).

DUCHATELET, ✳. RIVIÈRE (Léon), ✳.

DUVERT. SAINT-AGNAN-BOUCHER

ÉTIENNE (Lucien). VIGOUREUX.

FEYDEAU, ✳. N.....

(Copié sur l'*Année judiciaire* du Tribunal de première
Instance du département de la Seine, Paris, Léautey,
1877.)

(128) Voir note 51, p. 38.

NOTE G (129)

EXTRAIT

DU RECUEIL COMPLET DES TRAVAUX PRÉPARATOIRES

DU CODE CIVIL

par P. A. FENET (130).

TOME XIV

TITRE HUITIÈME

DU CONTRAT DE LOUAGE

DISCUSSION DU CONSEIL D'ÉTAT

Du louage d'ouvrage et d'industrie.

(Procès-verbal de la séance du 14 nivôse an XII-5 janvier 1804, fol. 255 et suiv.)

.... La Section III des devis et marchés est soumise à la discussion (131).

1787.1788 (132)
1787.

Les articles 110 et 111 sont adoptés.
Les articles 113 et 114 sont adoptés.
L'article 112 est discuté.

(129) Voir note 52, p. 39.
(130) Paris, in-8°, MDCCCXXVII.
(131) P. 261 et suiv.
(132) Les chiffres en notes marginales indiquent les numéros des articles du Code civil.

M. Regnaud (de Saint-Jean-d'Angély) demande qu'on ajoute à l'article : *à moins qu'il ne soit en retard de livrer la chose.*

MM. Tronchet, Berlier, Treilhard et Bigot-Préameneu répondent que le retard est compris dans la faute.

M. Boulay ajoute que l'article 113 explique l'article 112 dans ce sens.

L'article est adopté.

Les articles 113 et 114 sont adoptés.   1790. 1791.

L'article 115 est discuté.   1792.

M. Ségur demande pourquoi l'article rend le constructeur responsable du vice du sol. Il croit qu'on devrait ne le faire répondre que du vice de la construction.

MM. Treilhard et Fourcroy répondent que l'architecte est obligé ou de remédier au vice du sol, ou d'avertir le propriétaire que la construction n'aura pas de solidité.

M. Réal ajoute qu'on a toujours suivi cette règle.

M. Béranger propose de rendre l'architecte également responsable des vices de construction.

M. Treilhard dit que cette disposition est nécessaire, et que ce n'est que par omission qu'elle n'a pas été exprimée.

M. Regnaud (de Saint-Jean d'Angély) observe que Pothier décharge l'architecte de la responsabilité aussitôt que l'ouvrage a été reçu et que l'article 113 semble supposer ce principe en l'appliquant au cas opposé.

M. Béranger dit que l'article 113 se rapporte à tout ouvrage quelconque, au lieu que l'article 115 établit une règle particulière pour les ouvrages dirigés par un architecte. Cette distinction est nécessaire : on peut facilement vérifier si un meuble est conditionné comme il doit l'être; aussi, dès qu'il est reçu, il est juste que l'ou-

vrier soit déchargé de toute responsabilité : mais il n'en
est pas de même d'un édifice ; il peut avoir toutes les
apparences de la solidité, et cependant être affecté de
vices cachés (133) qui le fassent tomber après un laps de
temps. L'architecte doit donc en répondre pendant un
délai suffisant pour qu'il devienne certain que la construction est solide.

M. Réal dit que Pothier suppose que l'architecte ré-
pondra de sa construction pendant dix ans.

M. Treilhard dit que l'on a toujours suivi le principe
consacré par l'article.

M. Regnaud (de Saint-Jean d'Angély) dit que dans la
doctrine de Pothier, la construction doit être vérifiée,
et que lorsqu'elle est jugée solide, l'architecte est déchargé.

M. Réal dit que la vérification dont parle Pothier a
pour objet d'autoriser l'architecte à demander son
payement lorsque l'ouvrage est fait d'après les règles de
l'art ; mais qu'elle ne l'affranchit pas de la responsabilité
à laquelle il est soumis pour les vices cachés et que le
temps seul peut découvrir.

M. Tronchet dit qu'il est des vices que la vérification
ne peut faire connaître : on a vu, par exemple, des édifices qui paraissaient construits en pierre de taille, tandis
que des dehors trompeurs ne servaient qu'à cacher des
matériaux beaucoup moins solides.

M. Treilhard dit que la vérification ne porte que sur
les proportions et sur le plan : quand ils ont été suivis,
le propriétaire est obligé de payer : mais il ne perd pas
le droit de se pourvoir contre l'architecte pour les vices
cachés de construction.

M. Ségur demande quelle est la responsabilité de

_____

(133) Il y a lieu d'attirer l'attention sur ces mots *vices cachés* qui
dénotent la préoccupation du législateur. — *Note de la Commission.*

l'architecte pour vice du sol, et comment doit se faire la vérification.

M. TRONCHET dit que ce point était expliqué par le projet du Code civil qui portait :

« Si l'édifice donné à prix fait périt par le vice du sol, « l'architecte en est responsable, à moins qu'il ne « prouve avoir fait au maître les représentations con- « venables pour le dissuader d'y bâtir. »

M. RÉAL dit qu'il y a sur les constructions des règles qu'il n'est pas permis au propriétaire lui-même d'en- freindre : ce sont les règles de la police des bâtiments, telles que celles qui déterminent l'épaisseur des murs. L'architecte, dans ces cas, doit se refuser à la volonté du propriétaire.

M. REGNAUD (de Saint-Jean d'Angély) dit que l'exé- cution des règlements dont on vient de parler était confiée à une autorité qui n'existe plus, à la Chambre des Bâtiments; ainsi les constructions ne sont plus vé- rifiées.

M. RÉAL dit que ce n'était pas là l'objet de la Chambre des Bâtiments; elle n'était qu'une chambre de consul- tation et réglait les mémoires : mais alors, comme au- jourd'hui, les tribunaux appliquaient les règlements et punissaient les contraventions.

M. TRONCHET dit que la Section a eu raison d'écarter la distinction faite par le projet : l'architecte, en effet, ne doit pas suivre les caprices d'un propriétaire assez insensé pour compromettre sa sûreté personnelle en même temps que la sûreté publique.

M. BIGOT-PRÉAMENEU dit qu'il n'est pas probable qu'un propriétaire soit capable de cet excès de folie : qu'ainsi les allégations de l'architecte ne méritent aucune confiance.

M. PELET dit que les principes de la construction, sous le rapport de la sûreté, n'étant pas les mêmes dans les petites localités que dans les grandes villes, il conviendra de ne pas établir de règle générale.

LE CONSUL CAMBACÉRÈS pense que la disposition retranchée par la Section doit être rétablie avec une légère modification.

Il sera utile, surtout pour le cas, rare à la vérité, mais qui cependant peut se présenter, où le propriétaire étant décédé avant la chute du bâtiment, ses héritiers poursuivraient l'architecte. Il est juste que, s'il parvient à prouver qu'il a fait des représentations, et que le propriétaire n'a pas voulu s'y rendre, il soit dégagé envers eux de tous dommages-intérêts.

Cependant cette preuve ne doit pas l'exempter de la peine que mérite la contravention aux règlements de police; mais comme la faute est commune, il faut que la punition le soit aussi et qu'elle porte également et sur l'architecte et sur le propriétaire.

M. RÉAL observe que les architectes, pour déterminer les propriétaires à construire, cherchent ordinairement à leur persuader que la dépense sera modique. Peut-être y a-t-il lieu de craindre, si on leur fournit un moyen de ne pas répondre des mauvaises constructions, qu'ils ne prennent plus aucun soin de rendre les édifices plus solides.

LE CONSUL CAMBACÉRÈS dit qu'il est utile de poser par la loi une règle pour décider une question qui jusqu'ici n'a été résolue que par le sentiment des auteurs : si cette règle était trop absolue, le juge serait quelquefois obligé de l'appliquer contre l'équité. On ne doit donc pas craindre de multiplier les articles, afin de faire les distinctions nécessaires et de donner plus de latitude aux tribunaux. Cette considération a persuadé au Consul que la disposition additionnelle proposée par les rédacteurs doit être adoptée, en la modifiant de la manière qu'il a expliquée.

M. Treilhard dit qu'il n'y a aucun inconvénient à être sévère à l'égard de l'architecte; le propriétaire ne connaît pas les règles de la construction; c'est à l'architecte à l'en instruire et à ne pas s'en écarter par une complaisance condamnable.

M. Tronchet propose d'expliquer que l'architecte est responsable toutes les fois que les vices, soit de construction, soit du sol, compromettent la solidité du bâtiment.

M. Réal observe que le mot *périt* renferme cette explication.

M. Béranger ajoute que si l'action contre l'architecte n'a pas une durée trop longue, le bâtiment ne pourra périr sans qu'il soit évident que sa chute a pour cause un vice de construction.

Le Conseil rejette la proposition de rétablir la rédaction de la commission, adopte l'article, et fixe à dix ans la durée de la garantie.

L'article 116 est discuté.   1793.

M. Tronchet dit que cet article prévient une surprise qui était très-commune. Les architectes avaient coutume de suggérer au propriétaire l'idée de faire quelques changements au plan adopté, et quelque légers que ces changements fussent, les architectes soutenaient que le devis se trouvait annulé.

L'article est adopté.

L'article 117 est adopté.   1794.

L'article 118 est discuté.   1795.

M. Regnaud (de Saint-Jean d'Angély) observe que Pothier fait ici une distinction. Il veut que le contrat subsiste à l'égard des héritiers, si l'on est convenu, en général, que le bâtiment serait construit pour un prix qui serait déterminé; mais que, si la construction a été confiée à un architecte par l'effet de la confiance qu'on avait dans ses talents, le contrat s'éteigne avec lui.

M. Réal pense que cette distinction ne serait pas juste. Le propriétaire n'a pas pu prévoir qu'il se trouverait un jour avoir contracté avec la femme, avec les enfants en bas âge que l'architecte a laissés.

Comment d'ailleurs ceux-ci parviendraient-ils à exécuter le contrat? Il faudrait des avis de parents et le concours d'une famille entière pour achever une entreprise qui ne peut être conduite que par l'intelligence d'un seul.

M. Regnaud (de Saint-Jean d'Angély) répond que le système de M. Réal priverait les héritiers de l'architecte des bénéfices qu'il devait tirer de l'entreprise, et les exposerait peut être à des pertes, si, par exemple, des matériaux avaient déjà été achetés. Il peut y avoir quelque embarras pour les héritiers à exécuter le marché; mais il est cependant dans leur intérêt qu'il subsiste. Ce n'est pas néanmoins que le choix de l'ouvrier doive leur appartenir privativement, tout se réduirait à le présenter, et à n'obliger le propriétaire à l'accepter que lorsqu'il serait habile.

M. Treilhard dit qu'il faudrait donc prononcer par un jury sur l'habileté de cet ouvrier. L'article 119 garantit la succession des pertes auxquelles on la dit exposée.

M. Béranger dit que quand on traite avec un architecte, ce n'est pas seulement parce qu'il est architecte, mais parce qu'on le croît habile; aussi s'il meurt, la confiance qui a formé le contrat et qui en est le principe n'existe plus, et par une suite nécessaire le contrat se trouve détruit.

Au reste, la fin de l'article est inutile. La disposition qu'il établit est de droit, et existe par l'effet des principes généraux sur la liberté des conventions.

M. Lacuée observe qu'on fait quelquefois avec un entrepreneur un forfait qui le charge d'entretenir, pendant un temps déterminé, des murs ou d'autres constructions; cependant si, quoiqu'il eût touché le prix annuel, il avait négligé l'entretien des murs et qu'il vînt à mourir, il se trouverait déchargé par l'effet de l'article.

MM. Réal et Treilhard répondent que le propriétaire aurait son recours contre la succession, faute par l'entrepreneur d'avoir exécuté son engagement.

M. Lacuée dit qu'il ne suppose pas qu'il y ait eu de la négligence de la part de l'entrepreneur, mais qu'il n'y a pas eu besoin de réparations pendant les années écoulées.

M. Tronchet dit qu'on se perd infailliblement si, lorsqu'il s'agit de fixer un principe, on se perd dans les hypothèses.

Il y a ici un principe certain et auquel il faut se tenir, c'est qu'un marché d'ouvrage ne se règle pas seulement par la fixation d'un prix, mais par la confiance qu'on a dans la probité et dans l'intelligence de celui qu'on en charge. Il est donc impossible de forcer un propriétaire à en accepter un autre.

L'article est adopté avec le retranchement proposé par M. Béranger.

La première partie de l'article 119 est supprimée, et la seconde ajoutée à l'article 118. **1795. 1796.**

Les articles 120, 121, 122 et 123 sont adoptés. **1796, 1797 à 1799, tit. 8.**

Le titre entier est renvoyé à la Section, pour présenter une rédaction nouvelle et changer le classement des articles, conformément à la proposition précédemment adoptée.

RÉDACTION DÉFINITIVE DU CONSEIL D'ÉTAT.

(Procès-verbal de la séance du 5 ventôse an XII-25 février 1803.
Fol. 292 et suiv.)

PRÉSENTATION AU CORPS LÉGISLATIF ET EXPOSÉ DES MOTIFS,
PAR M. GALLI.

Art. 1792.   .... Passons maintenant aux devis et marchés (134).

Il est ordonné, article 85, « si l'édifice donné à prix « fait périt en tout ou en partie par le vice de la con- « struction, même par le vice du sol, les architecte « et entrepreneur en sont responsables pendant dix « ans (135). »

COMMUNICATION OFFICIELLE AU TRIBUNAT
(fol. 320).

Le projet fut transmis par le Corps législatif au Tribunat le 10 ventôse an XII (1er mars 1804) et M. Mouricault en fit le rapport à l'Assemblée générale, le 14 ventôse (5 mars).

RAPPORT FAIT PAR LE TRIBUN MOURICAULT
—
SECTION III.

Sur le louage des entrepreneurs d'ouvrage par devis et marchés, le projet devait être et est en effet plus étendu.

(134) P. 318.

135) Cet article est le seul relatif aux devis qui soit visé dans cet exposé des motifs.

Il s'applique surtout à régler les intérêts de l'ouvrier et du propriétaire, relativement à la *perte* et aux *défauts de l'ouvrage*.

Il commence à distinguer le cas où l'ouvrier ne doit fournir que son travail de celui où il s'est engagé à fournir aussi la matière.

Art. 1787.

Lorsque l'ouvrier fournit la matière, le contrat se rapproche de la vente, puisque c'est la chose entière, matière et travail réunis, que l'ouvrier s'est engagé à fournir au prix convenu; il demeure donc propriétaire jusqu'à la confection de l'ouvrage, jusqu'au moment où il est en état et offre d'en faire la livraison. La chose reste donc à ses risques jusque-là.

1788.

Si, au contraire, l'ouvrier n'a promis que son travail ou même des matériaux, si la chose principale est fournie par le maître, comme lorsqu'un entrepreneur s'est engagé à bâtir une maison sur le terrain du maître, c'est un véritable bail d'ouvrage. Mais alors même il faut distinguer :

1789 à 1791.

Ou la chose vient à périr par cas fortuit, sans qu'il y ait de la faute ni du maître ni de l'entrepreneur, avant que l'ouvrage ait été reçu, et avant que le maître ait été mis en demeure de le vérifier et de le recevoir : alors la perte se partage; elle est à la charge du maître pour la chose, et de l'ouvrier pour le travail, parce qu'ils sont demeurés propriétaires à part, l'un du travail, et l'autre de la chose (136);

Ou bien l'ouvrage était fait et reçu (et quand il s'agit d'un ouvrage à plusieurs pièces ou à la mesure, la vérification peut s'en faire par parties, et est censée faite pour toutes les parties payées), ou le maître était en demeure de le vérifier et de le recevoir : alors toute la perte est

---

(136) Contre la loi romaine, *voy.* POTHIER, partie 7, chap. 3.

pour le maître, et l'ouvrier doit être par lui payé de son salaire ;

Ou bien encore l'ouvrage n'était pas reçu, et le maître n'était pas en demeure de le recevoir ; mais le tout a péri par le vice intrinsèque de la chose : alors encore la perte est à la charge du maître ;

Ou bien enfin, tout a péri par la faute de l'ouvrier : c'est alors sur lui seul que doit tomber toute la perte ; il faut qu'il indemnise le propriétaire.

1792. Mais il est une disposition particulière à noter ici. S'il s'agit de la construction d'un édifice et qu'il vienne à périr, soit par le vice de la construction, soit même par le vice du sol, l'entrepreneur en est responsable : c'était à lui à savoir sa profession, et, par conséquent, non-seulement à faire une bonne et solide construction, mais encore à savoir si le sol qu'on lui donnait pour y bâtir était propice à recevoir l'édifice et à résister. Au surplus, cette responsabilité de l'entrepreneur ne dure que dix ans après le travail fait, vérifié et payé.

1797. Enfin l'entrepreneur répond non-seulement de ses faits personnels, mais aussi des faits des ouvriers qu'il emploie.

1793. Ce n'était pas assez de déterminer sur qui, selon les circonstances, devait tomber la perte, tant de l'ouvrage que de la chose, il fallait encore prévenir un abus trop commun en matière de construction : c'est celui qui résulte des changements que les entrepreneurs, après avoir fait leurs plans, devis et marchés, se permettent souvent ; des changements dont ils se font un prétexte pour sortir des limites tracées par la convention, et qui entraînent aisément la ruine des propriétaires ainsi dérangés par leurs spéculations. Le projet, pour y pourvoir, statue, d'une part, que lorsqu'un architecte ou un entrepreneur se sera chargé de la construction à forfait d'un bâtiment, d'après un plan arrêté et convenu avec le propriétaire du sol, il ne pourra demander aucune augmentation de prix, ni sous le prétexte d'augmentation de la main-d'œuvre ou des matériaux, ni sous celui de changements ou d'augmentations faits sur ce plan, si ces changements ou augmentations n'ont pas été autorisés par écrit, et le prix convenu avec le propriétaire.

Le projet, d'autre part, confirme au maître le droit de résilier, par sa seule volonté, le marché à forfait, quoique l'ouvrage soit déjà commencé; il l'oblige seulement de dédommager en ce cas l'architecte ou l'entrepreneur de toutes ses dépenses, de tous ses travaux et de tout ce qu'il aurait pu gagner dans l'entreprise. **1794.**

Hors ce cas, le *Contrat de louage d'ouvrage* n'est *dissous* que par la mort de l'ouvrier, de l'architecte ou de l'entrepreneur. On distinguait entre le louage d'ouvrage où le talent de l'artiste avait été spécialement considéré, et le louage d'ouvrage pour lequel l'entrepreneur pouvait aisément se faire remplacer (137). Mais il est mieux de ne faire aucune distinction, parce que la confiance aux talents, aux soins et à la probité du locateur entre toujours plus ou moins en considération dans le louage d'ouvrage, et que c'est toujours en définitif l'obligation d'un fait personnel que le locateur y contracte. Mais il est juste aussi que, même en ce cas, le propriétaire ne profite pas gratuitement de ce qui peut être fait de l'ouvrage : il est donc tenu de payer à la succession de l'entrepreneur, en proportion du prix porté par la convention, la valeur des ouvrages faits et celle des matériaux préparés, lorsque ces ouvrages et ces matériaux peuvent lui être utiles. **1795.** **1796.**

Quand c'est un entrepreneur qui a été chargé de l'ou- **1798.**

---

(137) Voy. POTHIER, nᵒˢ 444 et suiv.

vrage, les maçons, charpentiers et autres ouvriers qui peuvent avoir été employés à cet ouvrage, n'ont d'action contre celui pour qui il a été fait que jusqu'à concurrence de ce dont il se trouve débiteur envers l'entrepreneur au moment où leur action est intentée.

1799.   Lorsqu'il n'y a pas d'entrepreneur en chef, les maçons, charpentiers et autres ouvriers qui font directement des marchés à forfait, sont soumis aux dispositions que je viens d'analyser ; chacun d'eux est considéré comme entrepreneur particulier dans la partie qu'il traite.

NOTE II (138)

—

LE PREMIER PAVÉ DE PARIS.

Voici en quels termes cet événement est rapporté par les *Chroniques de Saint-Denis*, qui ne font ici que traduire presque littéralement la chronique de Rigord (139) :

« Apres ce que li Rois fut retornez à Paris, il sejorna ne sai quanz jors. Une heure aloit par son palais pensant à ses besoignes, come cil qui moult estait curieus de son roiame maintenir et amender. Il s'apuia à une des fenestres de la sale, à laquelle il s'apuioit aucunes fois pour Saine regarder et pour avoir recreation de l'air. Si avint en ce point que charetes que on charioit parmi les rues, esmurent et toouillierent si la boue et l'ordure dont eles estoient plaines, que une puors en issi si granz que à peines la peust nus soufrir ; si monta jusques à la fenestre où le Rois seait. Quant il

---

(138) Voir note 53, p. 41.

(139) « Factum est autem post aliquot dies, quod Philippus Rex semper Augustus Parisius aliquantulum moram faciens, dum sollicitus pro negotiis regni agendis in aulam regiam deambularet, veniens ad palatii fenestras, unde fluvium Sequanæ pro recreatione animi quandoque inspicere consueverat, rhedæ equis trahentibus per civitatem transeuntes, fœtores intolerabiles lutum revolvendo procreaverunt. Quod Rex in aula deambulans ferre non sustinens, arduum opus, sed valde necessarium, excogitavit, quod omnes prædecessores sui ex nimia gravitate et operis impensa aggredi non præsumpserant. Convocatis autem burgensibus cum præposito ipsius civitatis, regia auctoritate præcepit quod omnes vici et viæ totius civitatis Parisii duris et fortibus lapidibus sternerentur ». — RIGORD, *Vita Philippi Augusti*, dans le *Recueil des historiens des Gaules*, t. XVII, p. 16.

senti cele puor si corrompue, il s'entorna de cele
fenestre en grant abomination de cuer : pour cele raison
conçut-il en son corage à faire une grant ovre et somp-
tueuse, mais moult necessaire, tele que tuit si devancier
n'oserent ainques enprendre ne comencier pour les
granz couz que à cela ovre aferoient. Lors fist mander
le presvost et les borjois de Paris, et leur commanda
que toutes les rues et les voies de la cité fussent pavées
bien et soinieusement de grez gros et fort (140). »

Consulter à ce sujet ALFRED FRANKLIN, *Estat, Noms et
Nombre des Rues de Paris en* 1636, in-12, Paris, Wilhem,
1873.

(140) *Recueil des historiens des Gaules,* t. XVII, p. 358.

MANUEL

DES

LOIS DU BATIMENT

—◆◈◆◌—

SECTION I

EXTRAITS DU CODE CIVIL

LOIS DU BATIMENT

SECTION I

EXTRAITS DU CODE CIVIL

LIVRE II

DES BIENS, ET DES DIFFÉRENTES MODIFICATIONS
DE LA PROPRIÉTÉ.

TITRE PREMIER.

DE LA DISTINCTION DES BIENS

Décrété le 4 pluviôse an XII (25 janvier 1804).
Promulgué le 14 pluviôse an XII (4 février 1804).

Art. **516.** — Tous les biens sont meubles ou immeubles.

C. C. 517 et s., 527 et s.

517

CHAPITRE I.

DES IMMEUBLES

Biens
immeubles.

ART. **517.** — Les biens sont immeubles, ou par leur nature, ou par leur destination, ou par l'objet auquel ils s'appliquent.

C. C. 518 et s., 522 à 526, 2118, 2133.

ART. **518.** — Les fonds de terre et les bâtiments sont immeubles par leur nature.

C. C. 519, 520, 523, 532, 535, 536, 554, 555, 664, 1711. Loi du 21 avril 1810, art. 8 (*Mines*).

ART. **519.** — Les moulins à vent ou à eau, fixes sur piliers et faisant partie du bâtiment, sont aussi immeubles par leur nature.

C. C. 531.

ART. **520.** — Les récoltes pendantes par les racines, et les fruits des arbres non encore recueillis, sont pareillement immeubles.

Dès que les grains sont coupés et les fruits
détachés, quoique non enlevés, ils sont
meubles.

520

Si une partie seulement de la récolte est
coupée, cette partie seule est meuble.

C. C. 521, 527 et s., 531, 548, 552, 553, 583, 1711,
1769, 2102, § 1er.

C. Pr. civ. 626, 635, 688, 689, 691.

ART. **521.** — Les coupes ordinaires des bois
taillis ou de futaies mises en coupes réglées,
ne deviennent meubles qu'au fur et à mesure
que les arbres sont abattus.

C. C. 520, 527, 528, 590, 591, 1403.

ART. **522.** — Les animaux que le propriétaire du fonds livre au fermier ou au métayer
pour la culture, estimés ou non, sont censés
immeubles tant qu'ils demeurent attachés au
fonds, par l'effet de la convention.

Ceux qu'il donne à Cheptel à d'autres qu'au
fermier ou métayer, sont meubles.

C. C. 517, 524, 1064, 1134, 1711, 1800, 1860 et s.

C. Pr. civ. 592, 594.

Ordonnance d'août 1747, tit. I.

523

ART. **523**. — Les tuyaux servant à la conduite des eaux dans une maison ou autre héritage, sont immeubles, et font partie du fonds auquel ils sont attachés.

C. C. 517.

C. Pr. civ. 592, § 1ᵉʳ.

> Sont également considérés comme faisant partie du fonds auquel ils sont attachés, à moins qu'ils n'y aient été placés par le locataire :
>
> 1° Les réservoirs et appareils servant à la jauge, à la distribution et au filtrage des eaux;
>
> 2° Les tuyaux, les compteurs et les appareils à gaz;
>
> 3° Les sonneries de toute nature ainsi que les pièces accessoires qui en dépendent, telles que : piles, timbres, sonnettes, conducteurs, indicateurs, etc.

Immeubles
par
destination.

ART. **524**. — Les objets que le propriétaire d'un fonds y a placés pour le service et l'exploitation de ce fonds, sont immeubles par destination.

Ainsi, sont immeubles par destination, quand ils ont été placés par le propriétaire pour le service et l'exploitation du fonds :

Les animaux attachés à la culture;

Les ustensiles aratoires;

Les semences données aux fermiers ou colons partiaires;

Les pigeons des colombiers;

Les lapins des garennes;

Les ruches à miel;

Les poissons des étangs;

Les pressoirs, chaudières, alambics, cuves et tonnes;

Les ustensiles nécessaires à l'exploitation des forges, papeteries et autres usines;

Les pailles et engrais.

Sont aussi immeubles par destination, tous effets mobiliers que le propriétaire a attachés au fonds à perpétuelle demeure.

C. C. 517, 522, 525, 1064.

C. Pr. Civ. 529, § 1er.

Loi du 21 avril 1810, art. 8 (*Mines*).

ART. **525.** — Le propriétaire est censé avoir attaché à son fonds des effets mobiliers à perpétuelle demeure, quand ils y sont scellés en plâtre ou à chaux ou à ciment, ou lorsqu'ils ne peuvent être détachés sans être fracturés ou détériorés, ou sans briser ou détériorer la partie du fonds à laquelle ils sont attachés.

525 Les glaces d'un appartement sont censées mises à perpétuelle demeure, lorsque le parquet sur lequel elles sont attachées fait corps avec la boiserie.

Il en est de même des tableaux et autres ornemens.

Quant aux statues, elles sont immeubles lorsqu'elles sont placées dans une niche pratiquée exprès pour les recevoir, encore qu'elles puissent être enlevées sans fracture ou détérioration.

C. C. 524, 1349, 1350, 1352.

> Les glaces posées, soit sur les cheminées, soit en répétition et, en principe, celles établies suivant un mode de décoration adopté pour le local dans lequel elles se trouvent, doivent, par présomption et à défaut de preuve contraire, être considérées comme faisant partie du fonds, bien qu'elles ne soient pas toujours placées dans un cadre fixé au mur ou dans un parquet tenant à une boiserie.

Cassation, 27 mars 1821, 3 août 1831, 8 mai 1850, 11 mai 1853 et 17 janvier 1859.

ART. **526.** — Sont immeubles, par l'objet auquel ils s'appliquent :

L'usufruit des choses immobilières ;

Les servitudes ou services fonciers;

Les actions qui tendent à revendiquer un immeuble.

C. C. 516, 517 et s., 529, 578, 625, 637, 2118.

526

CHAPITRE II

DES MEUBLES

ART. **527.** — Les biens sont meubles par leur nature, ou par la détermination de la loi.

C. C. 516, 520 à 524, 528 et s., 2119, 2279.

Biens meubles.

ART. **528.** — Sont meubles par leur nature, les corps qui peuvent se transporter d'un lieu à un autre, soit qu'ils se meuvent par eux-mêmes, comme les animaux, soit qu'ils ne puissent changer de place que par l'effet d'une force étrangère, comme les choses inanimées.

528

C. C. 522 à 524, 527, 948.

C. Com. 190.

Loi du 21 avril 1810, art. 9 (*Mines*).

ART. **529**. — Sont meubles par la détermination de la loi, les obligations et actions qui ont pour objet des sommes exigibles ou des effets mobiliers, les actions ou intérêts dans les compagnies de finance, de commerce ou d'industrie, encore que des immeubles dépendants de ces entreprises appartiennent aux compagnies. Ces actions ou intérêts sont réputés meubles à l'égard de chaque associé seulement, tant que dure la société.

Sont aussi meubles par la détermination de la loi, les rentes perpétuelles ou viagères, soit sur l'État, soit sur des particuliers.

C. C. 527, 530, 1909 et s., 1968 et s., 2118.

C. Com. 20 et s., 23 et s., 29 et s., 34 et s., 38.

Loi du 21 avril 1810, art. 6, 8, 18 (*Mines*).

Décret du 16 janvier 1808 (*Actions de la Banque de France*).

ART. 530, *décrété le* 30 *ventôse an XII* (21 mars 1804).
Promulgué le 10 *pluviôse an XII* (31 mars 1804).

ART. **530**. — Toute rente établie à perpétuité pour le prix de la vente d'un immeu-

530

ble, ou comme condition de la cession à titre onéreux ou gratuit d'un fonds immobilier, est essentiellement rachetable.

Il est néanmoins permis au créancier de régler les clauses et conditions du rachat.

Il lui est aussi permis de stipuler que la rente ne pourra lui être remboursée qu'après un certain terme, lequel ne peut jamais excéder trente ans : toute stipulation contraire est nulle.

C. C. 1184, 1654 et s., 1911 et s., 2103, § 1er, 2108.

C. Pr. civ. 636, 655.

Loi des 18-29 décembre 1790, tit. III (*Rentes foncières*).

ART. **531**. — Les bateaux, bacs, navires, moulins et bains sur bateaux, et généralement toutes usines non fixées par des piliers et ne faisant point partie de la maison, sont meubles : la saisie de quelques-uns de ces objets peut cependant, à cause de leur importance, être soumise à des formes particulières, ainsi qu'il sera expliqué dans le Code de la procédure civile.

C. C. 519, 528, 2120.

C. Pr. civ. 620.

C. Com. 90, 197, 215.

8

ART. **532**. — Les matériaux provenant de la démolition d'un édifice, ceux assemblés pour en construire un nouveau, sont meubles jusqu'à ce qu'ils soient employés par l'ouvrier dans une construction.

C. C. 528.

ART. **533**. — Le mot *meuble,* employé seul dans les dispositions de la loi ou de l'homme, sans autre addition ni désignation, ne comprend pas l'argent comptant, les pierreries, les dettes actives, les livres, les médailles, les instruments des sciences, des arts et métiers, le linge de corps, les chevaux, équipages, armes, grains, vins, foins et autres denrées; il ne comprend pas aussi ce qui fait l'objet d'un commerce.

C. C. 534, 535, 542.
C. Com. 632.

ART. **534**. — Les mots *meubles meublants* ne comprennent que les meubles destinés à l'usage et à l'ornement des appartements, comme tapisseries, lits, siéges, glaces, pen-

dules, tables, porcelaines et autres objets de **534**
cette nature.

Les tableaux et les statues qui font partie du
meuble d'un appartement y sont aussi compris, mais non les collections de tableaux qui
peuvent être dans les galeries ou pièces particulières.

Il en est de même des porcelaines : celles
seulement qui font partie de la décoration d'un
appartement, sont comprises sous la dénomination de *meubles meublants.*

ART. **535**. — L'expression *biens meubles,*
celle de *mobilier* ou d'*effets mobiliers,* comprennent généralement tout ce qui est censé
meuble d'après les règles ci-dessus établies.

C. C. 527 et s.

La vente ou le don d'une maison meublée
ne comprend que les meubles meublants.

C. C. 948.

ART. **536**. — La vente ou le don d'une
maison, avec tout ce qui s'y trouve, ne comprend pas l'argent comptant, ni les dettes actives et autres droits dont les titres peuvent

536   être déposés dans la maison; tous les autres effets mobiliers y sont compris.

C. C. 535, 1350, 1352.

CHAPITRE II

DES BIENS DANS LEUR RAPPORT AVEC CEUX QUI LES POSSÈDENT.

Administration des biens.

ART. **537.** — Les particuliers ont la libre disposition des biens qui leur appartiennent, sous les modifications établies par les lois.

Les biens qui n'appartiennent pas à des particuliers, sont administrés et ne peuvent être aliénés que dans les formes et suivant les règles qui leur sont particulières.

C. C. 25, 217 et s., 450 et s., 499, 509, 513, 538 et s., 544 et s., 1421 et s., 1449, 1538, 1554 et s., 1712, 2045, 2126, 2226, 2227.

C. Pr. civ. 49, 69, 83, 481, 1032.

Loi du 30 juin 1838, art. 31 (*Aliénés*).

Sénatus-consultes, 12 décembre 1852, 23 avril 1856, 20 juin 1860.

Domaine public.

Le Domaine public est celui qui n'est pas susceptible d'une propriété privée. Il se compose :

de ce qui sert à l'usage public et commun, et
ne peut être dès lors la propriété exclusive de
personne, tels que les chemins, les fleuves, etc.

En ce sens, le domaine public est inaliénable
et imprescriptible.

Toutefois, il est des cas où des choses placées dans le domaine public peuvent devenir
propriété privée et entrer dans le commerce ;
par exemple, lorsqu'on ouvre une nouvelle
route, et que l'on renonce à l'ancienne, le
terrain de l'ancienne route devient alors alié-
nable.

Le Domaine de l'État se compose de biens de
la même nature que ceux qui forment des propriétés privées. Ces biens sont, comme elles,
aliénables (sous certaines conditions) et pres-
criptibles de la part des particuliers (1).

*Domaine
de l'État.*

ART. **538.** — Les chemins, routes et rues à
la charge de l'État, les fleuves et rivières navigables ou flottables, les rivages, lais et relais
de la mer, les ports, les havres, les rades, et
généralement toutes les portions du territoire
français qui ne sont pas susceptibles d'une
propriété privée, sont considérés comme des
dépendances du domaine public.

*Dépendances du
domaine public.*

C. C. 540. 556 et s., 714, 2226, 2227.

(1) SIREY et GILBERT, *Codes annotés.*

538

Loi du 16 septembre 1807, art. 61 (*Marais*).
Ordonnance de 1681.

Art. **539**. — Tous les biens vacants et sans maître, et ceux des personnes qui décèdent sans héritiers, ou dont les successions sont abandonnées, appartiennent au domaine public.

C. C. 33, 541, 560, 713, 715 à 717, 723, 724, 768 et s., 2227.

Art. **540**. — Les portes, murs, fossés, remparts des places de guerre et des forteresses, font aussi partie du domaine public.

C. C. 538, 714, 2226.

Art. **541**. — Il en est de même des terrains, des fortifications et remparts des places qui ne sont plus places de guerre : ils appartiennent à l'État, s'ils n'ont été valablement aliénés, ou si la propriété n'en a pas été prescrite contre lui.

C. C. 538, 539, 560, 2227.

Biens
communaux.

Art. **542**. — Les biens communaux sont ceux à la propriété ou au produit desquels les

habitants d'une ou plusieurs communes ont
un droit acquis.

542

C. C. 537, 643, 645, 649, 650, 910, 1712, 2227.

Loi du 18 juillet 1837.

Conseil d'État, 31 janvier 1838.

ART. **543**. — On peut avoir sur les biens, ou
un droit de propriété, ou un simple droit de
jouissance, ou seulement des services fonciers
à prétendre.

C. C. 544 et s., 578 et s., 625 et s., 637 et s., 2071 et s.,
2094 et s.

544

TITRE DEUXIÈME

DE LA PROPRIÉTÉ

Décrété le 10 pluviôse an XII (27 janvier 1804).
Promulgué le 16 pluviôse an XII (6 février 1804).

Propriété.   ART. **544**. — La propriété est le droit de jouir et disposer des choses de la manière la plus absolue, pourvu qu'on n'en fasse pas un usage prohibé par les lois ou par les règlements.

C. C. 537, 543, 545 et s., 636, 643, 644 et s., 649, 651 et s., 711 à 717.

C. For. 63, 119, 124, 133, 147, 219.

Expropriation.   ART. **545**. — Nul ne peut être contraint de céder sa propriété, si ce n'est pour cause d'utilité publique, et moyennant une juste et préalable indemnité.

C. C. 537, 543, 544, 545, 546, 636, 643, 644, 649, 651 et s., 660, 661, 682, 686, 711 à 717.

Loi du 3 mai 1841 (*Expropriation pour cause d'utilité publique*).

Loi du 21 mai 1836, art. 15 et 18 (*Chemins vici-naux*).

545

Loi du 15 avril 1829, art. 3 (*Pêche fluviale*).

La somme à payer pour l'expropriation d'un immeuble, se compose :

1° De la valeur réelle de cet immeuble, valeur qui s'obtient, soit en capitalisant le revenu défalcation faite des charges, soit en évaluant séparément le sol et les constructions, en tenant compte, dans l'un et l'autre cas, de toutes les circonstances accessoires ;

2° De l'indemnité voulue par la loi en raison du dommage que la dépossession entraîne, notamment des avantages que le propriétaire aurait pu tirer de sa chose, soit immédiatement, soit dans un avenir plus ou moins rapproché, mais d'une manière à peu près certaine.

Cassation, 21 octobre 1824, 18 janvier 1826, 21 février 1827, 11 décembre 1827, 30 avril 1828, 12 juin 1833, 11 janvier 1836, 7 février 1837, 19 et 31 décembre 1838, 21 août 1843, 17 février 1847, 28 novembre 1856, 3 mars 1862.

Conseil d'État, 2 juin 1819, 6 novembre 1839, 24 février 1842, 28 mars 1843, 19 mars 1845.

Art. **546**. — La propriété d'une chose, soit mobilière, soit immobilière donne droit sur tout ce qu'elle produit, et sur ce qui s'y unit

Droit
d'accession.

546   accessoirement, soit naturellement, soit arti-
ficiellement.

Ce droit s'appelle *droit d'accession*.

C. C. 547, 577, 712, 1018 et s., 1614 et s., 2118, 2133, 2162, 2204.

CHAPITRE Iᵉʳ.

DU DROIT D'ACCESSION SUR CE QUI EST PRODUIT PAR LA CHOSE.

Droit d'accession
sur
ce qui est produit
par la chose.

ART. 547. — Les fruits naturels ou industriels de la terre,

Les fruits civils,

Le croît des animaux,

Appartiennent au propriétaire par droit d'accession.

C. C. 546, 548, 583 et s.

ART. 548. — Les fruits produits par la chose
n'appartiennent au propriétaire qu'à la charge

de rembourser les frais des labours, travaux   548
et semences faits par des tiers.

C. C. 585, 2102, § 1.

Art. **549**. — Le simple possesseur ne fait
les fruits siens que dans le cas où il possède de
bonne foi : dans le cas contraire, il est tenu de
rendre les produits avec la chose au propriétaire qui la revendique.

C. C. 138, 550, 555, 1378 et s., 2228 et s., 2268 et s.,
2279.

C. Pr. civ. 129, 526 et s.

Art. **550**. — Le possesseur est de bonne foi
quand il possède comme propriétaire, en vertu
d'un titre translatif de propriété dont il ignore
les vices.

Il cesse d'être de bonne foi du moment où
ces vices lui sont connus.

C. C. 549, 555, 2265 et s., 2268 et s.

C. Pr. civ. 129, 526.

Cassation, 12 mai 1840.

551

CHAPITRE II

DU DROIT D'ACCESSION SUR CE QUI S'UNIT ET S'INCORPORE A LA CHOSE.

Droit d'accession
sur
ce qui s'unit
à la chose.

ART. **551**. — Tout ce qui s'unit et s'incorpore à la chose appartient au propriétaire, suivant les règles qui seront ci-après établies.

C. C. 546, 552, 577.

SECTION PREMIÈRE

DU DROIT D'ACCESSION
RELATIVEMENT AUX CHOSES IMMOBILIÈRES.

Droit
du propriétaire
sur le dessus
et le dessous
du sol.

ART. **552**. — La propriété du sol emporte la propriété du dessus et du dessous.

Le propriétaire peut faire au-dessus toutes les plantations et constructions qu'il juge à propos, sauf les exceptions établies au titre des *Servitudes ou services fonciers*.

Il peut faire au-dessous toutes les constructions et fouilles qu'il jugera à propos, et tirer de ces fouilles tous les produits qu'elles peu-

vent fournir, sauf les modifications résultant
des lois et règlements relatifs aux mines, et
des lois et règlements de police.

C. C. 553 à 555, 590 à 594, 641, 671, 674, 678, 679, 686,
1403.

Loi du 21 avril 1810 (*Mines*).

Cassation, 1er février 1832, 7 et 8 avril 1839, 8 août
1839, 14 juillet 1840, 1er février 1841, 13 avril
1844, 4 décembre 1849, 15 avril 1850, 28 juillet
1851, 30 novembre 1853, 3 février 1857, 31 mai
1859, 22 août 1860.

552

ART. **553**. — Toutes constructions, plantations et ouvrages sur un terrain ou dans l'intérieur, sont présumés faits par le propriétaire
à ses frais et lui appartenir, si le contraire
n'est prouvé; sans préjudice de la propriété
qu'un tiers pourrait avoir acquise ou pourrait
acquérir par prescription, soit d'un souterrain
sous le bâtiment d'autrui, soit de toute autre
partie du bâtiment.

Ouvrages existants : présomption de propriété en faveur du propriétaire du sol.

C. C. 552, 554, 664, 690, 691, 1350, 1352, 2228 et s.,
2262, 2265 et s.

ART. **554**. — Le propriétaire du sol qui a
fait des constructions, plantations et ouvrages
avec des matériaux qui ne lui appartenaient

Ouvrages établis par le propriétaire du sol avec les matériaux d'autrui.

554　pas, doit en payer la valeur; il peut aussi être condamné à des dommages et intérêts, s'il y a lieu : mais le propriétaire des matériaux n'a pas le droit de les enlever.

C. C. 518, 532, 552, 553, 1149.

C. Pr. civ. 126, 128, 523 et s.

Ouvrages établis
par un tiers
sur le sol d'autrui.

ART. 555. — Lorsque les plantations, constructions et ouvrages ont été faits par un tiers et avec ses matériaux, le propriétaire du fonds a droit ou de les retenir, ou d'obliger ce tiers à les enlever.

Si le propriétaire du fonds demande la suppression des plantations et constructions, elle est aux frais de celui qui les a faites, sans aucune indemnité pour lui; il peut même être condamné à des dommages et intérêts, s'il y a lieu, pour le préjudice que peut avoir éprouvé le propriétaire du fonds.

Si le propriétaire préfère conserver ces plantations et constructions, il doit le remboursement de la valeur des matériaux et du prix de la main-d'œuvre, sans égard à la plus ou moins grande augmentation de valeur que le fonds a pu recevoir. Néanmoins, si les plantations,

555

constructions et ouvrages ont été faits par un
tiers évincé, qui n'aurait pas été condamné à
la restitution des fruits, attendu sa bonne foi,
le propriétaire ne pourra demander la suppression desdits ouvrages, plantations et constructions; mais il aura le choix, ou de rembourser la valeur des matériaux et du prix de
la main-d'œuvre, ou de rembourser une somme
égale à celle dont le fonds a augmenté de valeur.

C. C. 549 et s., 599, 867, 1149, 1673, 1948.

C. Pr. civ. 126, 128, 523 et s.

Cassation, 22 avril 1823, 23 mars 1825, 13 décembre
1830, 26 juillet 1838, 11 juin 1839, 9 décembre
1839, 14 février 1849, 1er juillet 1851, 25 mai 1852,
16 février 1857, 23 mai 1860, 7 avril 1862.

ART. **556**. — Les atterrissements et accrois-
sements qui se forment successivement et
imperceptiblement aux fonds riverains d'un
fleuve ou d'une rivière, s'appellent *alluvion*.

Droit
du propriétaire
sur l'alluvion.

L'alluvion profite au propriétaire riverain,
soit qu'il s'agisse d'un fleuve ou d'une rivière
navigable, flottable ou non; à la charge, dans
le premier cas, de laisser le marchepied ou

556   chemin de halage, conformément aux règlements.

C. C. 557 et s., 596, 650.
Édit d'août 1669.
Décret du 22 janvier 1808.

Cassation, 16 février 1826, 2 mai 1826, 25 juin 1827,
     1ᵉʳ mars 1832, 12 décembre 1832, 26 juin 1833,
     20 janvier 1835, 16 février 1836, 31 janvier 1838,
     26 février 1840, 8 novembre 1843, 17 juillet 1844,
     6 août 1849, 1ᵉʳ décembre 1855, 8 décembre 1863.

Conseil d'État, 23 août 1843.

ART. **557**. — Il en est de même des relais
que forme l'eau courante qui se retire insensi-
blement de l'une de ses rives en se portant sur
l'autre : le propriétaire de la rive découverte
profite de l'alluvion, sans que le riverain du
côté opposé y puisse venir réclamer le terrain
qu'il a perdu.

Ce droit n'a pas lieu à l'égard des relais de
la mer.

C. C. 538, 556, 560, 563.

ART. **558**. — L'alluvion n'a pas lieu à l'égard
des lacs et étangs, dont le propriétaire conserve toujours le terrain que l'eau couvre

quand elle est à la hauteur de la décharge de 558
l'étang, encore que le volume de l'eau vienne
à diminuer.

Réciproquement le propriétaire de l'étang
n'acquiert aucun droit sur les terres riveraines
que son eau vient à couvrir dans des crues extraordinaires.

C. C. 556.

C. Pr. civ. 457.

ART. **559.** — Si un fleuve ou une rivière, *Enlèvement et transport par l'eau d'une partie de champ. Droit de réclamation.*
navigable ou non, enlève par une force subite
une partie considérable et reconnaissable d'un
champ riverain, et la porte vers un champ
inférieur ou sur la rive opposée, le propriétaire de la partie enlevée peut réclamer sa
propriété; mais il est tenu de former sa demande dans l'année : après ce délai, il n'y sera
plus recevable, à moins que le propriétaire
du champ auquel la partie enlevée a été unie
n'eût pas encore pris possession de celle-ci.

C. C. 2227, 2264.

ART. **560.** — Les îles, îlots, atterrissements, *Formation d'îles et îlots.*
qui se forment dans le lit des fleuves ou des
rivières navigables ou flottables, appartiennent

560

à l'État, s'il n'y a titre ou prescription contraire.

C. C. 538, 451 et s., 2227.

ART. **561**. — Les îles et atterrissements qui se forment dans les rivières non navigables et non flottables, appartiennent aux propriétaires riverains du côté où l'île s'est formée : si l'île n'est pas formée d'un seul côté, elle appartient aux propriétaires riverains des deux côtés, à partir de la ligne qu'on suppose tracée au milieu de la rivière.

C. C. 538, 557, 560, 563, 641 à 644.

ART. **562**. — Si une rivière ou un fleuve, en se formant un bras nouveau, coupe et embrasse le champ d'un propriétaire riverain, et en fait une île, ce propriétaire conserve la propriété de son champ, encore que l'île se soit formée dans un fleuve ou dans une rivière navigable ou flottable.

C. C. 538, 560 et s.

ART. **563**. — Si un fleuve ou une rivière navigable, flottable ou non, se forme un nou-

veau cours en abandonnant son ancien lit, 563
les propriétaires des fonds nouvellement
occupés prennent, à titre d'indemnité, l'ancien
lit abandonné, chacun dans la proportion du
terrain qui lui a été enlevé.

TITRE TROISIÈME

DE L'USUFRUIT, DE L'USAGE ET DE L'HABITATION.

Décrété le 9 pluviôse an XII (30 janvier 1804).
Promulgué le 19 pluviôse an XII (9 février 1804).

CHAPITRE Iᵉʳ.

DE L'USUFRUIT.

Art. **578**. — L'usufruit est le droit de jouir
des choses dont un autre a la propriété, comme
le propriétaire lui-même, mais à la charge
d'en conserver la substance.

C. C. 543, 544, 579 et s., 587 à 589, 754, 1410, 1474,
1555, 1709, 2073, 2081, 2085.

579

ART. **579**. — L'usufruit est établi par la loi, ou par la volonté de l'homme.

C. C. 384, 754, 893, 899, 949, 1101, 1134, 1401, § II, 1410, 1474, 1530, 1533, 1549, 1555, 1562, 2228, 2262, 2265. Loi du 23 mars 1855.

ART. **580**. — L'usufruit peut être établi, ou purement, ou à certain jour, ou à condition.

C. C. 900, 1101, 1134, 1168 et s., 1181, 1183, 1185 et s.

ART. **581**. — Il peut être établi sur toute espèce de biens meubles ou immeubles.

C. C. 516, 517 et s., 526, 527 et s., 587 à 590, 600, 601, 603.

SECTION PREMIÈRE.

DES DROITS DE L'USUFRUITIER.

Jouissance des fruits.

ART. **582**. — L'usufruitier a le droit de jouir de toute espèce de fruits, soit naturels, soit industriels, soit civils, que peut produire l'objet dont il a l'usufruit.

C. C. 583 et s.

Jouissance des augmentations.

ART. **596**. — L'usufruitier jouit de l'augmen-

tation survenue par alluvion à l'objet dont il a
l'usufruit.

C. C. 556 et s., 563.

ART. **597.** — Il jouit des droits de servitude, de passage, et généralement de tous les droits dont le propriétaire peut jouir, et il en jouit comme le propriétaire lui-même.

C. C. 544, 578, 582, 598, 614, 637 et s., 706.

> L'usufruitier ne peut aliéner le droit à une servitude existant au profit de l'immeuble soumis à l'usufruit que pour la durée de sa jouissance usufructuaire. Cependant il peut valablement contracter l'obligation personnelle de supprimer cette servitude, et, dans ce cas, si le nu-propriétaire devient plus tard l'héritier de l'usufruitier, l'exécution à cette obligation peut être poursuivie contre lui, du chef de son auteur (1).

Cassation, 25 août 1863.

ART. **598.** — Il jouit aussi, de la même manière que le propriétaire, des mines et car-

(1) SIREY et GILBERT, *Codes annotés.*

598 rières qui sont en exploitation à l'ouverture de l'usufruit; et néanmoins, s'il s'agit d'une exploitation qui ne puisse être faite sans une concession, l'usufruitier ne pourra en jouir qu'après en avoir obtenu la permission du Roi.

Il n'a aucun droit aux mines et carrières non encore ouvertes, ni aux tourbières dont l'exploitation n'est point encore commencée, ni au trésor qui pourrait être découvert pendant la durée de l'usufruit.

C. C. 578, 599, 1403.

Droits
de l'usufruitier
à la cessation
de l'usufruit.

ART. **599**. — Le propriétaire ne peut, par son fait, ni de quelque manière que ce soit, nuire aux droits de l'usufruitier.

De son côté, l'usufruitier ne peut, à la cessation de l'usufruit, réclamer aucune indemnité pour les améliorations qu'il prétendrait avoir faites, encore que la valeur de la chose en fût augmentée.

Il peut cependant, ou ses héritiers, enlever les glaces, tableaux et autres ornements qu'il aurait fait placer, mais à la charge de rétablir les lieux dans leur premier état.

C. C. 555, 600, 607, 701 et s., 1383, 2236.

599

Cassation, 25 mars 1825, 21 décembre 1863.

SECTION DEUXIÈME.

DES OBLIGATIONS DE L'USUFRUITIER.

Art. **600**. — L'usufruitier prend les choses dans l'état où elles sont ; mais il ne peut entrer en jouissance qu'après avoir fait dresser, en présence du propriétaire, ou lui dûment appelé, un inventaire des meubles et un état des immeubles sujets à l'usufruit.

Obligation de dresser inventaire ou état.

C. C. 626, 1415, 1442, 1504, 1720, 1731.
C. Pr. civ. 942 et s.

> L'usufruitier ne peut contraindre le nu-propriétaire à faire de grosses réparations lors de l'ouverture de l'usufruit, encore qu'elles soient nécessaires.

(Voir *Commentaire*, art. 605, § IV.)

Cassation, 10 janvier 1859.

Art. **601**. — Il donne caution de jouir en bon père de famille, s'il n'en est dispensé par l'acte constitutif de l'usufruit ; cependant, les père et

Obligation de donner caution.

601   mère ayant l'usufruit légal du bien de leurs enfants, le vendeur ou le donateur, sous réserve
d'usufruit, ne sont pas tenus de donner caution.

C. C. 384, 602 et s., 626, 949, 950, 1134, 1137, 1550,
1584, 2011, 2018 et s., 2040 et s.

C. Pr. civ. 517 et s.

Cassation, 14 mai 1849, 26 août 1861, 12 mars 1862.

Défaut
de caution :
séquestre
ou affermage
des immeubles.

ART. **602**. — Si l'usufruitier ne trouve pas de
caution, les immeubles sont donnés à ferme ou
mis en séquestre ;

Les sommes comprises dans l'usufruit sont
placées ;

Les denrées sont vendues, et le prix en provenant est pareillement placé ;

Les intérêts de ces sommes et les prix des
fermes appartiennent, dans ce cas, à l'usufruitier.

C. C. 585, 586, 796, 805, 1709, 1711, 1905 et s., 1955
et s., 2041.

C. Pr. civ. 617 et s., 945 et s.

Défaut
de caution :
vente
des meubles.

ART. **603**. — A défaut d'une caution de la
part de l'usufruitier, le propriétaire peut exiger
que les meubles qui dépérissent par l'usage

soient vendus, pour le prix en être placé comme celui des denrées; et alors l'usufruitier jouit de l'intérêt pendant son usufruit: cependant l'usufruitier pourra demander, et les juges pourront ordonner, suivant les circonstances, qu'une partie des meubles nécessaires pour son usage lui soit délaissée, sous sa simple caution juratoire, et à la charge de les représenter à l'extinction de l'usufruit.

C. C. 602, 617.

ART. **604**. — Le retard de donner caution ne prive pas l'usufruitier des fruits auxquels il peut avoir droit; ils lui sont dus du moment où l'usufruit a été ouvert.

C. C. 1014.

Défaut de caution : jouissance des fruits.

ART. **605**. — L'usufruitier n'est tenu qu'aux réparations d'entretien.

Les grosses réparations demeurent à la charge du propriétaire, à moins qu'elles n'aient été occasionnées par le défaut de réparations d'entretien, depuis l'ouverture de l'usufruit; auquel cas l'usufruitier en est aussi tenu.

C. C. 600, 606, 607 et s., 618, 635, 1409, § IV, 1754 et s.

Réparations à la charge du nu-propriétaire. Réparations à la charge de l'usufruitier.

603

605

I. — L'usufruitier est tenu de faire exécuter les réparations que la loi met à sa charge à mesure que la nécessité s'en manifeste, mais seulement lorsque l'ajournement de ces réparations peut porter préjudice à l'immeuble.

Dans ce cas, l'exécution n'en peut être renvoyée à la fin de l'usufruit; elle ne doit pas même être différée.

II. — Il n'est tenu que des réparations dont la cause est postérieure à l'ouverture de l'usufruit.

III. — L'usufruitier peut être contraint à l'exécution des grosses réparations, lorsqu'elles sont occasionnées par le défaut des réparations usufruitières, ou par leur insuffisance.

IV. — Bien que l'exécution des grosses réparations soit une des charges du nu-propriétaire, ce dernier ne peut y être contraint ni à l'ouverture de l'usufruit, ni pendant sa durée.

V. — Lorsque le nu-propriétaire s'est refusé à l'exécution de travaux de grosses réparations dont la nécessité a été dûment constatée, l'usufruitier qui les a fait exécuter et en a payé le prix, est en droit d'exiger le remboursement de cette dépense à la fin de l'usufruit.

VI. — L'usufruitier ne peut être tenu de rendre les lieux en meilleur état qu'il ne les a pris.

Cassation, 11 janvier 1825, 10 décembre 1828, 27 juin 1829, 29 juin 1835.

605

ART. **606**. — Les grosses réparations sont celles des gros murs et des voûtes, le rétablissement des poutres et des couvertures entières;

Celui des digues et des murs de soutènement et de clôture aussi en entier.

Toutes les autres réparations sont d'entretien.

C. C. 605.

Grosses réparations;
réparations d'entretien.
Distinction.

    I. — Par « *gros murs* », on entend les murs en maçonnerie, les pans de bois, les pans de fer, et, par extension, tout ce qui porte charge : *piles, colonnes, poteaux*, etc.

Gros murs.

    II. — Par « *rétablissement en entier des murs de clôture* », on entend la reconstruction d'une partie relativement importante de mur complétement détruite de la base au sommet. (*Fig.* 1.)

Murs de clôture.

Fig. 1

606

Les brèches à boucher, les rejointoiements, les crépis et les enduits à refaire, les chaperons à rétablir, sont des réparations d'entretien à la charge de l'usufruitier. (*Fig.* 2.)

Fig. 2.

Voûtes.

III. — Les voûtes sont un objet de grosse réparation, quelque petite que soit la partie à reconstruire.

Fosses d'aisances.

IV. — La réfection des murs, des voûtes et du radier d'une fosse d'aisances est un travail de grosse réparation; la réfection des enduits, le remplacement du châssis, du tampon, des tuyaux de chute et de ventilation, et en général de tous les ouvrages accessoires, constituent des réparations d'entretien à la charge de l'usufruitier.

Puits.

V. — La reconstruction du mur d'un puits et le remplacement du rouet sont des travaux de grosse réparation. La réfection de ce mur dans la hauteur d'un mètre en contre-bas du

sol, celle de la margelle et celle de tous les accessoires constituent des réparations d'entretien
à la charge de l'usufruitier.

606

VI. — Par « *rétablissement des poutres* », on
entend le remplacement des poitrails, poutres
ou poutrelles en bois ou en fer, portant murs
ou planchers.

Planchers.

Dans les planchers en bois, sont considérés
comme poutres, les solives d'enchevêtrure et
les chevêtres. (*Fig.* 3.)

Fig. 3.

Le remplacement des solives de remplissage
est à la charge de l'usufruitier.

Dans les planchers en fer, les solives scellées
aux deux extrémités, les filets ou solives formant
enchevêtrures, les chevêtres doivent être assimilés à des poutres.

Le remplacement des solives assemblées ou
non, des équerres et boulons d'assemblage,

606

celui des entretoises et fentons sont à la charge de l'usufruitier. (*Fig. 4.*)

Fig. 4.

Combles.

VII. — Dans les combles, les pièces principales sont assimilées aux poutres des planchers.

Les chevrons sont assimilés aux solives.

Couvertures.

VIII. — Par « *rétablissement des couvertures entières* », on entend la réfection d'un pan de comble.

Nettoyage de façades.

IX. — Les nettoyages de façade prescrits par l'article 5 du décret du 26 mars 1852, ne doivent pas être considérés comme des travaux de grosse réparation.

X. — Tous les travaux accessoires, notamment les raccords qui sont la conséquence forcée des réparations entreprises, sont à la charge de celui (nu-propriétaire ou usufruitier) à qui incombait l'obligation de faire exécuter ces réparations.

606

Travaux
accessoires.

Art. **607**. — Ni le propriétaire, ni l'usufruitier, ne sont tenus de rebâtir ce qui est tombé de vétusté, ou ce qui a été détruit par cas fortuit.

Vétusté
et cas fortuit.

C. C. 599, 600, 617, 623 et s., 1138, 1302, 1303, 1733, 1735, 1755.

Le « *cas fortuit* » est un événement qu'on ne saurait éviter, soit parce qu'il naît de causes dont l'homme ne peut conjurer les effets, soit parce que, produit du hasard, on ne peut ni le prévoir, ni l'empêcher.

On reconnaît les cas fortuits ordinaires tels que grêle, feu du ciel, tremblements de terre, etc..., et les cas fortuits extraordinaires tels que ravages de guerre, explosions, incendies, etc.

La perte d'une chose par cas fortuit n'entraîne ni responsabilité, ni obligation pour le nu-propriétaire ou pour l'usufruitier ; il y a force majeure.

Cassation, 10 décembre 1828.

608

Charges
des fruits.

ART. **608**. — L'usufruitier est tenu, pendant sa jouissance, de toutes les charges annuelles de l'héritage, telles que les contributions et autres qui dans l'usage sont censées charges des fruits.

C. C. 635, 1159.

Charges
nouvelles.

ART. **609**. — A l'égard des charges qui peuvent être imposées sur la propriété pendant la durée de l'usufruit, l'usufruitier et le propriétaire y contribuent ainsi qu'il suit :

Le propriétaire est obligé de les payer, et l'usufruitier doit lui tenir compte des intérêts.

Si elles sont avancées par l'usufruitier, il a la répétition du capital à la fin de l'usufruit.

C. C. 612.

Travaux exigés
par
l'administration.

Tous les travaux exigés par l'administration, autres que ceux d'entretien, doivent être considérés comme des charges imposées au nu-propriétaire, lorsqu'ils ne sont point la conséquence de modifications faites par l'usufruitier ou de son mode de jouissance.

Sont dans ce cas :

L'établissement des trottoirs, celui des branchements d'égouts, des conduits d'eaux pluviales, d'eaux vannes ou ménagères, celui des tuyaux de ventilation, etc.

ART. **613**. — L'usufruitier n'est tenu que
des frais des procès qui concernent la jouissance, et des autres condamnations auxquelles
ces procès pourraient donner lieu.

613

Frais
des procès.

C. C. 609.
C. pr. civ. 130.

ART. **614**. — Si, pendant la durée de l'usufruit, un tiers commet quelque usurpation sur
le fonds, ou attente autrement aux droits du
propriétaire, l'usufruitier est tenu de le dénoncer à celui-ci : faute de ce, il est responsable
de tout le dommage qui peut en résulter pour
le propriétaire, comme il le serait de dégradations commises par lui-même.

Dénonciation
au
nu-propriétaire.

C. C. 1149, 1382 et s., 1726, 1768.

Cassation, 5 mars 1850.

(Voir *Commentaires* des art. 675 à 684).

SECTION TROISIÈME.

COMMENT L'USUFRUIT PREND FIN.

ART. **617**. — L'usufruit s'éteint :
Par la mort naturelle et par la mort civile de
l'usufruitier;

Extinction
de l'usufruit.

617   Par l'expiration du temps pour lequel il a été
accordé;

Par la consolidation ou la réunion sur la
même tête, des deux qualités d'usufruitier et
de propriétaire;

Par le non-usage du droit pendant trente
ans;

Par la perte totale de la chose sur laquelle
l'usufruit est établi.

C. C. 23, 25, 578, 605,606, 618 et s., 703 et s., 1134,
1300 et s., 1302 et s., 2177, 2219, 2262, 2265.

Loi du 31 mai 1854 (*Abolition de la mort civile*).

Extinction
par abus
de jouissance.

ART. **618**. — L'usufruit peut aussi cesser par
l'abus que l'usufruitier fait de sa jouissance,
soit en commettant des dégradations sur le
fonds, soit en le laissant dépérir faute d'entretien.

Droits
des créanciers.

Les créanciers de l'usufruitier peuvent intervenir dans les contestations, pour la conservation de leurs droits; ils peuvent offrir la
réparation des dégradations commises, et des
garanties pour l'avenir.

Les juges peuvent, suivant la gravité des
circonstances, ou prononcer l'extinction absolue de l'usufruit, ou n'ordonner la rentrée

du propriétaire dans la jouissance de l'objet **618**
qui en est grevé, que sous la charge de payer
annuellement à l'usufruitier, ou à ses ayants-
cause, une somme déterminée jusqu'à l'instant
où l'usufruit aurait dû cesser.

C. C. 601, 605, 614, 617, 622, 1167.

C. Pr. civ. 339 et s..

Cassation, 21 janvier 1845, 10 janvier 1859.

ART. **619**. — L'usufruit qui n'est pas ac- *Durée légale de l'usufruit.*
cordé à des particuliers, ne dure que trente
ans.

C. C. 617, 620, 2262.

> Toute communauté ou association étant pré-
> sumée ne pas devoir s'éteindre, ne peut devenir
> usufruitière que pour trente ans.

ART. **620**. — L'usufruit accordé jusqu'à ce
qu'un tiers ait atteint un âge fixé, dure jusqu'à
cette époque, encore que le tiers soit mort
avant l'âge fixé.

ART. **621**. — La vente de la chose sujette à *Vente de la nue propriété.*
usufruit ne fait aucun changement dans le
droit de l'usufruitier; il continue de jouir de

621

son usufruit s'il n'y a pas formellement renoncé.

C. C. 622, 1582 et s., 2125.

ART. **622**. — Les créanciers de l'usufruitier peuvent faire annuler la renonciation qu'il aurait faite à leur préjudice.

C. C. 618, 788, 1053, 1167, 1464, 2225.

Destruction
partielle
de la
chose soumise
à l'usufruit.

ART. **623**. — Si une partie seulement de la chose soumise à l'usufruit est détruite, l'usufruit se conserve sur ce qui reste.

C. C. 615 et s., 624.

Destruction
d'un bâtiment
soumis
à l'usufruit.

ART. **624**. — Si l'usufruit n'est établi que sur un bâtiment, et que ce bâtiment soit détruit par un incendie ou autre accident, ou qu'il s'écroule de vétusté, l'usufruitier n'aura le droit de jouir ni du sol ni des matériaux.

Si l'usufruit était établi sur un domaine dont le bâtiment faisait partie, l'usufruitier jouirait du sol et des matériaux.

C. C. 607, 617, 623, 704, 1302 et s.

CHAPITRE II.

DE L'USAGE ET DE L'HABITATION.

ART. **625**. — Les droits d'usage et d'habitation s'établissent et se perdent de la même manière que l'usufruit.

Usage
et
habitation.

C. C. 579 et s., 607 et s., 1127, 1465.
Loi du 23 mars 1855 (*Transcription hypothécaire*).

ART. **626**. — On ne peut en jouir, comme dans le cas de l'usufruit, sans donner préalablement caution, et sans faire des états et inventaires.

C. C. 601 à 604, 2011, 2018, 2040 et s..
C. Pr. civ. 517 et s., 942 et s..

ART. **627**. — L'usager, et celui qui a un droit d'habitation, doivent jouir en bons pères de famille.

Obligation
de jouir
en bon père
de famille.

C. C. 601, 607, 1137, 1709, 1711.

ART. **628**. — Les droits d'usage et d'habitation se règlent par le titre qui les'a établis, et

628   reçoivent, d'après ses dispositions, plus ou moins d'étendue.

C. C. 629 et s., 1134.

ART. **629**. — Si le titre ne s'explique pas sur l'étendue de ces droits, ils seront réglés ainsi qu'il suit.

C. C. 628, 630 et s.

ART. **630**. — Celui qui a l'usage des fruits d'un fonds, ne peut en exiger qu'autant qu'il lui en faut pour ses besoins et ceux de sa famille.

Il peut en exiger pour les besoins même des enfants qui lui sont survenus depuis la concession de l'usage.

C. C. 548, 583 et s.

ART. **631**. — L'usager ne peut céder ni louer son droit à un autre.

C. C. 595, 634, 1709, 1711.

ART. **632**. — Celui qui a un droit d'habitation dans une maison, peut y demeurer avec sa famille, quand même il n'aurait pas été marié à l'époque où ce droit lui a été donné.

C. C. 630, 633.

Art. **633**. — Le droit d'habitation se restreint à ce qui est nécessaire pour l'habitation
de celui à qui ce droit est concédé et de sa
famille.

C. C. 632.

633

Art. **634**. — Le droit d'habitation ne peut
être ni cédé ni loué.

C. C. 595, 631, 1709, 1711.

Art. **635**. — Si l'usager absorbe tous les fruits
du fonds, ou s'il occupe la totalité de la maison,
il est assujetti aux frais de culture, aux réparations d'entretien, et au payement des contributions, comme l'usufruitier.

S'il ne prend qu'une partie des fruits, ou s'il
n'occupe qu'une partie de la maison, il contribue au prorata de ce dont il jouit.

C. C. 605, 606, 608 et s.

Obligation
de payer
les charges.

Art. **636**. — L'usage des bois et forêts est
réglé par des lois particulières.

C. For.

Cassation, 26 janvier 1864.

637

TITRE QUATRIÈME

DES SERVITUDES OU SERVICES FONCIERS.

Décrété le 10 pluviôse an XII (31 janvier 1804).
Promulgué le 20 pluviôse an XII (10 février 1804).

Servitudes.

ART. **637**. — Une servitude est une charge imposée sur un héritage pour l'usage et l'utilité d'un héritage appartenant à un autre propriétaire.

C. C. 526, 544, 597, 639, 651, 686, 1370, 1638.
Cassation, 23 avril 1855, 30 janvier 1861.

ART. **638**. — La servitude n'établit aucune prééminence d'un héritage sur l'autre.

ART. **639**. — Elle dérive ou de la situation naturelle des lieux, ou des obligations imposées par la loi, ou des conventions entre les propriétaires.

C. C. 640 et s., 649 et s., 651, 686 et s., 1134, 1370.
C. Pr. civ. 59.

Cassation, 21 avril 1813.

CHAPITRE Ier.

DES SERVITUDES QUI DÉRIVENT DE LA SITUATION DES LIEUX.

ART. **640**. — Les fonds inférieurs sont as-
sujettis envers ceux qui sont plus élevés, à recevoir les eaux qui en découlent naturellement
sans que la main de l'homme y ait contribué.

Le propriétaire inférieur ne peut point
élever de digue qui empêche cet écoulement.

Le propriétaire supérieur ne peut rien faire
qui aggrave la servitude du fonds inférieur.

> C. C. 533, 641 et s., 650, 681, 701, 702.
>
> Loi des 29 avril-1{er} mai 1845 et 11 juillet 1847
> (*Irrigations*).
> Loi des 10 et 15 juin 1854 (*Drainage*).
>
> *Cassation*, 15 mars 1830, 16 février 1832, 8 janvier
> 1834, 31 mai 1848, 3 août 1852, 27 février 1855,
> 2 mars 1855, 9 janvier 1856, 15 mars 1858, 4 juil-
> let 1860, 11 juillet 1860, 11 décembre 1867.

Écoulement
naturel des eaux.

ART. **641**. — Celui qui a une source dans
son fonds, peut en user à sa volonté, sauf le
droit que le propriétaire du fonds inférieur

641 pourrait avoir acquis par titre ou par prescription.

C. C. 552, 642 à 645, 690, 1134, 2262, 2264.
Loi des 29 avril-1ᵉʳ mai 1845 (*Irrigations*).

Cassation, 27 janvier 1840, 28 mars 1849, 22 mai 1854, 19 novembre 1855, 22 août 1859, 4 décembre 1860.

ART. **642**. — La prescription, dans ce cas, ne peut s'acquérir que par une jouissance non interrompue pendant l'espace de trente années, à compter du moment où le propriétaire du fonds inférieur a fait et terminé des ouvrages apparents destinés à faciliter la chute et le cours de l'eau dans sa propriété.

C. C. 641, 690, 2228 et s., 2262, 2264.

Cassation, 25 août 1812, 20 mars 1827, 30 juin 1841, 27 janvier 1845, 15 avril 1845, 27 février 1854, 11 août 1856, 1ᵉʳ décembre 1856, 8 février 1858, 2 août 1858, 24 décembre 1860.

ART. **643**. — Le propriétaire de la source ne peut en changer le cours, lorsqu'il fournit aux habitants d'une commune, village ou hameau, l'eau qui leur est nécessaire ; mais si les habi-

tants n'en ont pas acquis ou prescrit l'usage, le 643
propriétaire peut réclamer une indemnité, laquelle est réglée par experts.

C. C. 545, 641, 2262.

C. Pr. civ. 302 et s., 1035.

Cassation, 20 novembre 1830, 26 juillet 1836,
15 janvier 1849, 4 décembre 1849, 4 mars 1862,
5 juillet 1864.

ART. **644**. — Celui dont la propriété borde
une eau courante, autre que celle qui est déclarée dépendance du domaine public par l'article 538 au titre *de la Distinction des biens*,
peut s'en servir à son passage pour l'irrigation
de ses propriétés.

Celui dont cette eau traverse l'héritage peut
même en user dans l'intervalle qu'elle y par-
court, mais à la charge de la rendre, à la sortie
de ses fonds, à son cours ordinaire.

C. C. 645, 650.

Loi des 29 avril-1er mai 1845 et 11 juillet 1847
(*Irrigations*).
Loi des 10 et 15 juin 1854 (*Drainage*).
Loi du 11 septembre 1857.

Cassation, 17 février 1809, 28 novembre 1815, 9 décembre 1818, 10 février 1824, 13 juin 1827,

644

14 août 1827, 21 juillet 1834, 2 février 1836, 17 mars 1840, 24 juin 1841, 9 août 1843, 24 mars 1844, 7 janvier 1845, 12 février 1845, 15 avril 1845, 21 juillet 1845, 8 novembre 1845, 18 novembre 1845, 4 mars 1846, 15 janvier 1850, 16 mars 1853, 8 novembre 1854, 27 avril 1857, 25 novembre 1857, 12 mai 1858, 23 novembre 1858, 21 juin 1859, 15 février 1860, 24 décembre 1860, 3 juin 1861, 4-17 décembre 1861, 26 juillet 1864, 21 novembre 1864.

Conseil d'État, 7 août 1843.

ART. **645**. — S'il s'élève une contestation entre les propriétaires auxquels ces eaux peuvent être utiles, les tribunaux en prononçant, doivent concilier l'intérêt de l'agriculture avec le respect dû à la propriété, et, dans tous les cas, les règlements particuliers et locaux sur le cours et l'usage des eaux doivent être observés.

C. C. 643, 644.

Loi du 25 mai 1838, art. 5, § I; 6, § I (*Compétence des juges de paix*).
Loi des 29 avril-1er mai 1845 (*Irrigations*).

Cassation, 19 frimaire an VIII, 7 avril 1807, 15 janvier 1808, 8 septembre 1814, 5 novembre 1825, 28 mai 1827, 25 novembre 1827, 30 août 1830,

24 janvier 1831, 4 avril 1835, 5 avril 1837, 645
22 avril 1840, 6 janvier 1844, 24 février 1845,
16 avril 1850, 24 août 1852, 26 juillet 1854,
28 novembre 1854, 10 décembre 1855, 16 avril
1856, 8 janvier 1858, 22 janvier 1858, 29 juin
1859, 14-17 décembre 1861, 12 février 1862,
7 mai 1862, 4 août 1863.

Conseil d'État, 17 janvier 1831, 31 octobre 1833,
24 avril 1837, 21 décembre 1837, 28 mars 1838,
18 juillet 1838, 22 août 1844, 1ᵉʳ septembre 1858,
23 décembre 1858, 1ᵉʳ mars 1860, 14 décembre
1861, 15 juin 1864.

ART. **646**. — Tout propriétaire peut obliger   Bornage.
son voisin au bornage de leurs propriétés contiguës. Le bornage se fait à frais communs.

C. Pr. civ. 3, 38.

C. P. 389, 456.

Loi du 25 mai 1838, art. 6, § II (*Compétence des juges
de paix*).

    I. — Le bornage consiste dans l'établisse-
ment de marques fixes ou bornes indiquant les
limites des héritages. La nature de ces indices
varie suivant les pays. On emploie le plus
souvent pour cet objet des pierres brutes ou
taillées. On plante quelquefois des arbres ayant

646

la propriété de repousser de leurs racines, quoi qu'il arrive au tronc, comme l'olivier et le cornouiller. On se sert aussi d'épine, de tuileaux et même de charbon de bois.

II. — Le meilleur mode de bornage consiste dans l'établissement d'une pierre taillée en forme de parallélipipède, sur la face supérieure de laquelle on indique par des traits gravés la direction des lignes séparatives des héritages. (*Fig.* 5.)

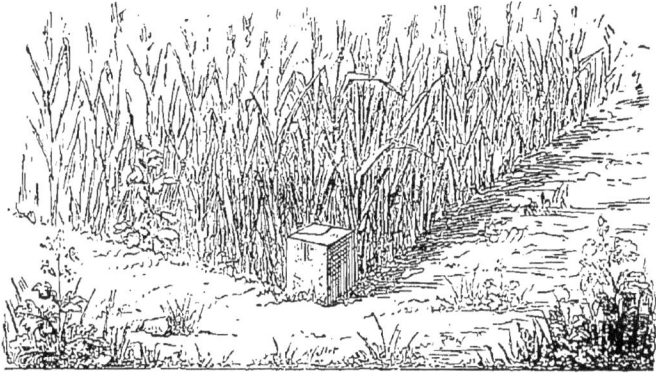

Fig. 5.

C'est le mode de bornage adopté par l'Administration des Eaux et Forêts.

On place sous la borne des fragments de pierres, de briques ou de tuileaux disposés d'une manière particulière et de telle sorte qu'on ne puisse déplacer la borne sans les déran-

ger. Ces fragments s'appellent des *témoins*.
(*Fig.* 6.)

646

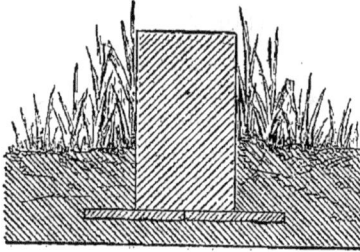

Fig. 6.

La nature, la forme, le nombre et la disposition des témoins doivent être décrits dans le procès-verbal de bornage.

III.— Un procès-verbal de bornage peut être fait par acte sous seing privé aussi bien que par acte notarié ; mais il doit, dans l'un et l'autre cas, être enregistré.

IV. — Les frais de bornage doivent être partagés en parties égales entre les intéressés ;

646   ceux d'arpentage sont répartis proportionnellement à l'étendue de chaque propriété.

Cassation, 30 décembre 1818, 27 août 1829, 19 mars
ou 2 avril 1850, 20 juin 1855, 29 juillet 1856, 9 novembre 1857.

Conseil d'État, 5 juin 1838.

Droit
de clôture.

ART. **647**. — Tout propriétaire peut clore
son héritage, sauf l'exception portée en l'article 682.

C. C. 544, 552, 648, 663, 666 et s.

C. Pr. civ. 456.

Cassation, 28 juin 1853, 9 août 1853, 20 juin 1864.

CHAPITRE II.

DES SERVITUDES ÉTABLIES PAR LA LOI.

Servitudes
établies
par la loi.

ART. **649**. — Les servitudes établies par la
loi ont pour objet l'utilité publique ou communale, ou l'utilité des particuliers.

C. C. 637, 639, 651, 1370. 649

C. Pr. civ. 59.

Loi des 10-15 juin 1854 (*Drainage*).

Décret du 10 août 1853.

Conseil d'État, 14 juin 1843, 24 juillet 1845, 20 août
1847, 13 août 1850, 13 avril 1853, 9 février 1854,
6 mars 1856, 6 juin 1856, 19 juin 1856.

ART. **650.** — Celles établies pour l'utilité
publique ou communale ont pour objet le
marchepied le long des rivières navigables ou
flottables, la construction ou réparation des
chemins et autres ouvrages publics ou communaux.

Tout ce qui concerne cette espèce de servitude est déterminé par des lois ou des règlemens particuliers.

Servitudes
ayant
pour objet
l'utilité publique.

C. C. 538, 556.

Loi des 6 octobre-28 septembre 1791 (*Usages ruraux*).

Loi du 9 ventôse an XIII (*Routes*).

Loi du 12 mai 1825 (*Arbres des routes*).

Loi du 21 mai 1836 (*Chemins vicinaux*).

Décret du 16 décembre 1811 (*Routes*).

(Voir *Commentaire*, art. 661, § I.)

651

Servitudes
ayant pour objet
l'utilité
des particuliers.

ART. **651**. — La loi assujettit les propriétaires à différentes obligations l'un à l'égard
de l'autre, indépendamment de toute convention.

C. C. 639, 651, 652, 1134 et s., 1370 et s.

C. Pr. civ. 59.

ART. **652**. — Partie de ces obligations est
réglée par les lois sur la police rurale;

Les autres sont relatives au mur et au fossé
mitoyens, au cas où il y a lieu à contre-mur,
aux vues sur la propriété du voisin, à l'égout
des toits, au droit de passage.

C. C. 653, 674 et s., 681 à 685.

SECTION PREMIÈRE.

DU MUR ET DU FOSSÉ MITOYEN.

Présomption
de mitoyenneté.

ART. **653**. — Dans les villes et les campa-
gnes, tout mur servant de séparation entre
bâtiments jusqu'à l'héberge, ou entre cours et
jardins, et même entre enclos dans les champs,

est présumé mitoyen, s'il n'y a titre ou marque   **653**
du contraire.

C. C. 654 et s., 675, 1350, 1352.

I. — Par ces mots : « *jusqu'à l'héberge* », on   Héberge.
entend la limite des constructions adossées à
un mur.

II. — Lorsque deux ou plusieurs bâtiments   Bâtiments
sont adossés de part et d'autre à un mur leur   adossés.
servant de séparation, ce dernier est présumé
entièrement mitoyen si les bâtiments sont
d'égale hauteur et d'égale profondeur (*Fig.* 7).

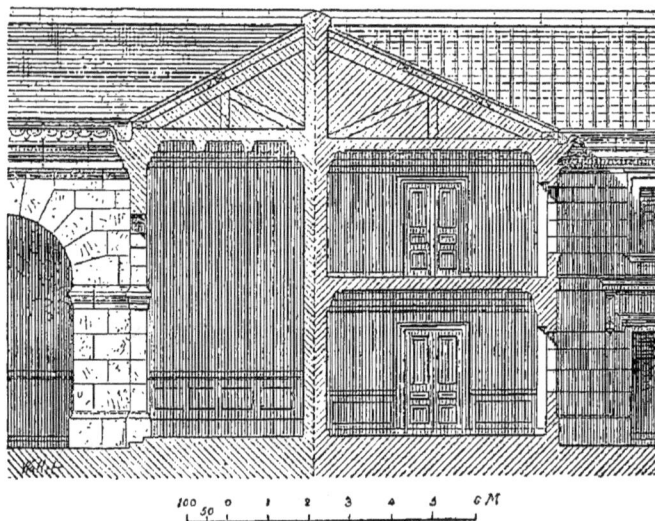

Fig. 7.

653   Dans le cas contraire, le mur n'est présumé mitoyen que dans la partie occupée en commun (*Fig.* 8).

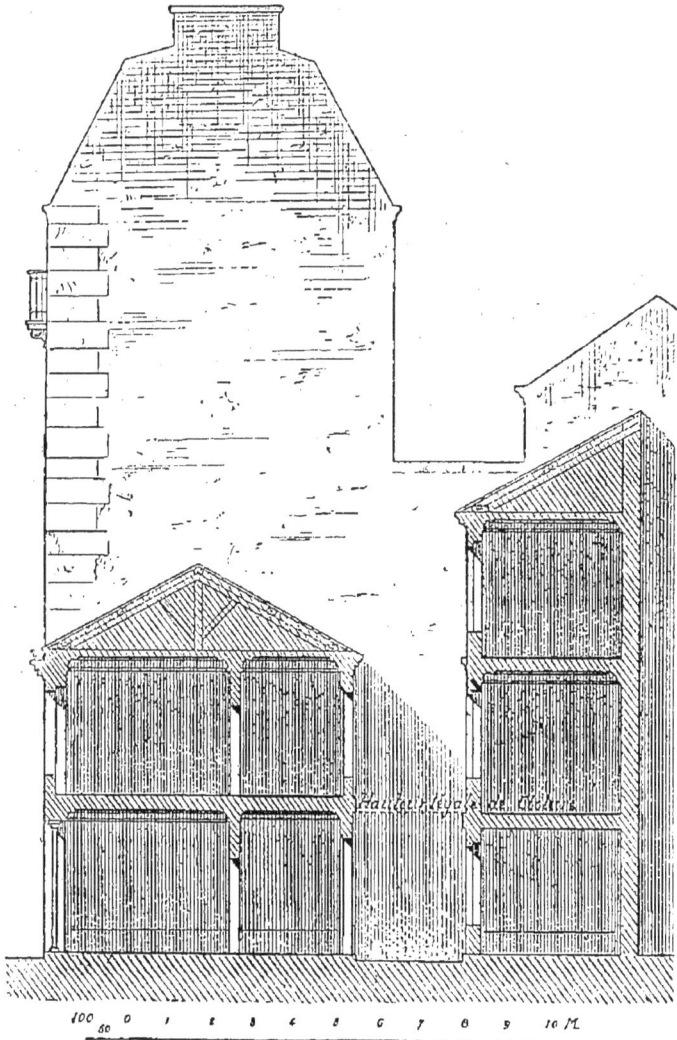

Fig. 8.

III. — Lorsqu'il n'y a bâtiment que d'un côté du mur servant de séparation, et que de l'autre côté il y a des traces de constructions disparues, le mur est présumé mitoyen jusqu'aux anciennes héberges indiquées par ces traces (*Fig.* 9).

Fig. 9.

Des traces d'enduits en plâtre et des traces de peinture, sans traces d'anciennes constructions, ne constituent pas une présomption de mitoyenneté.

(Voir *Commentaire*, art. 661, § V.)

IV. — La présomption de mitoyenneté s'étend au delà des parties du mur occupées par des bâtiments, ou limitées par des traces d'anciennes constructions, aux pieds d'aile et aux solins.

(Voir *Commentaire*, art. 661, § VII.)

653

Échelons.

V. — Des échelons scellés dans un mur servant de séparation entre bâtiments d'inégale hauteur, constituent une présomption de mitoyenneté à l'égard de la partie de ce mur qu'ils occupent, augmentée d'un pied d'aile de chaque côté.

(Voir *Commentaire*, art. 661, § V.)

Bâtiments isolés.

VI. — Lorsque le mur pignon d'un bâtiment sépare ce bâtiment d'une cour, d'un jardin ou d'un enclos, la présomption de mitoyenneté établie par l'article 653 en faveur du propriétaire de la cour, du jardin ou de l'enclos s'arrête : *en élévation*, à la hauteur légale de trente-deux décimètres ou de vingt-six décimètres suivant les lieux (voir art. 663); *en fondation*, à la profondeur de un mètre au-dessous du sol lorsque la hauteur de clôture est de trente-deux décimètres, à celle de soixante centimètres lorsque la hauteur de clôture est de vingt-six décimètres, et plus généralement à la profondeur des fondations des murs de clôture des propriétés voisines.

(Voir *Commentaire*, art. 663, § 1.)

Clôture incomplète.

VII. — La présomption de mitoyenneté ne peut être invoquée par celui qui n'a pas eu intérêt à clore sa propriété, ou dont la propriété n'est pas close sur les autres côtés.

Preuve.

VIII. — Lorsqu'il n'y a ni titre ni marque qui détruise la présomption de mitoyenneté, c'est à celui des voisins qui conteste à l'autre la co-

propriété du mur servant de séparation entre
leurs héritages, que l'obligation de faire la
preuve incombe.

653

IX. — Lorsque les titres de deux propriétés
indiquent que les murs qui les séparent sont
mitoyens, sans aucune désignation spéciale, on
doit les interpréter en ce sens que lesdits murs
sont mitoyens dans les parties occupées en
commun, y compris les pieds d'aile et les solins,
et dans celles où la clôture est obligatoire.

Titres
de propriété.

X. — Dans toute contestation au sujet de la
mitoyenneté d'un mur, on peut invoquer un
titre appartenant à un tiers, pourvu que ce titre
soit corroboré par les faits et les circonstances
de la cause.

XI.—Tout mur mitoyen est considéré comme
établi moitié sur l'un, moitié sur l'autre des
deux héritages auxquels il sert de séparation.
C'est au niveau du sol du rez-de-chaussée que
la ligne séparative des deux propriétés et l'axe
du mur mitoyen viennent coïncider.

Ligne séparative.

XII. — Lorsque le sol de l'une ou de l'autre
propriété, ou même de toutes les deux, a été
modifié, par suite de déblais ou de remblais, on
doit, pour retrouver la position de la ligne séparative, se reporter au niveau du sol primitif,
c'est-à-dire du sol tel qu'il était à l'époque où le
mur a été établi pour la première fois.

654

Marques
de
non-mitoyenneté.

ART. **654**. — Il y a marque de non-mitoyenneté lorsque la sommité du mur est droite et à plomb de son parement d'un côté, et présente de l'autre un plan incliné;

Lors encore qu'il n'y a que d'un côté ou un chaperon ou des filets et corbeaux de pierre qui y auraient été mis en bâtissant le mur.

Dans ces cas, le mur est censé appartenir exclusivement au propriétaire du côté duquel sont l'égout ou les corbeaux et filets de pierre.

C. C. 653, 676 et s., 681, 1350, 1352.

(*Fig.* 10, 11 *et* 12.)

Fig. 10. — Chaperon à un égout.

654

Fig. 11. — Filets de pierre.

Fig. 12. — Corbeaux de pierre.

I. — Un chaperon à un seul égout ou des filets
et corbeaux de pierre placés d'un seul côté du

654

mur ne constituent une marque de non-mitoyenneté qu'autant qu'ils ont été établis en bâtissant le mur.

Preuve.

II. — Lorsqu'il y a marque de non-mitoyenneté, c'est à celui des voisins qui prétend à la copropriété du mur, malgré cette marque contraire à sa prétention, que l'obligation de faire la preuve incombe.

Cassation, 1er février 1839, 4 juin 1845, 25 janvier 1859, 1er février 1860.

ART. **655**. — La réparation et la reconstruction du mur mitoyen sont à la charge de tous ceux qui y ont droit, et proportionnellement au droit de chacun.

C. C. 656 à 659, 663, 669.

Cout. de Paris, art. 204, 205.

Droits et obligations des ayants droit.

I. — Le mur mitoyen peut être réparé ou reconstruit sur la demande d'un seul des copropriétaires. Mais, ce mur étant une propriété indivise, aucun d'eux ne peut y faire exécuter un travail, si minime qu'en soit l'importance, sans en avoir préalablement dénoncé l'intention aux autres ayants droit.

Si ceux-ci ne reconnaissent point la nécessité des travaux projetés, celui qui les demande doit, avant tout commencement d'exécution, faire constater cette nécessité par des experts

655

commis à cet effet. L'exécution ne peut commencer qu'après avoir été ordonnée par le juge. Nul ne peut, même en cas de péril, entrer chez son voisin pour y exécuter un travail de consolidation, fût-ce un simple étayement, sans avoir rempli ces formalités ou sans l'assistance de l'autorité.

II. — Le mur mitoyen doit toujours être en état de rendre les mêmes services à chacun des copropriétaires, les immeubles restant d'ailleurs dans les mêmes conditions.

Lors donc que l'insuffisance du mur est constatée pour l'un ou pour l'autre, il y a nécessité de le réparer ou de le reconstruire, de quelque côté que cette insuffisance se manifeste.

III. — La nécessité de réparer ou de reconstruire le mur mitoyen ne peut être valablement contestée lorsque, selon les termes de l'article 205 de la *Coutume de Paris* (édition de 1580), il est *pendant* et *corrompu*.

Obligation de réparer ou de reconstruire le mur pendant et corrompu.

Le mur est *pendant* lorsqu'il est déversé de plus de la moitié de son épaisseur.

Il est *corrompu* lorsque les matériaux qui le constituent se décomposent et s'écrasent par vétusté, se désagrégent et se séparent sous l'action de l'humidité, du salpêtre et d'autres dissolvants, ou sont calcinés par le feu assez profondément pour que l'épaisseur de la partie restée saine soit réduite de manière à compromettre la solidité de la construction.

Lorsque le déversement n'existe que dans une

655

portion du mur, et que la corruption n'en atteint que certaines parties, les réparation et reconstruction peuvent être limitées à ces seules parties, ou même arrêtées au point où le péril cesse.

IV. — Lorsque la nécessité de réparer ou de reconstruire le mur mitoyen a été reconnue amiablement ou constatée judiciairement, les travaux doivent être exécutés sans apporter aucune modification aux conditions qu'il doit remplir et aux obligations particulières qui lui sont imposées, ainsi d'ailleurs que le prescrit l'article 665 du Code civil.

En cas de reconstruction notamment, le mur doit être réédifié avec la même épaisseur; les matériaux qui en proviennent doivent être réemployés s'ils sont encore de bonne qualité et propres à l'usage auquel ils sont destinés; toutes les charges et servitudes établies antérieurement soit par conventions entre voisins, soit par destination de père de famille, doivent continuer d'exister, le mur reconstruit devant être le même que le mur démoli.

V. — Bien que l'obligation de n'apporter aucune modification aux conditions constitutives du mur mitoyen en le reconstruisant soit absolue, cependant elle doit céder à cette autre obligation supérieure d'obéir aux règlements qui régissent la construction. On ne peut reproduire dans le mur réédifié une infraction à

ces règlements sous prétexte qu'elle existait
dans le mur démoli.

655

VI. — Lorsque le mur mitoyen a été réparé
ou reconstruit ainsi qu'il vient d'être dit, les
dépenses occasionnées par l'opération doivent
être partagées entre les copropriétaires de la
manière suivante :

Répartition
des dépenses.

Les travaux en terrasse, les étrésillons, les
chevalements, les contre-fiches et la maçonnerie
proprement dite du mur sont à la charge de
tous les ayants droit, suivant leurs héberges.

Les étais nécessaires pour soutenir les planchers, les barrières et cloisons destinées à servir
de clôtures provisoires, les piles, dosserets et
corbeaux en pierre de taille, les enduits et autres légers ouvrages, les travaux de raccorde-
ment et d'appropriation sont à la charge exclusive de celui des copropriétaires qui possède le
bâtiment où ils ont été exécutés.

VII. — Lorsque l'un des copropriétaires établit que le mur mitoyen est insuffisant pour satisfaire à des besoins nouveaux qui naissent
dans son immeuble, la réparation et la reconstruction peuvent encore être régies par l'article 655, si ce propriétaire répare ou reconstruit
sans changer la nature du mur, sans en modifier
la forme, sans en augmenter l'étendue ; c'est-à-
dire que les dépenses qui résultent de l'opération
peuvent, même dans ce cas, être réparties entre
les ayants droit proportionnellement au droit de
chacun.

655

Pour que les dispositions de l'article 655 puissent recevoir leur application, il faut que le mur à réparer ou à reconstruire n'offre pas une solidité égale à celle des autres parties du bâtiment voisin, par conséquent laisse prévoir une durée moindre. Dans ce cas, le propriétaire de ce bâtiment doit participer aux dépenses de réparation ou de reconstruction proportionnellement aux avantages qu'il peut en retirer. Mais, s'il est constant que le mur mitoyen, non moins solide que les autres parties du bâtiment voisin, doit durer aussi longtemps qu'elles, aucune des dépenses occasionnées par la réparation ou la reconstruction dans le cas particulier dont il s'agit ne saurait incomber à celui auquel appartient ce bâtiment.

Pan de bois
mitoyen.

VIII. — Lorsque deux bâtiments contigus sont séparés par un pan de bois mitoyen, bien qu'aucune disposition légale ne prohibe ce mode de construction, chacun des copropriétaires a le droit de demander que ce pan de bois soit démoli et remplacé par un mur en maçonnerie à raison du danger qui résulte de son existence en cas d'incendie.

Si le pan de bois mitoyen est en mauvais état, les dépenses occasionnées par sa démolition et par la reconstruction du mur mitoyen en maçonnerie sont à la charge des ayants droit et portionnellement au droit de chacun suivant son héberge.

Si le pan de bois mitoyen est en bon état, les

dépenses occasionnées par sa démolition et par
son remplacement par un mur en maçonnerie
sont à la charge de celui qui demande cette démolition et ce remplacement.

655

Les matériaux destinés à entrer dans la construction du mur en maçonnerie doivent être
choisis de telle sorte que ce mur ne présente
qu'une épaisseur égale à celle du pan de bois
qu'il remplace. Si cette égalité d'épaisseur
n'existe pas, l'excédant doit être pris entièrement du côté de celui des copropriétaires qui
a demandé le remplacement du pan de bois.

IX. — Lorsque l'un des copropriétaires du
mur mitoyen est autorisé à le réparer ou à le
reconstruire, il est tenu de faire exécuter les
travaux avec célérité et de manière à les rendre
le moins dommageables possible aux autres
ayants droit ou aux tiers occupants. Il doit les
poursuivre jusqu'à leur entier achèvement,
même en ce qui concerne les raccords intérieurs
chez les voisins de façon à rétablir les lieux dans
leur état primitif, en se bornant toutefois aux
dispositions qui n'ont rien d'extraordinaire.
Ainsi, s'il se trouvait une œuvre d'art adhérente
au mur mitoyen, il ne serait tenu ni de la rétablir, ni d'en indemniser le possesseur pour l'a-
voir détruite, s'il était d'ailleurs impossible de
la conserver ou de l'enlever. Il doit encore faire
opérer les déménagements et emménagements,
s'il y a lieu, et faire réparer les meubles qui auraient été détériorés dans ces transports.

Mais ces obligations ne lui sont imposées que

Exécution
des
travaux.
Obligations
du
copropriétaire
qui
en est chargé

655

sous réserve du règlement ultérieur des dépenses entre les ayants droit.

X. — Lorsque la réparation ou la reconstruction du mur mitoyen fait naître, au profit de tiers occupants, un droit à indemnité pour privation de jouissance, l'obligation de payer cette indemnité incombe respectivement à chacun des copropriétaires en ce qui concerne spécialement sa propriété, alors même qu'il ne contribuerait en rien aux dépenses occasionnées par les travaux.

Mais si cette indemnité est motivée par un retard, par une négligence, par un dégât matériel, par une faute enfin, elle doit être mise à la charge de celui qui répare ou reconstruit, que cette faute lui soit personnellement imputable, ou qu'elle ait été commise par les ouvriers qu'il a employés et dont il répond.

XI. — Lorsque les dépenses occasionnées par la reconstitution du mur mitoyen sont inégalement réparties entre les copropriétaires, celui d'entre eux qui se trouve avoir à sa charge la part la plus forte est intéressé à faire constater régulièrement cette situation en vue du droit de répétition qui peut naître un jour pour lui contre les autres copropriétaires.

Cassation, 21 mars 1843, 17 juin 1864.

ART. **656**. — Cependant tout copropriétaire d'un mur mitoyen peut se dispenser de con-

tribuer aux réparations et reconstructions en
abandonnant le droit de mitoyenneté, pourvu
que le mur mitoyen ne soutienne pas un bâtiment qui lui appartienne.

C. C. 655, 699.

656

I. — Le droit de mitoyenneté ne peut être
abandonné dans la hauteur de clôture lorsque
la clôture est obligatoire, c'est-à-dire lorsque,
suivant les termes de l'article 663 du Code civil,
le mur mitoyen fait séparation entre maisons, cours et jardins assis dans les villes et
faubourgs.

Clôture obligatoire.

II. — Lorsque la clôture n'est pas obligatoire,
l'abandon du droit de mitoyenneté, c'est-à-dire
l'abandon de la copropriété du mur mitoyen ou
des matériaux qui en proviennent, implique
l'abandon de la propriété du sol sur lequel re-
pose ou reposait la moitié de l'épaisseur de ce
mur.

Abandon de la propriété du sol.

III. — L'abandon du droit de mitoyenneté
peut s'appliquer à toute l'étendue du mur mitoyen ou seulement à une partie de ce mur.
Mais, en cas d'abandon partiel, celui qui aban-
donne ne peut rester copropriétaire de la partie
supérieure en limitant son abandon à la partie
inférieure.

Abandon partiel du droit de mitoyenneté.

IV. — Lorsque le droit de mitoyenneté a été
abandonné par l'un des copropriétaires d'un

Obligation d'entretenir.

656

mur, celui au profit duquel l'abandon a été fait ne peut se dispenser, sous aucun prétexte, d'entretenir ou de reconstruire, s'il y a lieu, le mur dont il est devenu seul propriétaire.

Rachat ultérieur
après abandon.

V. — Celui qui a abandonné le droit de mitoyenneté peut redevenir copropriétaire du même mur en se conformant aux prescriptions de l'article 661 du Code civil, c'est-à-dire, en payant à son voisin devenu, par suite de l'abandon fait, seul propriétaire du mur séparatif, la moitié de la valeur de ce mur et la moitié de la valeur du sol sur lequel il est bâti.

Cassation, 26 décembre 1819, 5 mars 1828, 16 décembre 1863.

ART. **657**. — Tout copropriétaire peut faire bâtir contre un mur mitoyen, et y faire placer des poutres ou solives dans toute l'épaisseur du mur, à cinquante-quatre millimètres (deux pouces) près, sans préjudice du droit qu'a le voisin de faire réduire à l'ébauchoir la poutre jusqu'à la moitié du mur, dans le cas où il voudrait lui-même asseoir des poutres dans le même lieu, ou y adosser une cheminée.

C. C. 658, 662, 674, 675.

Cout. de Paris, art. 206, 207 et 208, p. 81.

I. — Le copropriétaire qui veut bâtir contre le mur mitoyen est tenu, en vertu de l'article 662 du Code civil, de dénoncer son intention aux autres ayants-droit.

657

Dénonciation préalable.

II. — Lorsque le mur mitoyen est dans l'un des cas indiqués au paragraphe III du commentaire de l'article 655, c'est-à-dire lorsqu'il est *pendant* ou *corrompu*, le copropriétaire qui veut y adosser un ouvrage est en droit d'exiger qu'il soit, au préalable, réparé ou reconstruit suivant les prescriptions dudit article 655, c'est-à-dire à la charge de ceux qui y ont droit et proportionnellement au droit de chacun.

Mur en mauvais état, insuffisant pour tous les ayants droit.

III. — Lorsque le mur mitoyen est en état de supporter le bâtiment existant de l'un des copropriétaires, mais insuffisant pour soutenir, en même temps, l'ouvrage que l'autre copropriétaire veut y appuyer, ce dernier peut exiger qu'il soit réparé ou reconstruit.

Le paragraphe VII du commentaire de l'article 655 indique dans quel cas cette réparation ou cette reconstruction est à la charge de ceux qui y ont droit, proportionnellement au droit de chacun.

En dehors de ce cas, la réparation ou la reconstruction est à la charge du copropriétaire qui veut bâtir contre le mur mitoyen.

Les paragraphes IX et X du commentaire de l'article 655, qui donnent les règle à observer

Mur insuffisant pour le propriétaire qui construit.

657

dans l'exécution des travaux et dans le règlement des indemnités, sont applicables ici.

IV. — Lorsque le mur mitoyen présente en son état des infractions aux lois ou aux règlements qui régissent la construction, le copropriétaire qui veut y appuyer un ouvrage peut exiger l'exécution des travaux nécessaires pour faire cesser ces infractions.

Il a ce droit même lorsque les lois et règlements transgressés sont postérieurs à la construction dudit mur, à la condition expresse que le voisin ne subisse d'autre trouble que celui qui résultera de l'exécution même des travaux; mais alors ces travaux restent à la charge de celui qui en requiert l'exécution.

V. — Lorsque le mur mitoyen est en état de supporter en même temps et le bâtiment existant de l'un des copropriétaires, et l'ouvrage que l'autre copropriétaire veut y appuyer, il ne peut-être démoli et reconstruit, sous quelque prétexte que ce soit, contre la volonté du premier.

VI. — Lorsque le copropriétaire qui bâtit contre le mur mitoyen le reprend en sous-œuvre, afin d'en augmenter la profondeur pour satisfaire aux besoins de sa construction, il doit, si le mur est fondé sur le bon sol, supporter seul les frais de chevalements, d'étaiements et de raccords dans la propriété voisine qui en sont la conséquence.

VII. — Lorsque le copropriétaire qui bâtit contre le mur mitoyen est contraint de le réparer ou de le reconstruire à ses frais, et de rétablir les locaux voisins dans leur état primitif, il n'est pas obligé de prendre à sa charge la réparation ou le remplacement des ouvrages qui périssent par vétusté dans lesdits locaux. Ces ouvrages sont réparés aux frais de celui auquel ils appartiennent.

657
Remplacement
des ouvrages
qui
périssent
par vétusté.

VIII. — Le copropriétaire qui bâtit contre le mur mitoyen ne doit y faire pratiquer aucune reprise à mi-épaisseur.

Lorsque, pour les besoins de sa construction, il est obligé d'y placer des chaînes de pierre, des dosserets ou des corbeaux, ces chaînes, dosserets et corbeaux doivent former parpaing.

Tous les raccords à faire chez le voisin, par suite de ces percements, sont à la charge de celui qui bâtit.

Reprises
à mi-épaisseur
interdites.

IX. — Le copropriétaire qui bâtit contre le mur mitoyen peut y faire pratiquer des arrachements et des reprises, au fur et à mesure de l'avancement de ses travaux, aux points où les murs de son bâtiment viennent le rencontrer, afin de relier ensemble lesdits murs et le mur mitoyen.

Arrachements
et reprises tolérés
dans
le mur mitoyen.

X. — Lorsque le copropriétaire qui bâtit contre le mur mitoyen rencontre des ancres ap-

Ancres.

657

partenant au voisin, si ces ancres sont encastrées dans la maçonnerie, elles restent où elles
se trouvent ; si elles sont saillantes, elles sont
déposées et encastrées. Dans ce cas, les frais de
déplacement des ancres, de coupement des
chaînes et de nouvelle façon des œils sont à
la charge de celui auquel les ancres appartiennent.

Poutres en bois.

XI. — L'article 208 de la coutume de Paris
permettait de placer des poutres dans la moitié
seulement de l'épaisseur du mur mitoyen. L'article 657 du Code civil permet de placer ces
poutres dans toute l'épaisseur dudit mur à
cinquante-quatre millimètres près.

Quoique légale, cette faculté est de celles
dont il faut se garder d'user. Les poutres en
bois placées à cinquante-quatre millimètres du
parement peuvent constituer un danger d'incendie si le voisin en ignore l'existence, ce qui
doit être considéré comme le cas le plus fréquent.

Poutres en fer.

XII. — La faculté de placer des poutres dans
toute l'épaisseur du mur mitoyen à cinquante-
quatre millimètres près ne s'applique pas aux
poutres en fer que le voisin ne pourrait faire
réduire à l'ébauchoir.

Le législateur n'a pu réglementer un mode
de construction qui n'existait pas lorsqu'il a fait
la loi. Les poutres en fer ne peuvent être assises au delà de la moitié de l'épaisseur du mur
mitoyen.

XIII. — Le poitrail qui ferme une baie de deux mètres et plus de largeur ouverte dans un mur de face, et qui porte sur la jambe étrière, ne doit point pénétrer dans le mur mitoyen. (*Fig.* 13.)

657

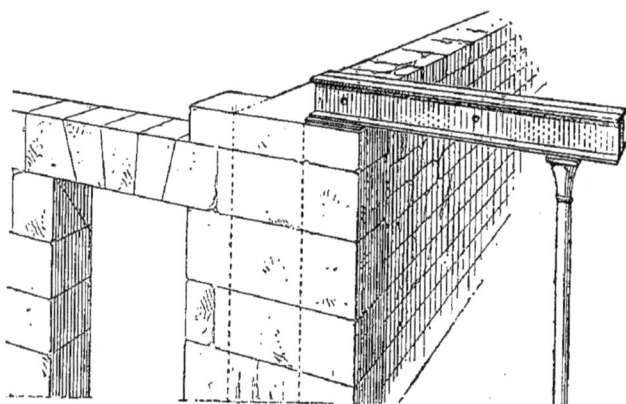

Fig. 13.

XIV. — Le mot « *solives* » s'applique aux pièces de bois principales, telles que les *solives d'enchevêtrure* et les *chevêtres* qu'on peut assimiler à des poutres. Il ne saurait désigner les solives proprement dites ou solives de remplissage qui ne pourraient être scellées dans un mur sans y produire des vides trop nombreux et trop rapprochés pour ne pas nuire à sa solidité lorsque le bois vient à se détériorer.

Solives en bois

XV. — Les solives d'un plancher en fer peuvent être scellées dans le mur mitoyen vu leur écartement et leur incorruptibilité.

Solives en fer.

657

Tranchées
interdites.

XVI. — La faculté de placer des poutres ou solives dans l'épaisseur du mur mitoyen ne s'applique qu'à la portée desdites poutres ou solives. Celui qui bâtit contre le mur ne peut y pratiquer des tranchées pour y encastrer des pièces de bois.

Pente du toit;
chéneau
obligatoire.

XVII. — Lorsque le copropriétaire qui bâtit contre le mur mitoyen couvre son bâtiment de telle sorte que la pente du toit soit dirigée vers ce mur, il doit établir tout au long un chéneau avec revêtement de hauteur suffisante pour que l'eau ne puisse causer ni inconvénients, ni détériorations. (*Fig.* 14.)

Cassation, 20 juin 1859.

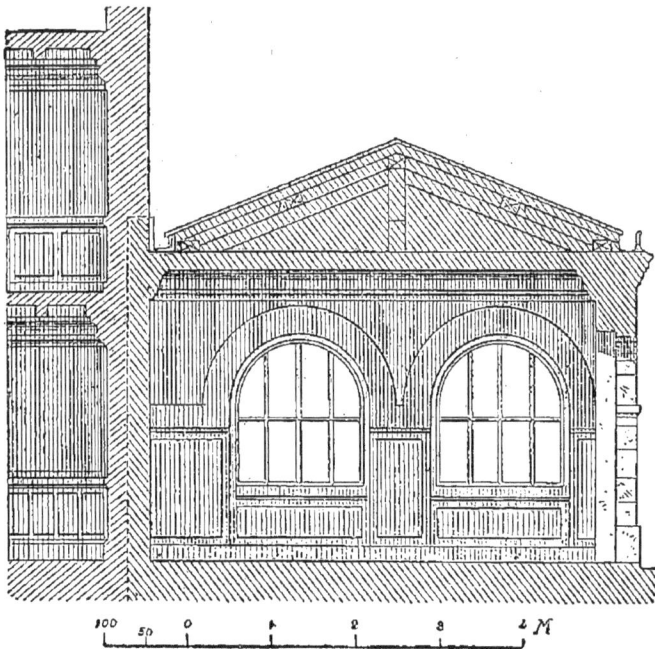

Fig. 14.

Art. **658**. — Tout copropriétaire peut faire 658
exhausser le mur mitoyen ; mais il doit payer
seul la dépense de l'exhaussement, les réparations d'entretien au-dessus de la hauteur
de la clôture commune, et en outre l'indemnité de la charge en raison de l'exhaussement
et suivant la valeur.

C. C. 659, 660, 662.

Cout. de Paris, art. 196 et 197, p. 78.

I. — Chacun des copropriétaires a le droit de   Droit absolu de
faire exhausser le mur mitoyen à telle hauteur   surélever.
que bon lui semble, même contre la volonté et
malgré l'opposition des autres ayants droit.

Cette hauteur ne peut être limitée que par les
lois, décrets et règlements qui régissent la construction.

II. — Lorsque l'un des copropriétaires d'un   Tuyaux
mur mitoyen veut le faire exhausser, s'il se   encastrés.
trouve dans l'épaisseur de ce mur des tuyaux
de cheminée appartenant à d'autres ayants
droit, il doit les faire prolonger à ses frais dans
la hauteur de l'exhaussement.

Les tuyaux adossés sont prolongés aux frais   Tuyaux adossés.
de celui auquel ils appartiennent et par ses
soins.

658

Obligation
de surélever sur
l'axe du mur
existant.

III. — Lorsqu'un des copropriétaires du mur mitoyen veut le faire exhausser, il lui est permis de donner à l'exhaussement moins d'épaisseur qu'au mur mitoyen ; mais il doit toujours conserver l'axe de ce mur comme axe de la partie exhaussée, et il lui est interdit, en cas de moindre épaisseur, d'établir l'exhaussement à l'aplomb du parement du mur mitoyen de son côté. (*Fig.* 15.)

Fig. 15.

Entretien.

IV — L'exhaussement appartenant exclusivement à celui qui l'a fait faire et l'a payé, l'entretien de cet exhaussement et les conséquences qui peuvent en résulter restent entièrement à sa charge.

658

V. — L'indemnité de la charge est motivée par le dommage que cause au mur mitoyen l'exhaussement qui est présumé devoir en abréger la durée par son poids.

Cette indemnité avait été fixée par la coutume de Paris (art. 197, p. 79) au sixième de la valeur de l'exhaussement, mais le Code civil n'a rien prescrit à cet égard.

L'expérience a démontré que cette évaluation est exagérée dans la plupart des cas, et que l'indemnité de la charge doit varier du sixième au douzième selon les circonstances.

L'indemnité de la charge ne peut jamais égaler la valeur du mur chargé.

Indemnité de la charge ou droit de surcharge.

VI.— L'indemnité de la charge est due par le copropriétaire qui fait exhausser le mur mitoyen alors même qu'il fait reprendre ce mur en sous-œuvre, à ses frais, pour augmenter la profondeur de sa fondation.

Reprise en sous-œuvre du mur chargé.

VII.— Lorsque l'indemnité de la charge a été payée en raison de l'exhaussement et suivant la valeur, elle ne saurait être réclamée de nouveau sous prétexte que le copropriétaire auteur de l'exhaussement l'aurait démoli et reconstruit, si cette reconstruction a eu lieu en conservant,

Reconstruction de l'exhaussement dans les mêmes conditions.

658

sans les augmenter, les dimensions du premier exhaussement, et en employant des matériaux équivalents.

Reconstruction du mur mitoyen exhaussé.

VIII. — Lorsque le mur mitoyen qui supporte l'exhaussement vient à être démoli et reconstruit aux frais de tous les copropriétaires et proportionnellement au droit de chacun, l'indemnité de la charge doit être payée de nouveau.

Reconstruction de l'exhaussement dans des conditions différentes.

Lorsque l'exhaussement a été démoli et reconstruit avec des matériaux d'un prix plus élevé, l'indemnité de la charge doit être augmentée proportionnellement.

Prescription.

IX. — Le payement de l'indemnité de la charge est une dette de la propriété et se prescrit par trente ans.

Cassation, 11 avril 1864.

ART. **659**. — Si le mur mitoyen n'est pas en état de supporter l'exhaussement, celui qui veut l'exhausser doit le faire reconstruire en entier à ses frais, et l'excédant d'épaisseur doit se prendre de son côté.

C. C. 658, 660, 662.

Reconstruction du mur mitoyen.

I. — Le mur mitoyen qu'il s'agit d'exhausser est considéré implicitement ici comme suffisant

pour l'usage auquel il est destiné en son état 659
actuel. En effet, s'il était insuffisant pour cet
usage, s'il était, par exemple, pendant ou corrompu, il devrait être réparé ou reconstruit
selon les prescriptions de l'article 655 du Code
civil, c'est-à-dire aux frais de tous ceux qui y
ont droit et proportionnellement au droit de
chacun. Il est donc supposé bon en tant que
mur mitoyen, et la seule incapacité dont il soit
question dans l'article 659 est celle de supporter
l'exhaussement.

Lorsque cette incapacité est constatée, le mur
mitoyen doit être démoli et reconstruit aux frais
du copropriétaire qui veut l'exhausser.

Cette prescription est absolue. Elle ne tient
compte ni du mode de construction, ni de l'é-
paisseur du mur mitoyen, ni d'aucune circon-
stance accessoire. Le mur mitoyen est ce qu'il
est. Par cela même qu'il a été édifié dans de
certaines conditions, il doit continuer d'exister
dans ces mêmes conditions tant que la volonté
de tous les ayants droit n'intervient pas pour
les modifier d'un commun accord. D'ailleurs,
malgré certains usages adoptés de nos jours, à
Paris notamment, et qu'il est bon d'appliquer
aux édifices nouveaux, il n'existe aucune prescription légale qui régisse l'épaisseur et le mode
de construction du mur mitoyen. Le mur mitoyen ne peut donc pas être apprécié au point
de vue desdits usages, ni condamné en invo-
quant leur non-application sous prétexte que
son incapacité à supporter l'exhaussement en
résulte.

659

Augmentation
de l'épaisseur
de mur mitoyen.

II. — C'est par des considérations identiques que se justifie l'obligation imposée par la loi au copropriétaire qui veut exhausser le mur mitoyen, et qui doit préalablement le reconstruire vu son incapacité à supporter l'exhaussement, de prendre l'excédant d'épaisseur de son côté, lorsque cet excédant est nécessaire.

Cette seconde prescription n'est pas moins absolue que la première. L'épaisseur dont il s'agit est celle du mur mitoyen tel qu'il existe avant la démolition, et non celle fixée dans certaines localités par des usages nouveaux dépourvus de caractère légal ; usages adoptés avec raison pour les constructions nouvelles, mais non applicables aux reconstructions.

Droit
d'intervention
de tous
les ayants droit.

III. — Le copropriétaire qui veut exhausser le mur mitoyen n'est pas seul juge de sa capacité à supporter l'exhaussement, et les autres ayants droit peuvent contester cette capacité.

En effet, ils ont intérêt à ne laisser exhausser qu'un mur d'une solidité suffisante ; car, en recevant une indemnité de charge souvent de peu d'importance, ils restent, conjointement avec l'auteur de l'exhaussement, chargés de l'entretien du mur mitoyen, et au besoin de sa reconstruction, si cet exhaussement vient à l'écraser. Ils peuvent donc intervenir, s'opposer à l'exhaussement d'un mauvais mur et en demander la reconstruction préalable

Mais celui qui a exhaussé ne peut, en aucun cas, se prévaloir de la non-opposition des autres

ayants droit, ni invoquer son ignorance du
mauvais état de certaines parties du mur mitoyen pour s'exonérer des conséquences de
l'exhaussement, s'il l'a fait sur un mur incapable
de le porter.

IV. — L'indemnité de la charge n'est pas due
par le copropriétaire qui a fait reconstruire à
ses frais le mur mitoyen hors d'état de supporter
l'exhaussement.

Mais si, dans la suite, un nouvel exhaussement est ajouté au premier par ce même copropriétaire, l'indemnité de la charge est due pour
ce nouvel exhaussement.

V. — Lorsque le copropriétaire qui veut exhausser le mur mitoyen est obligé de le reconstruire, les travaux doivent être exécutés et les
frais accessoires doivent être réglés en se conformant aux principes tracés dans les §§ IX et
X du *Commentaire* de l'article 655.

VI. — Lorsque l'épaisseur du mur mitoyen
est augmentée en le reconstruisant, celui des
copropriétaires qui fournit le sol nécessaire
pour porter l'excédant d'épaisseur, est intéressé
à faire constater régulièrement, au moment de
l'exécution des travaux, le nouvel état de choses
qui en résulte.

Ce constat a pour but d'éviter qu'il puisse
naître dans l'avenir une incertitude sur la position de la ligne séparative des héritages, cette

659

Indemnité
de la charge.

Utilité
d'un
constat régulier
de l'excédant
d'épaisseur

659

Utilité
d'un
constat régulier
des dépenses.

ligne ne coïncidant plus avec l'axe du mur mitoyen reconstruit.

VII. — Le copropriétaire qui fait exhausser le mur mitoyen, est encore intéressé à faire constater régulièrement les dépenses occasionnées par cette opération, en vue des comptes qu'il aurait à présenter à son voisin si le cas prévu par l'article 660 du Code civil venait à se présenter.

AɛT. **660**. — Le voisin qui n'a pas contribué à l'exhaussement peut en acquérir la mitoyenneté en payant la moitié de la dépense qu'il a coûté, et la valeur de la moitié du sol fourni pour l'excédant d'épaisseur, s'il y en a.

C. C. 659, 661.

Faculté
d'acquérir
l'exhaussement
en tout
ou en partie.

I. — Le droit qu'a le voisin qui n'a pas contribué à l'exhaussement, d'en acquérir la mitoyenneté, peut s'exercer sur une partie seulement aussi bien que sur la totalité de cet exhaussement.

En cas d'acquisition partielle, le prix de cette acquisition est réglé proportionnellement à la portion acquise.

Obligation
d'acquérir
l'exhaussement.

II. — L'exercice de ce droit est obligatoire pour celui qui veut adosser un ouvrage quelconque à l'exhaussement, nul ne pouvant user d'une partie, quelle qu'elle soit, du mur séparatif, sans l'avoir au préalable rendue mitoyenne, si elle ne l'est pas, ainsi qu'il est dit plus loin au § IV du Commentaire de l'article 661.

660

III. —. La dépense que l'exhaussement a coûtée comprend non-seulement la valeur réelle de cet exhaussement, mais encore tous les frais accessoires qu'il a entraînés, autres que ceux causés par les raccords et la remise en état des bâtiments adossés. En conséquence, la moitié de ces frais doit être payée par le voisin qui acquiert la mitoyenneté de l'exhaussement.

Dépense de l'exhaussement à payer par l'acquéreur.

Ainsi, lorsque l'exhaussement a entraîné la reconstruction du mur mitoyen, le voisin qui en acquiert la mitoyenneté doit payer, outre la moitié de la valeur de cet exhaussement, la moitié de la dépense qu'ont occasionnée la démolition et la reconstruction dudit mur mitoyen, déduction faite de la valeur des matériaux que l'auteur de l'exhaussement a retirés du mur qu'il a démoli.

IV. — Mais si l'auteur de l'exhaussement a donné au mur mitoyen, en le reconstruisant, une épaisseur plus forte que celle qui était nécessaire pour porter ledit exhaussement, soit en fondation, soit en élévation, le voisin qui acquiert la mitoyenneté de l'exhaussement, n'est obligé d'acheter ni la construction faite en excédant de l'épaisseur nécessaire, ni le sol indispensable pour la porter.

Dépenses inusitées ou inutiles à rejeter par l'acquéreur.

Et si l'auteur de l'exhaussement a reconstruit le mur mitoyen avec des matériaux plus coûteux qu'on ne le fait habituellement, le voisin qui acquiert la mitoyenneté de l'exhaussement a le

13

660

droit de ne payer que la valeur des matériaux ordinairement employés pour le même objet dans la localité, à moins qu'il n'emploie lui-même, dans l'ensemble de sa construction, des matériaux équivalents à ceux qui sont entrés dans la reconstruction du mur mitoyen.

Remboursement de l'indemnité de la charge.

V. — L'indemnité de la charge doit toujours être remboursée à l'auteur de l'exhaussement, proportionnellement à la partie de cet exhaussement qui devient mitoyenne.

Indemnités locatives non remboursables.

VI. — Mais les indemnités qui ont pu être données à des tiers occupants, comme il est dit au paragraphe X du commentaire de l'article 655, ne sont jamais sujettes à remboursement.

Prolongement des tuyaux de cheminée adossés.

VII. — Le voisin qui n'a pas contribué à l'exhaussement, mais qui se voit contraint d'en acquérir partiellement la mitoyenneté pour prolonger des tuyaux de cheminée adossés au mur mitoyen, n'est pas tenu de concourir aux dépenses et aux frais accessoires que l'exhaussement a entraînés. Il ne doit que la moitié de la valeur de la portion de mur qu'il doit rendre mitoyenne, et les règles de cette acquisition sont tracées à l'article 661.

Cassation, 1er décembre 1813, 5 décembre 1814.

Art. **661.** — Tout propriétaire joignant un mur, a de même la faculté de le rendre

mitoyen en tout ou en partie, en rembour- 661
sant au maître du mur la moitié de sa valeur,
ou la moitié de la valeur de la portion qu'il
veut rendre mitoyenne, et moitié de la valeur
du sol sur lequel le mur est bâti.

C. C. 659, 660, 676.

Cout. de Paris, art. 194, p. 78.

I. — La faculté donnée à tout propriétaire de   Exceptions
rendre mitoyen un mur joignant son héritage,
ne s'étend pas au cas où le mur dépend d'un
édifice public, ou d'un édifice communal ayant
le caractère et la destination d'un édifice public.

Mais si l'édifice, aliéné par le domaine public
ou par la commune, devient propriété privée,
il rentre dans le droit commun.

II. — La faculté de rendre mitoyen un mur
joignant un héritage ne s'étend pas à une clôture en planches ou à un treillage.

III. — En dehors du cas spécial prévu au pa-   La faculté
ragraphe 1er, la faculté donnée à tout proprié-   d'acquérir est
taire de rendre mitoyen un mur joignant son   absolue.
héritage est absolue.

Ce propriétaire n'est jamais tenu de rendre
compte des motifs qui le déterminent à user de
cette faculté. Il peut le faire dans le seul but de

661

contraindre son voisin à boucher des jours de souffrance.

IV. — La faculté donnée à tout propriétaire de rendre mitoyen un mur joignant son héritage, devient une obligation pour lui s'il veut faire bâtir contre ce mur.

Nul ne peut, en effet, adosser un ouvrage à un mur séparatif, que ce mur joigne seulement son héritage (*Fig.* 16), ou qu'il soit assis moitié

Fig. 16.

d'un côté, moitié de l'autre de la ligne séparative, ni en user d'aucune manière, sans l'avoir rendu mitoyen et sans en avoir au préalable payé le prix.

661

V. — Cependant un propriétaire peut, sans acquérir la mitoyenneté d'un mur séparatif, revêtir le parement de ce mur, de son côté, d'un enduit et le couvrir de peinture. Mais il ne peut y appliquer ni échelons, ni saillies, ni moulures, ni enseignes, ni treillages, ni plantes.

Enduits, peintures Échelons, saillies, etc.

Fig. 17.

661

Obligation
d'acquérir la
partie inférieure
en acquérant la
partie supérieure.

VI. — L'obligation de rendre mitoyenne la portion du mur séparatif à laquelle on veut adosser un ouvrage, implique celle de rendre également mitoyenne la partie inférieure dudit mur, si ledit ouvrage n'existe qu'à une certaine hauteur au-dessus du sol. (*Fig. 17 et* 18.)

Fig. 18.

Lorsqu'il s'agit d'un tuyau de cheminée qu'un motif quelconque oblige à dévoyer de la ligne verticale, c'est l'aplomb pris du point le plus

661

saillant, du côté où ce tuyau est incliné, qui détermine la partie de mur à acquérir (*Fig.* 19).

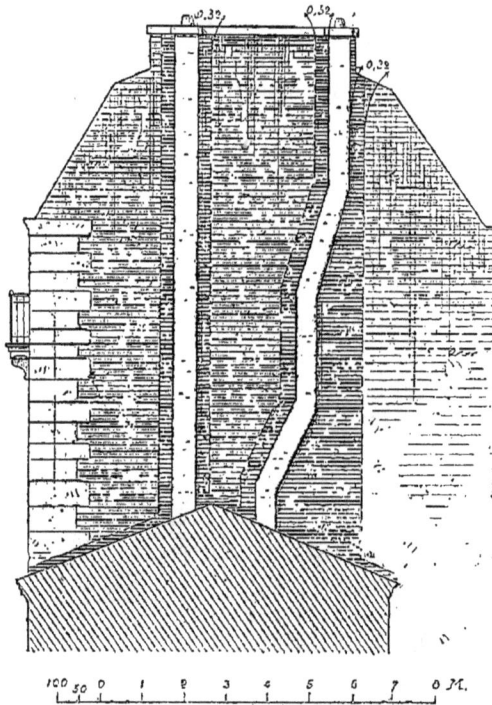

Fig. 19.

VII. — Le propriétaire qui veut rendre mitoyenne une portion du mur séparatif pour y adosser un ouvrage doit acquérir, en sus de la place occupée par cet ouvrage, de chaque côté, une bande de trente-deux centimètres, dite *pied d'aile*, et au-dessus une bande de seize centimètres, dite *solin*.

Pieds d'aile et solin.

661

Si l'ouvrage à adosser est un ouvrage en en-corbellement tel que celui qui est représenté figure 17, la bande de solin doit être comptée au-dessus du niveau supérieur des traverses qui, couronnant les poteaux, seront scellées dans le mur.

Mais si cet ouvrage est un balcon tel que celui qui est représenté figure 18, l'acquisition d'une bande de solin au-dessus de la partie occupée, c'est-à-dire au-dessus du sol de ce balcon, ne suffit plus. La mitoyenneté du mur auquel on veut l'adosser doit être acquise dans la hauteur de 1 mètre 90 centimètres, hauteur exigée pour l'appui d'un jour de souffrance.

Fondation.

VIII. — Le propriétaire qui veut rendre mitoyen le mur joignant son héritage, est tenu d'en acheter la fondation jusqu'au sol suffisamment solide pour le porter.

Dénonciation de la volonté d'acquérir la mitoyenneté.

IX.— Le propriétaire qui veut rendre mitoyen, en tout ou en partie, un mur joignant son héritage, doit dénoncer son intention au maître de ce mur, en indiquant, au moyen d'une figure, les parties dont il entend acquérir la mitoyenneté.

Établissement du compte.

X. — Le maître du mur fixe la valeur des parties dont son voisin achète la mitoyenneté au moyen d'un compte établi par lui aux frais de l'acquéreur.

Les frais de dénonciation, de vérification, et de libération du prix sont à la charge de l'acquéreur de la mitoyenneté; ceux qui peuvent survenir, s'il y a litige, restent à la charge de celui qui succombe dans sa prétention.

661

XI. — La valeur du mur ou des parties de mur dont le voisin acquiert la mitoyenneté doit être fixée au moyen des prix ayant cours au moment de la vente.

Cependant cette valeur peut être abaissée en raison de la vétusté du mur, ou de toute détérioration capable de motiver une dépréciation.

Les honoraires payés à l'architecte qui a dirigé la construction du mur sont ajoutés à sa valeur vénale, proportionnellement aux parties à acquérir, pour être remboursés par moitié au maître du mur.

Évaluation du mur.

XII. — Lorsqu'il existe des jours de souffrance dans le mur séparatif, le prix de la mitoyenneté doit être fixé sans tenir compte des vides et comme si ces jours n'existaient pas. Mais le maître du mur doit les faire boucher immédiatement, en toute épaisseur, à ses frais, en maçonnerie semblable à celle de ce mur.

Les linteaux doivent toujours être enlevés.

Bouchement des jours de souffrance.

XIII. — La loi ne détermine ni l'épaisseur à donner à un mur mitoyen ou susceptible de le devenir, ni les matériaux à employer dans sa construction. Ce sont les usages locaux qui tracent des règles à cet égard dans chaque contrée.

Dépenses inusitées ou inutiles à rejeter par l'acquéreur.

661 Lorsque ces usages n'ont pas été suivis dans la construction du mur, soit qu'une épaisseur inusitée lui ait été donnée, soit que des matériaux, relativement luxueux, y aient été employés, le propriétaire qui en achète la mitoyenneté n'est tenu de payer ni la valeur de la construction, faite en excédant de l'épaisseur ordinaire, ni celle de matériaux autres que ceux habituellement en usage pour le même objet, à moins, cependant, qu'il n'ait lui-même besoin d'un mur d'une épaisseur exceptionnelle, ou qu'il n'emploie, dans l'ensemble de ses travaux, des matériaux équivalents à ceux qui sont entrés dans la construction du mur qu'il veut acquérir.

XIV.— Lorsque les fondations d'un mur séparatif ont été descendues plus profondément qu'il n'est nécessaire pour la solidité dudit mur, c'est-à-dire en contre-bas du sol suffisant pour le porter, le propriétaire qui veut acheter la mitoyenneté de ce mur n'est pas tenu d'acquérir la partie des fondations située en contre-bas du bon sol, à moins qu'il ne l'utilise.

Obligation pour le vendeur de payer l'indemnité de la charge.

XV. — Lorsque le maître d'un mur vend la mitoyenneté de la partie inférieure de ce mur, dans quelque hauteur que ce soit, il doit payer à l'acquéreur l'indemnité de la charge pour la partie supérieure qui reste sa propriété.

Cette indemnité est due à l'acquéreur, bien qu'il n'achète pas la mitoyenneté des basses fondations, son droit étant de s'arrêter au sol

661

suffisant pour porter la portion de mur qu'il
acquiert, et l'excédant de profondeur des fondations ne pouvant diminuer en aucune façon
le préjudice causé par la charge.

Cassation, 1ᵉʳ décembre 1813, 19 janvier 1825, 5 décembre 1838, 29 février 1848, 3 juin 1850, 23 juillet 1850, 16 juin 1856, 15 décembre 1857, 18 juillet 1859, 27 janvier 1860, 26 mars 1862, 2 février
1863, 17 février 1864.

ART. **662**. — L'un des voisins ne peut pratiquer dans le corps d'un mur mitoyen
aucun enfoncement, ni y appliquer ou appuyer aucun ouvrage sans le consentement
de l'autre, ou sans avoir, à son refus, fait
régler par experts les moyens nécessaires pour
que le nouvel ouvrage ne soit pas nuisible.

C. C. 657 et suiv.

C. Pr. civ. 302.

I. — La loi, en exigeant le consentement des
deux voisins pour qu'un enfoncement puisse
être pratiqué dans le corps du mur mitoyen,
admet implicitement que ces deux voisins ont
le droit d'y établir des vides d'un commun accord.

Des ordonnances récentes de la préfecture de
la Seine et de la préfecture de police ont res-

Nouvelles
ordonnances
administratives.
Tuyaux
de cheminée.

662

treint ce droit en interdisant aux propriétaires constructeurs dans Paris d'établir des tuyaux de cheminée dans l'épaisseur des murs mitoyens.

Ces ordonnances sont trop nouvelles pour que leur application ait donné lieu à aucune jurisprudence.

Dénonciation
préalable des
travaux projetés.

II. — L'interdiction faite à chaque voisin de toucher au mur mitoyen sans le consentement de l'autre, implique également pour chacun l'obligation de faire connaître, au copropriétaire dudit mur, les travaux projetés avant tout commencement d'exécution.

Expertise
postérieure à
l'exécution.

III. — Cependant l'obligation de faire régler par experts, au refus du voisin, les moyens nécessaires pour que l'ouvrage pratiqué par l'un des copropriétaires du mur mitoyen ne soit pas nuisible à l'autre, n'a pas pour conséquence forcée la démolition dudit ouvrage, s'il a été exécuté, sous prétexte que l'expertise n'a pas eu lieu préalablement à son exécution.

Cassation, 30 mai 1842, 7 janvier 1845, 7 avril 1858, 1er juillet 1861, 20 novembre 1876.

Clôture
obligatoire,

ART. **663**. — Chacun peut contraindre son voisin, dans les villes et faubourgs, à contribuer aux constructions et réparations de la clôture faisant séparation de leurs maisons, cours et jardins assis èsdites villes et faubourgs : la hauteur de la clôture sera fixée suivant les règlements particuliers ou les usages constants et reconnus; et, à défaut d'usages et de règlements, tout mur de séparation entre voisins, qui sera construit ou rétabli à l'avenir, doit avoir au moins trente-deux décimètres (dix pieds) de hauteur, compris le chaperon, dans les villes de cinquante mille âmes et au-dessus, et vingt-six décimètres (huit pieds) dans les autres.

C. C. 655,656 et suiv.

I. — L'obligation de contribuer à la clôture, dans les villes et faubourgs, n'existe que pour les propriétaires d'immeubles consistant en maisons, cours et jardins. Elle n'atteint point ceux qui ne possèdent que des pièces de terre en culture.

Mais l'obligation de livrer le sol nécessaire à l'établissement de la clôture existe pour chacun, dans tous les cas, auxdits lieux.

II. — Dans les localités où la clôture est obligatoire, cette clôture doit être établie moitié sur l'un, moitié sur l'autre des deux héritages qu'il s'agit de séparer.

663

Limites de l'obligation.

663

III. — Lorsqu'un ouvrage a été élevé sur l'un des deux héritages, soit par le propriétaire, soit par un tiers occupant, à une distance assez faible de l'héritage voisin pour qu'il ne soit pas possible de bâtir un mur séparatif assis moitié sur l'un, moitié sur l'autre et construit dans les conditions d'épaisseur en usage dans la localité, cet ouvrage doit être démoli, à la requête du voisin qui exige la clôture, aux frais, risques et périls du propriétaire qui l'a fait ou laissé élever dans ces conditions, sans préjudice de son recours contre qui de droit.

Obligation
d'acquérir la
mitoyenneté.

IV. — En vertu de l'obligation imposée à tous les propriétaires de contribuer à la construction de la clôture faisant séparation entre leurs maisons, cours et jardins, dans les villes et faubourgs, celui qui, le premier, a construit cette clôture, est en droit de contraindre son voisin à en acquérir la mitoyenneté dans la hauteur prescrite par la loi.

Mode de
construction et
dimensions des
murs séparatifs.

V. — Le mode de construction et les dimensions des murs séparatifs, entre maisons, cours et jardins, restent fixés par les usages locaux et les règlements particuliers, la loi étant muette à cet égard.

A défaut d'usages et de règlements, le législateur n'a prescrit que des mesures de hauteur applicables aux murs de clôture seulement.

L'usage à Paris, aujourd'hui, est de construire en moellons les murs formant séparation entre maisons, et de leur donner soixante-cinq centimètres d'épaisseur en fondation et cinquante centimètres d'épaisseur en eléva-tion.

L'emploi de matériaux d'une qualité inférieure est interdit, et chaque voisin peut refuser de les accepter.

L'emploi, de matériaux d'une qualité supé-rieure est considéré comme luxueux, et chaque voisin peut refuser d'en supporter la'dépense, à moins qu'il n'en emploie lui-même de sembla-bles dans sa construction.

663

Lorsque, dans la partie contiguë au mur sé-paratif, les deux murs de face sont percés cha-cun d'une baie ayant deux mètres et plus de largeur, à laquelle l'extrémité du mur séparatif doit servir d'écoinçon, cette extrémité doit être construite en pierres de taille dans la hauteur de ces deux baies, ou dans la hauteur de la plus élevée des deux, si elles sont inégales. Cette pile en pierre porte le nom de *jambe étrière*. (*Fig.* 20.)

Jambe étrière.

Lorsque l'un des murs de face est percé d'une baie ayant deux mètres et plus de largeur, tandis que l'autre est plein ou percé d'une baie ayant moins de deux mètres de largeur à proxi-mité du mur séparatif, l'extrémité de ce mur doit encore être construite en pierres de taille de manière à former jambe étrière pour le pre-

Jambe étrière et boutisse.

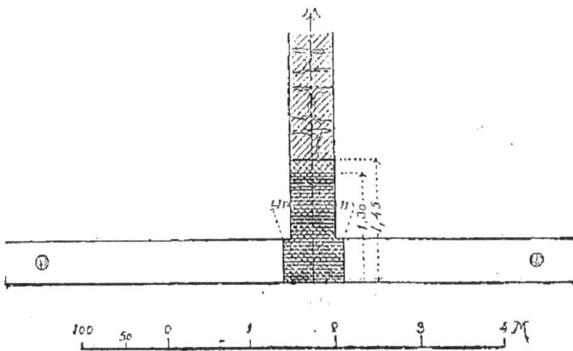

663

Fig. 20.

mier et seulement jambe boutisse pour le second. (*Fig.* 21.)

663

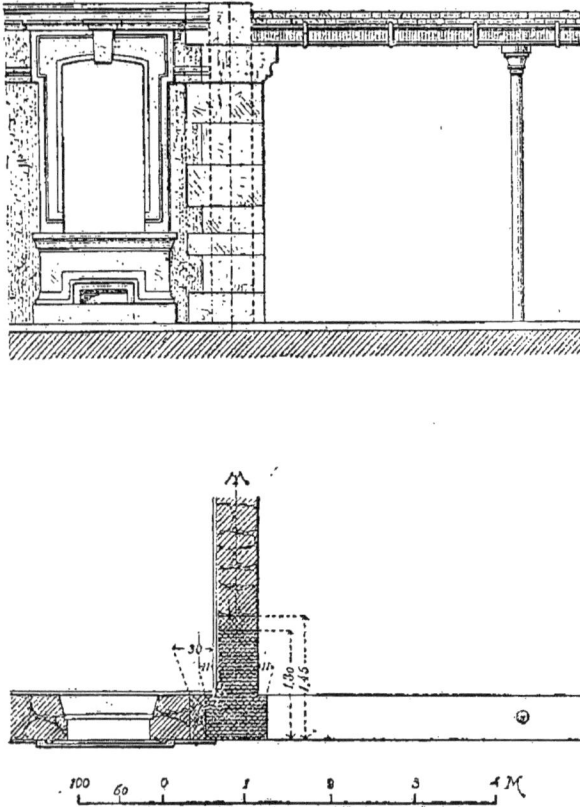

Fig. 21.

On appelle *jambe boutisse* une pile en

Jambe boutisse.

14

663   pierre servant à former liaison entre deux murs
à leur rencontre. (*Fig.* 22.)

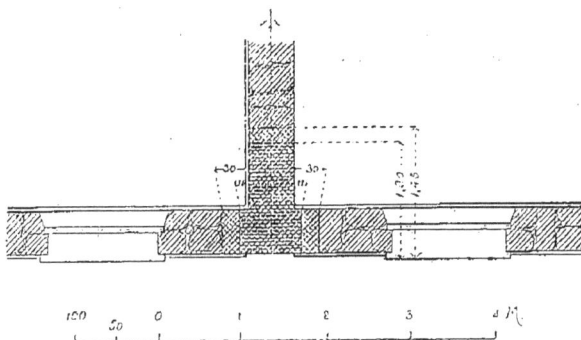

Fig. 22.

Lorsque les deux murs de face sont pleins ou
percés d'ouvertures dont la largeur est inférieure à deux mètres, il n'y a aucune obligation
de construire en pierres de taille l'extrémité du
mur séparatif. Cependant, si les deux voisins
sont d'accord pour adopter ce mode de construction, les assises de pierre doivent être établies de manière à former jambe boutisse pour
les deux immeubles.

Construction
d'une jambe
étrière.

Une jambe étrière doit être formée d'assises
de pierre dure d'un seul morceau évidé pour
former écoinçon de chaque côté ; la pile elle-
même doit avoir une épaisseur égale à celle du
mur séparatif, et chaque écoinçon doit y ajouter
une saillie qui ne peut être inférieure à onze
centimètres. Les assises doivent être alternativement longues et courtes pour se lier avec la

maçonnerie du mur séparatif. Les longues doivent porter du parement de face à l'extrémité de la queue un mètre quarante-cinq centimètres, et les courtes un mètre trente centimètres (1).

663

Une jambe boutisse n'est astreinte qu'à la condition de former liaison suffisante entre les murs qu'elle réunit.

La jambe étrière doit reposer sur un libage placé un peu au-dessous du niveau du sol de la voie publique et couronnant la fondation des murs de face et du mur séparatif à leur point de rencontre. Il n'existe ni prescription légale, ni nécessité de construction qui obligent à descendre la fondation d'une jambe étrière en pierre au-dessous du libage.

Fondation d'une jambe étrière.

Il en est de même pour la jambe boutisse.

Malgré les règles qui précèdent, chacun des voisins conserve toujours le droit de faire abattre les écoinçons et les harpes que l'autre aurait établis de son côté en édifiant le mur sé-

Écoinçons et harpes.

---

(1) La Société Centrale des Architectes maintient ici les dimensions qu'elle a indiquées dans la première édition de cet ouvrage, en s'appuyant de l'autorité de Desgodets, comme applicables à toute construction neuve. Cependant un certain nombre de constructeurs persistent à penser que la longueur des assises d'une jambe étrière peut être réduite à un mètre trente centimètres pour les longues, et un mètre quinze centimètres pour les courtes sans inconvénient, attendu que les matériaux employés aujourd'hui pour cet objet offrent une plus grande résistance que ceux dont on usait autrefois.

Cette opinion ne saurait être repoussée d'une façon absolue et la Société n'entend pas qu'on puisse arguer des dimensions qu'elle adopte pour demander la démolition d'une jambe étrière qui ne les présenterait pas.

663

paratif s'il n'a point de constructions qui, par leur nature, en exigent le maintien.

Piles, dosserets, corbeaux, etc.

VI. — Chacun peut incorporer dans le mur séparatif, au moment de sa construction, les piles, dosserets, corbeaux et sommiers nécessaires à sa maison; il doit alors se conformer aux prescriptions indiquées dans le § VIII du commentaire de l'article 657.

Pan de bois séparatif.

VII. — Aucune prohibition légale n'empêche de séparer deux maisons par un pan de bois; cependant ce mode de construction doit être repoussé pour les murs séparatifs à raison du danger qui résulterait de l'existence d'un pan de bois entre deux maisons en cas d'incendie.

Murs de clôture entre cours et jardins.

VIII. — L'usage à Paris, aujourd'hui, est de construire les murs formant séparation entre cours et jardins comme les murs formant séparation entre maisons.

Murs de clôture entre jardins et marais.

Cependant on admet comme formant séparation suffisante entre les jardins et les terrains employés à la culture maraîchère des murs construits en moellons hourdés en terre renforcés de chaînes d'un mètre de largeur hourdées en plâtre ou en mortier. On place ces chaînes à la distance de quatre mètres environ d'axe en axe, et aux angles s'il y a lieu.

Répartition des dépenses.

IX. — Chacun contribue à la dépense occasionnée par la construction du mur séparatif selon les besoins de sa maison, c'est-à-dire selon la profondeur de ses fondations et la hauteur de son héberge.

En cas d'inégalité de hauteur, le propriétaire

du bâtiment le plus élevé paye l'indemnité de
la charge au propriétaire de celui qui l'est le
moins.

X. — Lorsqu'il entre de la pierre de taille
dans la construction du mur séparatif, qu'il s'a-
gisse de la jambe étrière ou de piles, dosserets
et corbeaux, celui des deux voisins auquel cette
pierre est inutile n'est point obligé de supporter
la plus-value qui en résulte; il contribue à la
construction de ces parties en payant seulement
la moitié d'un cube équivalent de maçonnerie
semblable au reste du mur.

XI. — Lorsqu'il s'agit d'établir un mur de
clôture entre deux propriétés dont les sols naturels ne sont pas au même niveau, la profondeur de la fondation doit être mesurée à partir
du niveau du sol inférieur et la hauteur de l'é-
lévation à partir du niveau du sol supérieur.
(*Fig.* 23.)

Mur de clôture
entre propriétés
de niveaux
différents.
Sols naturels.

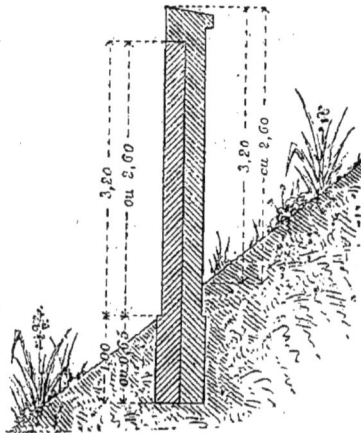

Fig. 23.

663   Chaque propriétaire contribue à la construction et à l'entretien de la fondation.

Le propriétaire de l'héritage inférieur ne contribue à la construction et à l'entretien de la clôture, en élévation, que dans la hauteur légale mesurée à partir du sol de sa propriété.

Le propriétaire de l'héritage supérieur supporte seul la dépense de la construction et de l'entretien de la surélévation nécessaire pour atteindre la hauteur légale au dessus de son sol. Il paye en outre l'indemnité de la charge, à son voisin.

Lorsqu'il est nécessaire de faire un mur [de soutènement ou un contre-mur pour soutenir les terres de l'héritage supérieur, ce mur de soutènement ou ce contre-mur doit être fait sur cet héritage, aux frais du propriétaire. (*Fig.* 24.)

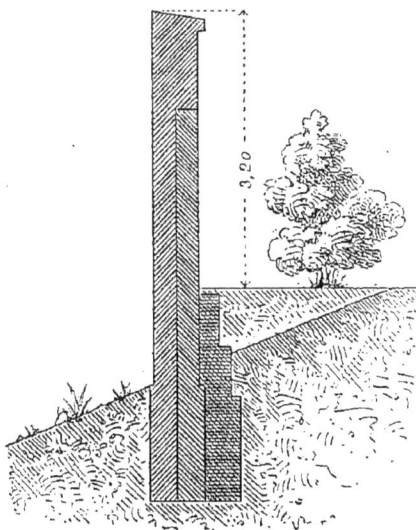

Fig. 24.

XII.— Il en est de même, à plus forte raison, si le propriétaire de l'héritage supérieur a remblayé son sol et est devenu ainsi l'auteur de la différence des niveaux. Il doit alors construire le contre-mur, surélever la clôture, supporter toutes les conséquences de cette surélévation, et payer l'indemnité de la charge à son voisin.

663

Sol supérieur remblayé.

XIII. — Mais, si le propriétaire de l'héritage inférieur a amené la différence des niveaux en déblayant le sol de son côté, c'est alors à lui qu'incombe l'obligation de faire les travaux nécessaires pour soutenir les terres de son voisin ; et, si ces travaux consistent en un mur de soutènement ou un contre-mur, c'est lui qui doit fournir le terrain nécessaire pour l'asseoir. (*Fig.* 25.)

Sol inférieur déblayé.

Cassation, 27 novembre 1827, 14 mai 1828, 1er juillet 1857.

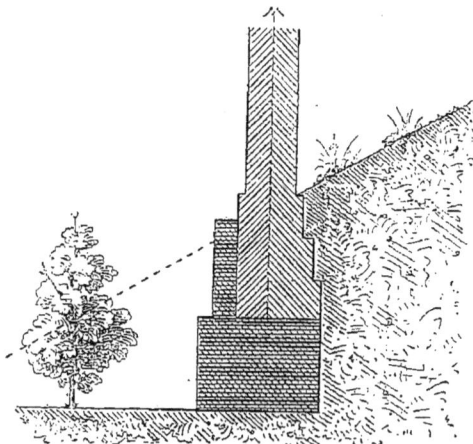

Fig. 25.

USAGES LOCAUX

(Extrait des *Codes français* de TRIPIER, édition citée.)

CODE CIVIL, ART. 663.

Coutume d'Amiens.

ART. 25. — Un chacun doit closture suffisante de pierre, brique, blocail, moillon ou pallis de sept pieds de hauteur pour le moins, d'une part et d'autre à l'encontre de son voisin, et non plus si bon ne lui semble.

Coutume de Calais.

ART 195. — Chacun peut contraindre son voisin à contribuer pour faire clôtures faisant séparations de leurs maisons, cours et jardins, assis en ladite ville de Calais, jusqu'à la hauteur de neuf pieds de haut du rez-de-chaussée, compris le chaperon.

Coutume de Chaalons.

ART. 134. — Ès villes et fauxbourgs le voisin peut contraindre son voisin à se clore à l'encontre de lui, de muraille moitoyenne, jusques à neuf pieds à prendre du raiz de terre et chaussée, et là où ledit voisin serait refusant d'y contribuer, et ne voudrait rembourser son autre voisin qui l'aurait fait faire, six mois après sommation deuement faicte, toute icelle muraille doit demeurer propre à celuy qui l'aura fait faire, si bon lui semble. Et le pareil doit estre gardé pour les derniers deshoursez et avancez à l'entretenement et réparation de la muraille ja faicte.

ART. 139. — Ou entre places, cours, jardins et autres lieux estans en ville, n'y aurait muraille ou cloison, l'un des voisins en peut faire, et à cette cause, prendre également et raisonnablement terre sur son voisin en fond commun. Et quant à celuy qui n'aura basty ladite muraille, et voudra bastir et s'aider d'icelle, sera tenu de rembourser celuy qui l'auroit fait faire de la moictié des frais, et prorata de ce, dont il se voudra aider.

Coutume de Dourdan.

ART. 59. — Le voisin peut contraindre son voisin à clorre entre leurs héritages de murailles de hauteur de sept pieds hors terre dedans Dourdan, soit en maisons, jardins et héritages.

Coutume d'Estampes.

ART. 79. — Les clostures ès villes et fauxbourgs doivent estre de murailles hautes de douze pieds pour les courts, et de neuf pieds pour les jardins, outre les fondemens.

Coutume de Laon.

ART. 270. — Ès villes de la prévosté foraine de Laon, le voisin peut contraindre son voisin à soy clorre à l'encontre de luy de murailles jusques à neuf pieds de hauteur, à prendre du rez de chaussée.

Coutume de Meleun.

ART. 197. — Les clostures ès villes et fauxbourgs doivent estre de murailles hautes de neuf pieds, pour les courts; et de huict pour les jardins, outre les fondemens.

Coutume d'Orléans.

ART. 236. — Entre deux héritages joignans et contigus l'un l'autre, assis en la ville d'Orléans, et autres villes du bailliage,

663

et entre les maisons et courts joignans et contigus l'un l'autre, assis ès fauxbourgs de ladite ville d'Orléans, le seigneur de l'un desdits héritages peut contraindre l'autre seigneur faire à communs despens mur de closture. Toutes fois n'est tenu de le faire sinon de pierre et terre, et d'un pied et demy d'espesseur, de deux pieds de fondement, et sept pieds de haut au-dessus des terres.

Coutume de Paris.

ART. 209. — (Voir p. 81.)

Coutume de Rheims.

ART. 361. — Si deux édifices contiguz, sont de nouvel, ou par la ruine d'un mur moitoyen, ou de toute ancienneté desclos, le propriétaire de l'un desdits édifices se voulant clorre contre son voisin, pourra, au refus de sondit voisin, faire entièrement construire et édifier ladicte closture, jusques à douze pieds de roi à rez de chaussée, outre et par dessus les fondemens, ès dites cité et ville, et jusques à neuf pieds ès fauxbourgs d'icelle à ses dépens, la moitié desquels il repetera sur sondit voisin. Et où ledict voisin seroit refusant de le rembourser d'icelle moitié, six mois après sommation de ce faire par luy deuement faite, toute ladite closture et muraille demeurera propre à celui qui l'aura fait faire, si bon luy semble.

ART. 370. — Si aucun ayant héritage ne peut contribuer à faire closture, soit dans ou hors la ville, il sera quitte, si bon lui semble, de bailler de sa place à l'estimation raisonnable, que le mur pourra couster, et vaut tel mur pour closture seulement. Et si la partie veut édifier plus haut, il s'en fait comme cy-devant est escrit.

Coutume de Sedan.

ART. 281. — Quand aucun édifie ou fait dresser un mur, qui soit metoyen et commun à lui et à son voisin, ledit voisin

663

qui a moitié audit mur, encores qu'il n'édifie, doit contribuer aux frais qui se feront à la réédification d'iceluy, tant ès fondemens, qu'à huict pieds hors de terre, à rez de chaussée; et s'il ne veut au pardessus contribuer, et que l'antre néantmoins réédifie ledit mur, celuy qui aura refusé contribuer, ne pourra plus après édifier ne soy aider dudit mur au dessus desdits huict pieds, sinon en payant moitié des frais et despens, qui auront été faits pour iceluy édifier au dessus desdits huict pieds, jusques à telle hauteur et largeur qu'il estendra son édifice.

Art. **664**. — Lorsque les différens étages d'une maison appartiennent à divers propriétaires, si les titres de propriété ne règlent pas le mode de réparations et reconstructions, elles doivent être faites ainsi qu'il suit :

Maisons appartenant à divers propriétaires.

Les gros murs et le toit sont à la charge de tous les propriétaires, chacun en proportion de la valeur de l'étage qui lui appartient.

Le propriétaire de chaque étage fait le plancher sur lequel il marche.

Le propriétaire du premier étage fait l'escalier qui y conduit; le propriétaire du second étage fait, à partir du premier, l'escalier qui conduit chez lui, et ainsi de suite.

C. C. 655, 815.

I. — La réparation et la reconstruction de la fosse d'aisances et du ventilateur sont à la charge de tous les propriétaires, chacun en raison du

Fosse d'aisances.

664

nombre d'étages qu'il possède. Il en est de même des cabinets d'aisances communs.

Lorsqu'il y a des cabinets d'aisances particuliers à chaque étage, chaque propriétaire a à sa charge l'entretien du tuyau de chute depuis le branchement du siége de son étage, jusqu'au branchement du siége de l'étage supérieur.

Reconstruction
d'un plancher.
Niveau.

II. — Lorsqu'il y a lieu de reconstruire le plancher qui sépare deux étages appartenant à deux propriétaires différents, c'est le point le plus élevé de l'arasement sur lequel reposent les pièces de charpente de ce plancher qui en indique le niveau primitif et qui, par conséquent, détermine la position que doit occuper le plancher à construire. (*Fig.* 26.)

Fig. 26.

III. — Chaque propriétaire peut faire, dans l'étage qui lui appartient, telles modifications que bon lui semble, à la condition de ne porter aucune atteinte à la grosse construction.

IV. — Lorsqu'une fosse d'aisances est commune à deux ou à plusieurs maisons, chaque propriétaire a le droit d'augmenter, dans sa maison, le nombre des siéges, ou d'en modifier le système. Mais s'il en résulte une vidange plus fréquente et, par suite, une augmentation de dépense, il doit supporter seul cette augmentation.

V. — La réparation et la reconstruction d'une fosse d'aisances commune à deux ou à plusieurs maisons sont à la charge de tous les propriétaires qui y ont droit. Chacun d'eux y contribue également, quelles que soient la situation de la fosse par rapport à son immeuble et la manière dont il en use.

VI. — Lorsque le trou d'extraction d'une fosse d'aisances commune à deux ou à plusieurs maisons est situé dans l'une d'elles, de telle sorte que cette maison est grevée de la charge de supporter la vidange au bénéfice des autres qui en sont ainsi dispensées, l'usage est que le propriétaire qui souffre la vidange ne contribue à la dépense qu'elle entraîne que pour moitié de la somme payée par chacun des autres ayants droit.

664

Droits et obligations de chaque propriétaire.

Fosse d'aisances commune. Siéges.

Réparation et reconstruction.

Vidange.

665

ART. **665.** — Lorsqu'on reconstruit un mur mitoyen ou une maison, les servitudes actives et passives se continuent à l'égard du nouveau mur ou de la nouvelle maison, sans toutefois qu'elles puissent être aggravées, et pourvu que la reconstruction se fasse avant que la prescription soit acquise.

C. C. 655, 703, 704, 707, 2262, 2265.

Voir § IV, commentaire de l'art. 655.

Reconstruction.

I. — Lorsqu'on reconstruit un mur mitoyen, le mur reconstruit doit être le même que le mur démoli, ainsi que cela a été dit dans le § IV du commentaire de l'article 655 du Code civil.

Constat préalable.

II. — Lors donc qu'il y a lieu de démolir un mur mitoyen pour le reconstruire, il est indispensable d'en constater l'état d'un commun accord entre tous les ayants droit, ou de faire constater cet état judiciairement, afin de conserver les moyens de réédifier un mur identique à celui qui va disparaître.

Reconstruction d'une maison. Constat préalable.

III. — La constatation préalable, soit amiablement, soit judiciairement, de toutes les servitudes actives et passives à l'égard d'une maison qu'il y a lieu de démolir et de reconstruire, est également indispensable afin de conserver les moyens de rétablir les choses dans le même état.

IV. — La prescription étant un moyen de se libérer, toute servitude s'éteint si celui au profit duquel elle est établie reste sans en jouir pendant trente ans.

665

Prescription.

ART. **666.** — Tous fossés entre deux héritages sont présumés mitoyens s'il n'y a titre ou marque du contraire.

Fossé mitoyen.

C. C. 653, 667 et s., 1350, 1352.

C. Pr. C. 456.

Voir *Fig.* 27.

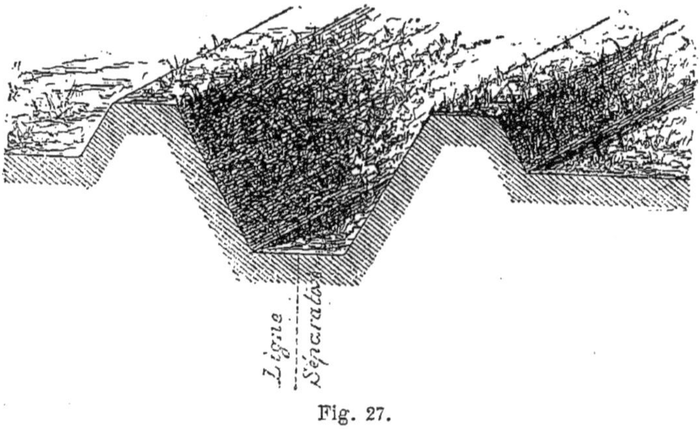

Fig. 27.

ART. **667.** — Il y a marque de non-mitoyenneté lorsque la levée ou le rejet de la terre se trouve d'un côté seulement du fossé.

Fossé non mitoyen.

C. C. 666, 668, 1350, 1352.

667

Présomption
de propriété du
franc-bord.

Les usages locaux prescrivant à celui qui veut clore son héritage par un fossé, de laisser un certain espace ou *franc-bord* entre son fossé et l'héritage voisin, doivent toujours être observés ; en conséquence, dans les localités où ces usages sont en vigueur, le propriétaire du fossé est présumé propriétaire du *franc-bord*. (*Fig.* 28.)

Cassation, 11 avril 1848.

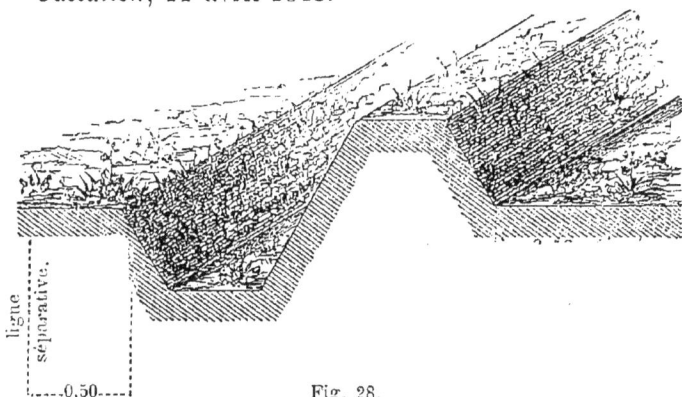

Fig. 28.

Présomption
de propriété du
fossé.

ART. **668.** — Le fossé est censé appartenir exclusivement à celui du côté duquel le rejet se trouve.

C. C. 667, 1350, 1352.

Obligation
de laisser
le franc-bord.

I. — Le propriétaire qui sépare son héritage de l'héritage voisin au moyen d'un fossé entièrement pris sur sa propriété, doit laisser entre la crête de ce fossé et la ligne de séparation des deux héritages un espace suffisant pour qu'un éboulement, s'il se produit, ne puisse entamer le terrain voisin.

II. — Lorsqu'un bois particulier est séparé d'un bois domanial par un fossé, il y a présomption que le fossé appartient au propriétaire du bois particulier et qu'il lui a été imposé en conformité de l'édit d'Août 1669, disposition dont un arrêté du 12 Pluviôse, an VI (7 février 1798), a recommandé l'exécution aux agents forestiers.

668

Fossés entre les
bois domaniaux
et les bois
particuliers.

III. — Cependant, en vertu des prescriptions du Code forestier, la séparation entre les bois et forêts de l'État et les propriétés riveraines peut être requise soit par l'administration forestière, soit par les propriétaires riverains; et, lorsque la séparation est effectuée par des fossés de clôture, il sont exécutés aux frais de la partie requérante et pris en entier sur son terrain. (*C. For.*, art. 8 et 14.)

Cassation, 22 février 1827, 16 mars 1831, 12 août 1851, 22 juillet 1861.

ART. **669**. — Le fossé mitoyen doit être entretenu à frais communs.

Entretien.

C. C. 655.
Voir *Fig.* 27, p. 223.

ART. **670**. — Toute haie qui sépare des héritages est réputée mitoyenne, à moins qu'il n'y ait qu'un seul des héritages en état

Haie mitoyenne.

15

670

de clôture, ou s'il n'y a titre ou possession suffisante au contraire.

C. C. 653 et s., 666 et s., 673, 1350, 1352, 2228, 2262, 2265.

C. Pr. c. 3, 23 et s.

C. Pén. 456.

Cassation, 13 décembre 1836.

Plantation
des arbres
de haute tige
et des haies.

671. — Il n'est permis de planter des arbres de haute tige qu'à la distance prescrite par les règlemens particuliers actuellement existans ou par les usages constans et reconnus, et, à défaut de règlemens et usages, qu'à la distance de deux mètres de la ligne séparative des deux héritages pour les arbres à haute tige, et à la distance d'un demi-mètre pour les autres arbres et haies vives.

C. C. 544, 552 et s., 672 et s.

La distance de deux mètres fixée par le Code, pour la plantation des arbres de haute tige, n'est prescrite qu'à défaut de règlements particuliers ou d'usages locaux.

A Paris et dans sa banlieue, il n'y a point de règlements et la Coutume ne prescrivait rien à cet égard; mais il y a un usage constant et] reconnu, celui de n'observer aucun minimum de distance.

Cassation, 9 juin 1815, 2 mars 1828, 5 mars 1850, 671
13 mars 1850, 14 avril 1852, 9 mars 1853, 12 janvier 1856, 24 juillet 1860, 12 février 1861, 25 mars 1862, 22 juin 1863.

USAGES LOCAUX

(Extrait des *Codes français* de TRIPIER, édition citée.)

CODE CIVIL, ART. 671.

Coutume d'Orléans.

ART. 269. — Il n'est loisible planter ormes, noyers ou chesnes au vignoble du bailliage d'Orléans, plus près des vignes de son voisin, que de quatre toises, ne de planter hayes vifves plus près de l'héritage de son voisin que de pied et demy ; et sera ladite haye d'espine blanche, et non d'espine noire.

ART. **672**. — Le voisin peut exiger que les arbres et haies plantés à une moindre distance soient arrachés.

Celui sur la propriété duquel avancent les branches des arbres du voisin peut contraindre celui-ci à couper ces branches.

Si ce sont les racines qui avancent sur son héritage, il a le droit de les y couper lui-même.

C. C. 652, 671, 690.

C. For. 150.

Loi 25 mai 1838, art. 6, § II (*Compétence des Juges de paix*).

672

Arrachage
et
ébranchage.

I. — Un propriétaire ne peut exiger que les arbres de haute tige placés à moins de deux mètres de son héritage soient arrachés si l'usage constant et reconnu autorise la plantation à une moindre distance.

A Paris, cette exigence n'est jamais admissible.

Mais la liberté de planter aussi près que possible d'un mur mitoyen impose l'obligation de faire ébrancher chaque année du côté de ce mur.

II. — Le droit d'obliger son voisin à ébrancher ses arbres n'implique pas le droit de les ébrancher soi-même.

Cassation, 31 décembre 1810, 15 février 1811, 31 juillet 1827, 16 juillet 1835, 19 février 1859.

Cons. d'État, 12 février 1863.

Arbres mitoyens.

ART. **673**. — Les arbres qui se trouvent dans la haie mitoyenne sont mitoyens comme la haie, et chacun des deux propriétaires a droit de requérir qu'ils soient abattus.

C. C. 670.

674

SECTION DEUXIÈME.

DE LA DISTANCE ET DES OUVRAGES INTERMÉDIAIRES REQUIS
POUR CERTAINES CONSTRUCTIONS.

ART. **674**. — Celui qui fait creuser un puits
ou une fosse d'aisances près d'un mur mitoyen ou non;

Celui qui veut y construire cheminée ou
âtre, forge, four ou fourneau,

Y adosser une étable,

Ou établir contre ce mur un magasin de
sel ou amas de matières corrosives,

Est obligé à laisser la distance prescrite
par les règlemens et usages particuliers sur
ces objets, ou à faire les ouvrages prescrits
par les mêmes règlemens et usages, pour
éviter de nuire au voisin.

Distance et ouvrages intermédiaire obligatoires.

C. C. 552, 662, 1382.

Cout. de Paris, art. 188 à 192 et 217, p. 77 et 83.

Loi du 25 mai 1838, art. 6, § III (*Compétence des Juges de paix*).

I. — Celui qui veut faire construire une
fosse d'aisances près d'un mur mitoyen doit
établir un contre-mur.

La Coutume de Paris (art. 191, p. 77) prescri-

Fosse d'aisances. trou à fumier et puisard: Contre-mur.

674

vait de donner à ce contre-mur un pied d'épais-seur, soit trente-deux centimètres.

Aujourd'hui, l'emploi de matériaux et de mortiers d'une qualité supérieure, et l'obliga-tion imposée à tous les propriétaires de main-tenir leurs fosses en bon état et parfaitement étanches, permettent de réduire cette épaisseur jusqu'à vingt-deux centimètres, non compris l'enduit.

La même règle est applicable à la construc-tion d'un trou à fumier et d'un puisard.

Puits :
Contre-mur.

II. — Celui qui veut faire creuser un puits près d'un mur mitoyen doit établir un contre-mur de trente-deux centimètres.

Cheminée et âtre :
Contre-mur,
plaque de fonte.

III. — Celui qui veut construire cheminée ou âtre près d'un mur mitoyen doit également établir un contre-mur.

La Coutume de Paris (art. 189, p. 77) pres-crivait de donner à ce contre-mur six pouces d'épaisseur, soit seize centimètres.

Cette prescription est encore applicable dans les établissements industriels. Mais aujour-d'hui, dans les appartements, le contre-mur est remplacé par une plaque de fonte placée au fond du foyer et séparée du mur mitoyen au moyen d'un garnissage en plâtre.

IV. — Celui qui veut faire construire forge,

four ou fourneau, près d'un mur mitoyen ou non, doit laisser un isolement de seize centimètres, dit *tour de chat*, entre l'ouvrage qu'il élève et ce mur. Le mur dossier de l'ouvrage doit avoir une épaisseur minima de trente-deux centimètres.

674

Forge, four et fourneau :
Tour de chat;
mur dossier.

Ces dimensions répondent au demi-pied et au pied que prescrivait dans ce cas la Coutume de Paris (art. 190, p. 77).

V. — Les règles particulières à observer dans la construction des fourneaux d'usines, des foyers de chaudières à vapeur, et, en général, des engins industriels soumis à l'autorisation préalable, sont indiquées dans les arrêtés spéciaux qui en permettent l'établissement.

Fourneaux
d'usines,
et autres foyers :
Arrêtés
spéciaux.

VI. — Celui qui veut adosser une étable au mur mitoyen doit établir un contre-mur depuis le sol jusqu'au-dessous de la mangeoire.

[Étable :
Contre-mur

La Coutume de Paris (art. 188, p. 77) prescrivait de donner huit pouces d'épaisseur à ce contre-mur, soit vingt-deux centimètres.

Cette prescription est encore applicable aujourd'hui non-seulement dans les étables, mais partout où l'agglomération du fumier peut nuire au mur mitoyen. Elle ne l'est point cependant dans les écuries d'hôtels et de maisons bourgeoises, où il suffit de prendre les précautions nécessaires pour que le mur mitoyen ne subisse aucune détérioration.

674

VII. — Celui qui veut adosser un lavoir au mur mitoyen doit établir un contre-mur de vingt-deux centimètres d'épaisseur dans la hauteur nécessaire pour que l'humidité ne puisse atteindre ledit mur.

VIII. — En dehors des prescriptions générales de la loi, aucune réglementation particulière n'indique les précautions à prendre pour sauvegarder le mur mitoyen des conséquences du voisinage d'un dépôt de sel ou de matières corrosives. Chaque propriétaire reste donc libre d'employer, en ce cas, tels moyens que bon lui semble, pourvu qu'il évite de nuire à ses voisins.

IX. — Celui qui veut adosser au mur mitoyen une voûte parallèle à ce mur doit établir un contre-mur pour recevoir la retombée de cette voûte.

X. — L'épaisseur indiquée pour le contre-mur, dans chacun des cas qui précèdent, n'est pas absolue; et si, par suite de circonstances particulières, elle est insuffisante, elle doit être augmentée. L'obligation à remplir est de faire les ouvrages nécessaires pour que le mur mitoyen soit toujours efficacement protégé.

Le contre-mur doit être indépendant du mur mitoyen; il y est simplement adossé; il n'y peut être relié que de place en place, de manière à en assurer la stabilité, mais aussi à ce

que la démolition puisse en être opérée sans
porter aucune atteinte à la solidité dudit mur
mitoyen.

674

Aucune prescription légale ne fixe la profondeur de la fondation du contre-mur ; cette profondeur n'est soumise qu'aux règles de la bonne
construction.

Cassation, 7 nov. 1849.

USAGES LOCAUX

(Extrait des *Codes français* de TRIPIER, édition citée.)

CODE CIVIL, ART. 674.

Coutume d'Amiens.

ART. 166. — Nul ne peut faire fosse à latrines ou retraits,
qu'il n'y ait entre ladite fosse et la terre de son voisin, deux pieds
et demy de franche terre : et pour quelque tems qu'il l'ait autrement possédé, il ne peut acquérir aucune prescription.

Coutume d'Anjou.

ART. 452. — Nul ne peut faire construire latrines ou chambres aisées en son heritage près l'heritage de son voisin, sinon
qu'il y ait entre-deux un mur de deux pieds et demy d'espaiz,
à chaux et à sable.

Coutume d'Auxerre.

ART. 110. — On ne peut faire chambres quoyes, latrines,
cloaques ne fossez de cuisine, auprès du mur de son voisin, ou

674   du moitoyen, s'il n'y a espoisseur d'un pied et demy outre ledit mur moitoyen.

ART. 111. — En mur moitoyen, le premier qui assied ses cheminées ne peut estre contraint par l'autre les oster ne reculer. Pourveu que le premier assiégeant laisse la moitié du mur, et une chantille pour contrefeu de son costé.

Coutume de Bar.

ART. 174. — En mur moitoyen, le premier qui assied ses cheminées, l'autre ne luy peut faire oster et reculer, en faisant la moitié dudit mur, et une chantille pour contrefeu. Mais quant aux lanciers et jambages de cheminées, et simaizes ou aboutée, il peut percer ledit mur tout outre, pour les asseoir à fleur dudit mur ; pourveu qu'elles ne soient à l'endroit des jambages ou simaizes du premier bâtisseur.

ART. 183. — Aucun ne peut faire chambres coyes, fours, puis, privez et fosses de cuisine pour tenir eau de maison auprès du mur moitoyen, qu'on ne laisse franc ledit mur, et avec ce doit estre faite muraille aux dangers et despens de celuy qui bastit, d'espesseur de deux pieds ou autre suffisante.

ART. 185. — On ne peut avoir ni tenir esgouts, au moyen desquels les immondices puissent choir, ou prendre conduit au puis à eaues, cîterne, cave ou autre lieu du voisin auparavant édifié.

Coutume de Berry, tit. XI.

ART. 10. — En mur moitoyen l'on peut édifier cheminées, pourveu que l'on ne passe le milieu d'iceluy.

ART. 11. — Aucun ne peut faire en mur moitoyen latrines, ou esgouts de cuisine qui puissent endommager le mur moitoyen, ne porter préjudice au voisin qui y a part et portion, soit de puantise par édifice desdites latrines ou esgouts, ou détérioration dudict mur : ce qui a lieu aussi, en celuy qui veut faire latrines et esgouts, en son propre héritage prés et joignant le mur d'autruy.

ART. 12. — Aucun ne peut édifier four prés et joignant les

674

maisons de la ville, lieu ou village, sans laisser distance d'un pied franc entre le mur du four et le mur de la maison, pour éviter le danger du feu.

Coutume de Blois.

ART. 234. — Si aucun veut faire cheminée, ou arcs en un mur commun et moitoyen, il ne pourra prendre que la tierce partie du mur.

ART. 235. — Si aucun veut faire retraicts et chambres aisées au long d'un mur commun et moitoyen, il sera tenu faire un autre mur au long du dit mur, qui aura un pied et demy par bas d'espesseur, admortissant d'un pied jusques à la couronne de la voûte desdits retraicts.

ART. 236. — Entre un four et un mur moitoyen, doit avoir demi pied et un espace de contremur, pour éviter le danger de la chaleur et inconvénient du feu.

Coutume du Bourbonnois.

ART. 509. — On ne peut avoir esgouts et ozines, au moyen desquels les eaues et immundicitez, puissent cheoir ou prendre conduict au puis ou cave de son voisin auparavant edifiez, sinon qu'il ait tiltre exprés au contraire.

ART. 511. — Entre un four et mur commun doit avoir demy pied d'espace vuide, pour éviter le danger de la chaleur et inconvénient du feu.

ART. 516. — On ne peut faire retrait et aysance contre mur commun d'autry, sans y faire contremur de pierre de chaux et sable d'un pied d'espez, pour éviter que la fiente ne pourrisse ledit mur, s'il n'y a tiltre au contraire.

ART. 520. — Quand aucun mur est commun entre deux voisins, et l'un desdits voisins a terre de son côté plus haut que sondit voisin, celuy qui a ladite terre haute, est tenu de faire contremur contre le dit mur commun de son costé de la hauteur desdits terres, pour éviter qu'il ne pourrisse ledit mur commun.

Coutume de Calais.

ART. 174. — Qui fait étable contre un mur mitoyen, il doit faire contremur de huit pouces d'épaisseur, de hauteur jusqu'au rez de la mangeoire.

ART. 175. — Qui veut faire cheminée et atres contre le mur mitoyen, doit faire contremur de tuillots, ou autre chose suffisante de demi pied d'épaisseur.

ART. 177. — Qui veut faire aisances de privez, ou puits contre un mur mitoyen, il doit faire contremur d'un pied d'épaisseur : et où il y a de chaque côté puits, ou bien puits d'un côté, et aisances de l'autre, suffit qu'il y ait quatre pieds de maçonnerie d'épaisseur entre deux, comprenant l'épaisseur des murs d'une part et d'autre; mais entre deux puits suffisent trois pieds pour le moins.

ART. 178. — Celuy qui a place, jardin ou autre lieu vuide, qui joint immédiatement au mur d'autruy, ou à un mur mitoyen, et qu'il veut faire labourer et semer, il est tenu faire contremur de demi pied d'épaisseur; et s'il a terres jectisses il est tenu faire contremur d'un pied d'épaisseur.

Coutume de Cambrai, tit. XVIII.

ART. 2. — On ne peut faire contre l'héritage de son voisin, four, s'il n'y a distance ou muraille d'un pied et demy d'espesseur entre deux.

ART. 3. — On ne peut faire retraicte ou latrine contre l'héritage de son voisin sans le mur d'un pied et demy d'espesseur entre deux.

ART. 4. — Le voisin de celuy qui a puis paravant, ne peut faire retraicte ou latrine près ledit puis, s'il n'y a dix pieds entre deux, ou qu'il face un contremur à chaux et sablon aussi bas que le fondement des dites retraictes ou latrines.

ART. 5. — Le voisin qui a de son costé la terre de son héritage plus haute que l'héritage de son voisin, est tenu avoir de son costé contremur de la hauteur de ses terres, pour les retenir qu'elles ne facent dommage au mur de sondit voisin.

Coutume de Chaalons.

ART. 141. — Celuy qui veut faire four en sa maison contre l'édifice de son voisin, est tenu de faire faire un bon contremur de deux pieds d'espesseur.

ART. 147. — Celuy qui veut faire chambre aisée ou latrines contre l'édifice de son voisin, est tenu de faire contremur de deux pieds d'espesseur, à chaux et à ciment, et de fond en comble. Et s'il y a puits en la maison du voisin, doit laisser dix pieds entre ledit puits et latrines.

Coutume de Clermont en Beauvoisis.

ART. 219. — Si aucun veut faire cheminée contre mur moitoyen, il doit faire contremur de tuilleaux ou de plastre de demy pied d'espesseur et hauteur suffisante, afin que par chaleur de feu, le mur ne soit empiré.

ART. 220. — Quiconque fait estables contre mur mitoyen, i doit faire contremur de demy pied d'espesseur, qui se doit bailler au rez de la mangouerre, pour garder que les fiens ne pourrissent ou dommagent ledit mur moitoyen.

ART. 221. — Qui fait dalles a recevoir les eaues, ou aisance, contre mur moitoyen, il doit faire contremur d'un pied d'espesseur, pour ce que les eaues de telles dalles, et aussi l'ordure des immundices de telles aisances, pourraient pourrir ledit mur moitoyen.

ART. 222. — Si aucun a place, jardin, ou autre lieu, qui vient joindre sans moyen au mur de son voisin (soit moitoyen ou autre) et celuy à qui appartient ladite place et jardin, veut faire labourer la terre, cultiver et remuer, il faut qu'il fasse contremur d'espesseur suffisante, afin que le fondement dudict mur ne s'évase ou empire, par faute de fermeté et terre joignant.

ART. 223. — Quiconque veut jetter terre sur ou contre mur moitoyen, ou autre personnier, sans moyen, il doit faire contremur d'espesseur suffisante, pour soustenir ladite terre : et à ce que le mur de son voisin ne tumbe à cette cause.

ART. 225. — Entre le four d'un boulenger et le mur moitoyen, doit avoir demy pied de ruelle d'espace, ou contremur

674   qui le vaille, pour eschever la chaleur, et le peril de feu d'iceluy
four.

Coutume de Dourdan.

ART. 67. — Quiconque a le sol appelé l'estage du réez de
chaussée d'aucun héritage, il peut et doit avoir le dessus et le
dessoubz, et y peut faire puits, aysemens, et autres choses
licites; pourveu que entre les aysemens qu'il y fera, et le puits
son voisin, il y ait dix pieds d'espace, et qu'il y face un bon
contremur, de chaulz et de sable, de fons en comble.

Coutume de Dunois.

ART. 60. — En mur moitoyen, le premier qui assiez ses cheminées, l'autre ne les luy peut faire oster ne reculer, en laissant par moitié du mur et une eschantille pour contre-feu;
mais au regard des lanciers et jambes des cheminées et cymeses, il peut percer ledit mur tout outre, et y asseoir ses
lanciers et cymeses à fleur dudit mur.

ART. 61. — On ne peut faire ne tenir retraicts, latrines,
esgouts, cisternes, près du puis à eaue de son voisin, sinon
qu'il y ait entre deux neuf pieds de distance, pourveu que
ledit puis à eaue soit premier édifié.

Coutume d'Estampes.

ART. 86. — Quand aucun faict édifier ou réparer son héritage, son voisin est tenu luy donner et prester patience à ce
faire, en réparant ce qui aura esté rompu, démoly et dégasté.

ART. 88. — Un voisin ne peut faire aucun puys, retraits,
fosses de cuisines, ou esseouers, pour retenir eaues de maison,
four, ne forge, près un mur moitoyen et commun, qui ne laisse
ledit mur franc, et un contremur de l'espoisseur d'un pied; et
doit estre fait aux despens particuliers de celuy qui s'en

voudra ayder, et en son danger, et s'il y a puys à l'un ou à l'autre des deux voisins, les restraicts, latrines, et essouers, seront forts à dix pieds loin dudit puys, y faisant entre deux un contremur de chaux et sable, aussi bas que les fondemens desdits puys, latrines, retraits et esseouers.

Coutume du Grand-Perche.

ART. 220. — Le voisin ne peut faire aucun puits, retraits, fosse de cuisine ou autres, pour retenir les eaux de maisons, four ne forges prés un mur moitoyen et commun, qu'il ne laisse ledit mur franc et un contremur de l'espoisseur d'un pied, qui doit estre fait aux dépens de celuy qui s'en voudra aider, et à son danger. Et s'il y a puits à l'un ou l'autre des deux voisins, lesdits retraits et fosses seront faits à dix pieds loing dudit puits, en y faisant entre deux un contremur de chaux et sable, aussi bas que les fondemens desdits retraits et fosses.

Coutume de Laon.

ART. 269. — Qui veut faire aisemens ou latrines près d'un mur moitoyen, doit faire un bon contremur de grosses murailles d'un pied d'espois, et non de blocailles, et à distance de dix pieds pour le moins du puis du voisin, si puis y a.

Coutume de Lodunois, ch. XXI.

ART. 2. — Aucun ne peut faire ou construire latrines, troux, ou chambres aisées, en son héritage prés l'héritage de son voisin, sinon qu'il y ait entre lesdites latrines et lesdits héritages du voisin, un mur de deux pieds et demy d'espez, et que ledit soit à chaux et à sable.

674

ART. 10. — Si le voisin fait sur son héritage propre, privez, ordes fosses, fours, fumiers et égouts, doit faire entre iceux et leur mur moitoien, un autre mur si bon et suffisant que par tels édifices, la chose commune ne puisse recevoir détérioration soit de feu, peinture ou autrement ; et s'il y fait puys ou citerne doit laisser ledit mur franc et entier.

ART. 11. — De mesme celuy que pour avoir sa maison en assiette plus haute que celle de son voisin, a de la terrasse contre la murallle séparative de l'un ou de l'autre des deux maisons, doit y faire contremur ou autre telle défence, que par la fraicheur de ladite terrasse, la muraille moitoienne ne vienne à recevoir détérioration.

ART. 12. — On ne doit faire ni dresser privez, esgouts d'eaux de cuisine et autres semblables immondices proche le puys de son voisin qu'il n'y ait huict pieds de distance entre deux, et y soit fait contremur de chaulx et de sable, avec couroy aussi bas que les fondemens des fossez et esgouts.

Coutume de Mante et Meullant.

ART. 98. — Quiconque a le sol, appelé l'estage du rez de chaussée d'aucun héritage, il peut avoir le dessus et dessous de son sol ; et y peut édifier par dessus et par dessous, et y faire puys, aysances et autres choses licites, s'il n'y a tiltre au contraire ; pourveu que la chaussée de l'aysement soit distante de dix pieds du puys voisin, et y faisant à ses despens bon et suffisant contremur de chaux et de sable de fons en comble, d'un pied d'espesseur pour le moins.

ART. 105. — Contre le four d'un boulenger ou forge, ou d'un voisin ayant four ou forge, le mur mitoyen doit avoir un contremur d'un pied d'espois pour le moins.

Coutume de Meaux.

ART. 73. — On ne peut faire puis, privez ou four, contre quelque mur entre deux voisins, que celuy qui fait faire ledit four, puis ou privez, ne soit tenu de faire un contremur entre lesdits puis four ou privez, et le mur moitoyen.

ART. 74. — Quand aucun mur est moitoyen entre deux voisins, et l'un desdits voisins a terre de son costé plus haute que l'autre voisin, celui qui a les terres les plus hautes est tenu de faire contremur contre ledit mur moitoyen de son costé, de la hauteur desdites terres, pour éviter à ce qu'elles ne pourrissent ledit mur moitoyen.

674

Coutume de Meleun.

ART. 205. — Si aucun fait édifier estables contre le mur commun ou moitoyen, sera tenu de faire faire contremur de l'espesseur de demy pied, sur deux pieds et demy de hauteur, depuis rez de chaussée le long dudit mur moitoyen.

ART. 206. — Si aucun fait estables contre une cloison moitoyenne, sera tenu de faire contremur de l'espesseur d'un pied de hauteur, comme dessus.

ART. 207. — Si aucun fait édifier four, forges, ou cheminées contre cloison moitoyenne, sera tenu faire contremur de l'espesseur d'un pied, de pierre, plastre ou chaux et sable : et néantmoins pourra être le colombage d'icelle cloison, à l'endroit d'iceluy four ou cheminée, en restablissant icelle cloison de semblable matière que ledit contremur, et si lesdits four, forges ou cheminée, sont faits contre murs moitoyens, sera faits contremur de l'espesseur de six poulces, en admortissant et diminuant jusques au premier estage.

ART. 208. — Un voisin ne peut faire aucun puits, retraiz, trous à perdre eaue près le mur moitoyen, s'il n'a fait contremur de l'espesseur d'un pied et demy, de pierre, chaux et sable, depuis les fondemens jusque à rez de chaussée.

Cautume de Montfort-l'Amaury.

ART. 76. — Quiconque a le sol (appelé l'estage du reez de chaussée) d'aucun héritage, il peut et doit avoir le dessus et le

16

674

dessous, et y peut édifier par dessus et par dessous, et y faire puys, aisemens, et autres choses licites, s'il n'y a tiltre au contraire, pourveu que la chaussée de l'aisement soit distante de dix pieds du puys du voisin, et en y faisant à ses despens bon et suffisant contremur de chaulz et sable de fons en comble, d'un pied d'espoisseur pour le moins.

Coutume de Montargis, ch. x.

ART. 5. — En mur moitoyen, le premier qui assied ses cheminées, l'autre ne les luy peut faire oster ne reculer, en laissant la moictié du mur et une chantille pour contrefeu; mais au regard des lancières et jambes de cheminées et simaises il peut percer ledit mur tout outre, et y asseoir ses lancières et simaises à fleur dudit mur.

ART. 6. — Aucun ne peut, et n'est licite faire chambres aisées nommées fosses armes, ou latrines, au fosse de cuisine, pour tenir eaux de maison auprès d'un mur d'autruy ou moitoyen, qu'on ne laisse franc ledit mur. Et avec ce faire le mur et puys desdites fosses couées, au danger de celuy qui fait ledit puys, de pied et demy d'espesseur du moins, ou autre, selon le rapport des jurez où il sera.

Coutume de Nantes.

ART. 20. — Aucun ne peut faire puits, latrines ou fosses de cuisine pour tenir eau de maison auprès de mur mutuel et commun qu'on ne laisse franc ledit mur. Et outre qu'on ne fasse muraille d'un pied et demi d'épaisseur, de chaux et ciment, au danger et dépens de celui qui fait ledit puits, latrines, ou autres réceptacles : s'il n'y a paction au contraire.

ART. 21. — On ne peut faire ne tenir puits, retraits, latrines, n'égouts près du puits à eau de son voisin, sinon qu'il y ait entre deux neuf pieds d'espace et distance, pourveu que le puits soit premier édifié.

ART. 24. — Entre un four, et un mur moitoyen et commun,

doit avoir un pied d'espace vuide, pour éviter le danger et
inconvénient du feu.

Coutume de Nivernais, chap. x.

ART. 11. — Entre un four et le mur commun, ou d'autruy,
doit avoir demy pied d'espace vuide pour éviter le danger du
feu ou chaleur.

ART. 12. — Si un des personniers du mur commun a de son
costé la terre plus haute que l'autre, il est tenu de faire contre-
mur commun de son costé de la hauteur desdites terres.

Art. 13. — On ne peut faire retraict ou latrine contre mur
d'autruy, ou contremur commun, sans y faire contremur de
chaux et sable d'un pied d'espaiz.

Coutume de Normandie.

ART. 612. — De tout mur metoyen, chacun des voisins auquel il appartient peut s'aider, et percer ledit mur, tout outre,
pour asseoir ses poultres et sommiers, en bouschant les per-
tuis ; mesme pour asseoir les courges et consoles des cheminées
à fleur dudit mur. Et est tenu en édifiant le tuyau ou canal de
ladite cheminée laisser la moitié dudit mur entier, et quatre
pouces en outre pour servir de contrefeu. Et ne pourra le voisin
mettre aucuns sommiers contre ni à l'endroit de ladite cheminée qui aura esté premièrement bâtie.

ART. 614. — Contre mur metoyen aucun ne peut faire
chambres aisées, ou cisternes, sinon en faisant bastir contre-
mur de trois pieds d'espois en bas, et au-dessous du rez de
terre, à pierre, chaux et sable tout à l'entour de la fosse destinée ausdites chambres ou cisternes.

ART. 615. — Qui veut faire forge, four ou fourneau contre le
mur metoyen, doit laisser demi pied de vuide d'intervalle entre
deux du mur, du four, ou forge, et doit estre ledit mur de
pierre, brique, ou mouaillon.

674

Coutume d'Orléans.

ART. 233. — En mur moitoyen, quand l'un a premier assis ses cheminées, l'autre ne les luy peut faire oster ne retirer, en laissant la moitié du mur, et une chantille pour contrefeu. Mais au regard des lanciers et jambages des cheminées et cimaizes, il peut percer ledit mur tout outre, pour les asseoir à fleur dudit mur.

ART. 243. — Aucun ne peut faire chambres aisées, nommées fosses coyes, latrines ou fosses de cuisines, pour tenir cave de maison auprès du mur moitoyen, qu'on ne laisse franc ledit mur. Et avec ce doit estre fait le mur dudit puyts à retraicts ou fosses coyes, au danger et despens de celuy qui fait ledit puyts, de pied et demy d'espesseur du moins, s'il n'y a partage, division ou paction au contraire. Et seront percées, en sorte que la plus grande creue des eaues n'y puisse atteindre, s'ils ne sont ès rues prochaines de la rivière.

ART. 246. — On ne peut faire et tenir puyts à retraicts, latrines, ni esgouts, près du puyts à eaue de son voisin : sinon qu'il y ait entre deux neuf pieds de distance, pourveu que ledit puyts soit premier édifié.

ART. 248. — On ne peut avoir ne tenir esgouts ou esviers, au moyen desquels les esgouts, eaues et immondices puissent cheoir, prendre conduict et cheute au puyts à eaue et cave de son voisin auparavant édifié : sinon qu'il y ait tiltre exprès au contraire.

Coutume de Paris.

ART. 188. — (Voir p. 77.)

ART. 189. — *Idem.*

ART. 190. — *Idem.*

ART. 191. — *Idem.*

ART. 192. — (Voir p. 78.)

ART. 217. — (Voir p. 83.)

Coutume de Rheims.

ART. 367. — Quiconque a le sol, il peut et doit avoir le dessus et le dessous, et faire caves, puyts, aisances, ordes, fosses, soulcis et autres choses licites : pourveu que lesdites aisances, ordes, fosses et soulcis, et chausses d'iceux, soient distantes de dix pieds du puys de son voisin, ou y faisant à ses dépens bon et suffisant contremur de chaux et sable, de fond en comble, de deux pieds d'espesseur pour le moins.

ART. 368. — Contre le mur, four ou forge d'un boulenger, mareschal ou autre personne, joignant un mur commun ou moitoyen, doit avoir un contremur d'un pied d'espois pour le moins.

ART. 371. — Es murs qui sont communs entre deux parties, icelles peuvent chacun de son costé, édifier cheminées, et prendre creux esdits murs, jusques à la tierce partie d'iceux, pour icelles cheminées faire, sans que l'un puisse empescher l'autre ; si n'estait qu'il y eust sommier ou autre pièce de bois à l'endroit du lieu où l'on prendrait les creux, qui l'empeschast ; pourveu que le mur fust tellement retenu, que faute n'en advinst.

ART. 376. — Toutes personnes ayant héritages, peuvent faire puis en leurs héritages contre leur voisin, et eux aider du tiers du mur, s'il est moitoyen entre eux. Et s'il n'est moitoyen, le rembourser *pro rata* d'autant que le mur a cousté, à l'arbitrage de gens de bien à ce cognaissans.

Usages et lois particulières de la ville et fauxbourgs de Rennes.

ART. 10. — Qui veut bastir privées est tenu, de bastir deux pieds de muraille en chaux et sable, auparavant que d'arriver à la muraille du voisin propre ou commune.

Coutume de Sedan.

ART. 287. — Nul ne pourra faire puits, privez ou four, en quelque mur d'entre deux voisins sinon que celuy qui fera lesdits puits, ou four, ne face faire à ses dépens un contremur le

674 pied et demy d'espesseur pour le moins, entre lesdits puits, privez ou four, et mur metoyen.

ART. 288. — Quand aucun mur est metoyen entre deux voisins, et l'un desdits voisins a terre plus haute que l'autre voisin : celuy qui a les terres plus hautes, est tenu de faire, à ses despens, contremur contre ledit mur metoyen de son costé de la hauteur desdites terres; ou du moins ravaler la terre de son costé, pour éviter à ce qu'elles ne pourrissent et corrompent ledit mur metoyen.

ART. 293. — En mur metoyen, celui qui assied premier ses cheminées, ne peut estre contraint par l'autre de les oster ne reculer, pourveu qu'il laisse moitié de l'espesseur dudit mur.

***

Coutume de Sens.

ART. 106. — On ne peut faire four en son héritage, contre l'héritage de son voisin, s'il n'y a distance ou muraille d'un pied et demy d'espesseur entre deux.

ART. 107. — On ne peut faire chambres quoyes contre l'héritage de son voisin, sans faire mur d'un pied et demy d'espesseur entre deux.

***

Coutume de Touraine.

ART. 215. — Nul ne peut faire ou construire latrines, trous ou chambres aisées en son héritage, près l'héritage de son voisin, sinon qu'il y ait entre lesdites latrines et lesdits héritages dudit voisin, un mur de deux pieds et demy d'espaiz, et que ledit mur soit à chaux et sable de fonds en comble.

***

Coutume de Tournay, chap. XVIII.

ART. 5. — Par la coustume n'est loisible à personne faire édifier retraicts ou fossez d'averesses à trois pieds près l'héritage de son voisin, à peine de les faire remplir ou tellement réparer qu'elles ne portent dommage, ne aucun intérest audit voisin, ny à son héritage.

674

Coutume de Troyes.

ART. 64. — On ne peut faire four en son héritage, contre le four ou mur de son voisin, s'il n'y a pied et demy d'espesseur entre deux; et pareillement on ne peut faire chambres aisées, contre son voisin, s'il n'y a pied et demy d'espesseur.

SECTION TROISIÈME.

DES VUES SUR LA PROPRIÉTÉ DE SON VOISIN.

ART. **675**. — L'un des voisins ne peut, sans le consentement de l'autre, pratiquer dans le mur mitoyen aucune fenêtre ou ouverture, en quelque manière que ce soit, même à verre dormant.

C. C. 657, 662, 690.

Vente de la mitoyenneté d'un mur. Obligation de boucher les ouvertures.

Lorsqu'un mur séparatif devient mur mitoyen par la volonté du voisin qui n'a pas contribué à sa construction, mais qui use du droit que lui donne l'article 661 du Code civil, les ouvertures qui peuvent exister dans ce mur, en quelque manière que ce soit, doivent être aussitôt bouchées par le vendeur, s'il n'y a titre ou prescription qui l'autorise à les conserver.

Ce bouchement doit être fait en toute épais-

675

seur, en maçonnerie semblable à celle du mur, et les linteaux doivent être enlevés.

Cassation, 31 janvier 1849, 21 juillet 1862.

Ouvertures dans un mur séparatif non mitoyen. Treillis de fer: verre dormant.

ART. **676**. — Le propriétaire d'un mur non mitoyen, joignant immédiatement l'héritage d'autrui, peut pratiquer dans ce mur des jours ou fenêtres à fer maillé et verre dormant.

Ces fenêtres doivent être garnies d'un treillis de fer, dont les mailles auront un décimètre (environ trois pouces huit lignes) d'ouverture au plus, et d'un châssis à verre dormant.

C. C. 654, 661, 677.

Cout. de Paris, art. 201, p. 81.

Voir *Fig.* 29.

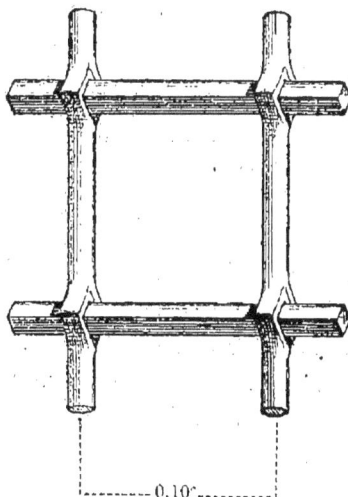

Fig. 29.

Art. **677**. — Ces fenêtres ou jours ne peuvent être établis qu'à vingt-six décimètres
(huit pieds) au-dessus du plancher ou sol de la
chambre qu'on veut éclairer, si c'est à rez-de-
chaussée, et à dix-deuf décimètres (six pieds)
au-dessus du plancher pour les étages supé-
rieurs.

677

Hauteur
au-dessus
du plancher.

C. C. 676.

Voir *Fig.* 30.

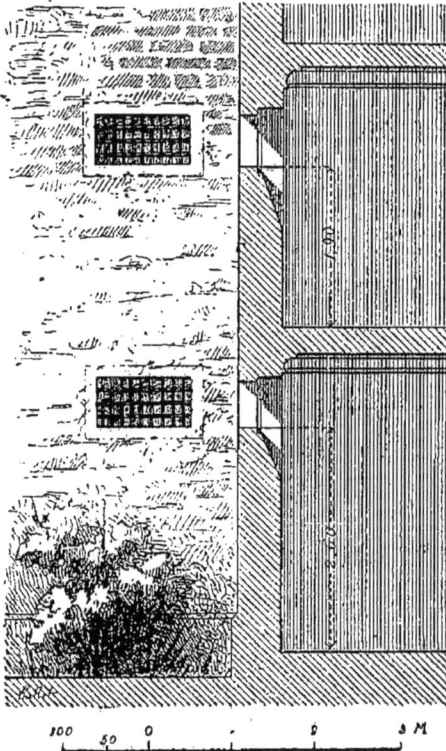

Fig. 30.

677

Jours
de souffrance
et vues;
prescription.

I. — Les fenêtres établies conformément aux règles posées par les articles 676 et 677 sont appelées vulgairement jours de souffrance ou jours de tolérance.

Celui qui jouit d'un ou de plusieurs jours de souffrance sur la propriété de son voisin ne prescrit jamais par quelque laps de temps que ce soit.

Les vues seules peuvent être acquises par prescription, et une fenêtre ne doit être considérée comme donnant vue sur l'héritage voisin que lorsqu'on peut y passer la tête sans que les pieds quittent le sol de la chambre où elle est ouverte. Cette condition n'existe que si aucune des règles relatives au treillis de fer, au verre dormant et à la hauteur n'est observée, et cette situation peut être facilement constatée par celui qui a intérêt à ne pas laisser établir une servitude sur sa propriété.

Inobservation
des
prescriptions
relatives
an treillis de fer
et au
verre dormant.

II. — Le treillis de fer à mailles d'un décimètre d'ouverture est fréquemment remplacé dans la pratique par de simples barreaux avec ou sans grillage. (*Fig.* 31.)

Le verre dormant ne pouvant être nettoyé du dehors, il n'est pas moins fréquent de voir clore le jour de souffrance par un châssis ouvrant.

Ces dérogations à la loi ne donnent aucun droit à celui qui les fait, et l'état de choses qui en résulte doit être considéré comme n'existant que par acte de pure tolérance du voisin.

Tolérance
relative au
verre dormant.

III. — On peut, sans violer la loi, placer le verre destiné à clore le jour de souffrance dans

677

Fig. 31.

un châssis fixé sur un bâti dormant au moyen de vis, de telle sorte qu'il soit à la fois impossible de le maintenir mobile, c'est-à-dire ouvrant, vu l'absence de charnières et de loqueteau ou de targette, et cependant possible de le déposer accidentellement pendant un court espace de temps, pour en opérer le nettoyage.

IV. — Les mesures de hauteur prescrites par l'article 677 sont des minima.

Hauteur dans un escalier.

Lorsqu'un jour de souffrance est destiné à éclairer un escalier, la hauteur de vingt-six décimètres ou de dix-neuf décimètres doit être mesurée au-dessus de la marche la plus élevée de celles qui se trouvent au droit de la fenêtre.

V. — Les prescriptions de la loi relatives aux mesures de hauteur sont, de même que les autres, fréquemment éludées; mais l'état de chose qui en résulte doit toujours être regardé comme

Inobservation de la prescription de hauteur.

677

ignoré du voisin qui ne peut le constater d'une façon permanente. Il ne peut donc faire naître aucun droit au profit de celui qui l'a créé.

Dimensions.

VI. — Le Code ne fixe aucune dimension pour les jours de souffrance. Celui qui ouvre un jour de cette nature peut donc lui donner telle largeur et telle hauteur que bon lui semble, s'il se conforme d'ailleurs aux règles prescrites par la loi.

Cassation, 9 août 1813.

ART. **678.** — On ne peut avoir des vues droites ou fenêtres d'aspect, ni balcons ou autres semblables saillies sur l'héritage clos ou

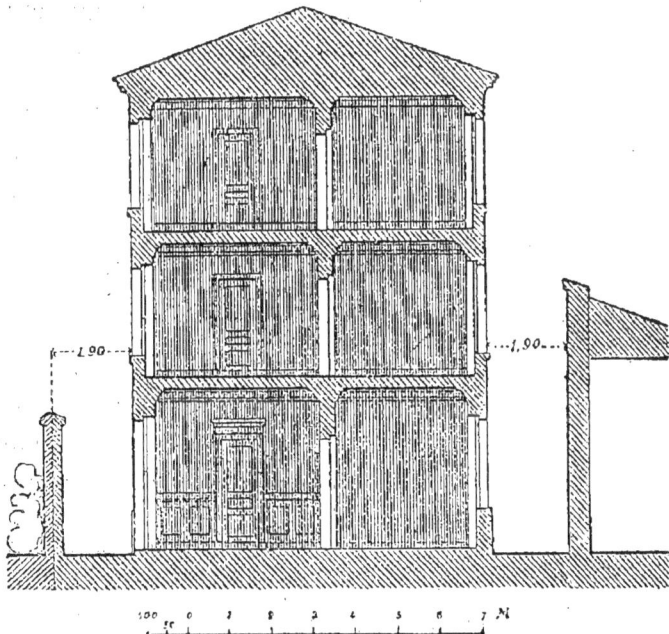

Fig 32.

non clos de son voisin, s'il n'y a dix-neuf déci- **678**
mètres (six pieds) de distance entre le mur où
on les pratique et ledit héritage.

C. C. 552, 665, 680, 690, 701, 704, 706, 707.
Voir *Fig*. 32.

ART. **679**. — On ne peut avoir des vues par
côté ou obliques sur le même héritage, s'il n'y
a six décimètres (deux pieds) de distance.

C. C. 552, 665, 680, 690, 701, 704, 706, 707.

ART. **680**. — La distance dont il est parlé
dans les deux articles précédents, se compte
depuis le parement extérieur du mur où l'ouverture se fait, et s'il y a balcons ou autres
semblables saillies, depuis leur ligne extérieure
jusqu'à la ligne de séparation des deux propriétés.

I. — Le propriétaire d'un mur qui, sans
joindre immédiatement l'héritage d'autrui, n'en
est cependant pas éloigné de dix-neuf décimètres, peut ouvrir dans ce mur des fenêtres ou
jours en se conformant aux conditions de hauteur prescrites par l'article 677 du Code civil;
mais il n'est pas astreint aux prescriptions de
l'article 676, c'est-à-dire à l'obligation de garnir

Ouvertures dans un mur non mitoyen.

680

ces fenêtres d'un treillis de fer et d'un châssis à verre dormant.

Acquisition
de vues droites
ou obliques
par prescription.

II. — Une vue droite ou fenêtre d'aspect qui n'est pas éloignée de l'héritage voisin de dix-neuf décimètres peut être acquise par prescription.

Il en est de même d'une vue oblique qui n'est pas à la distance de six décimètres.

Il faut, pour acquérir la propriété d'une vue par prescription, avoir joui de cette vue sans interruption pendant trente ans.

Vue droite
sur un toit;
exception.

III. — Cependant on peut avoir une vue droite sur l'héritage voisin, à moins de dix-neuf décimètres de distance, si cette vue ne donne que sur un toit, sans que cette exception à la règle puisse fonder une possession capable d'opérer la prescription.

Vue
sur l'héritage
d'autrui;
interdiction
de la modifier.

IV. — Lorsqu'une vue sur l'héritage d'autrui est acquise par titre ou par prescription, celui qui en jouit ne peut en modifier ni les dimensions ni les dispositions, sous quelque prétexte que ce soit, à moins cependant que les changements apportés à l'état de cette vue elle-même n'aient pour résultat d'en diminuer l'usage et de restreindre la servitude qui en est la conséquence.

V. — Une voie publique constitue un empêchement absolu à l'établissement d'une servitude.

En conséquence, lorsque deux héritages sont
séparés par un chemin d'une largeur inférieure
à dix-neuf décimètres, chacun des deux propriétaires a le droit d'ouvrir des vues ou fenêtres
d'aspect sur ce chemin, bien qu'elles ne soient
pas à la distance prescrite par la loi de l'héritage d'autrui, sans qu'il puisse en résulter une
servitude pour l'héritage qui subit la vue.

Chaque propriétaire a de même le droit d'ouvrir, dans le mur de face de sa maison, sur la
voie publique, des vues ou fenêtres d'aspect à
moins de soixante centimètres de l'héritage
voisin. Lors même que, ce dernier n'étant pas
à l'alignement, il en résulterait une vue oblique,
aucune servitude ne pourrait naître de cette
situation.

VI. — Lorsque le mur dans lequel un propriétaire veut ouvrir des vues fait avec la ligne
de séparation des héritages un angle aigu, la
distance à observer est déterminée par la rencontre, avec ladite ligne de séparation, d'une
parallèle audit mur tracée à dix-neuf décimètres
de son parement. (*Fig.* 33.)

Vues ouvertes
dans un mur
incliné
sur la ligne
mitoyenne.

VII. — La ligne extérieure d'un balcon ou
autre semblable saillie est la ligne la plus écartée
du parement du mur auquel ce balcon est
adossé.

Vue donnée
par un balcon
sur
l'héritage voisin.

La vue qu'un balcon donne sur l'héritage

680

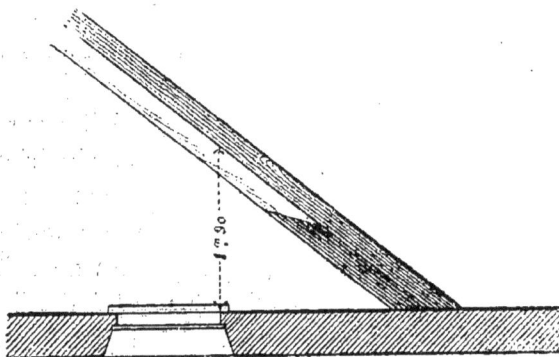

Fig. 33.

d'autrui est toujours une vue droite même en ce qui concerne les faces latérales de ce balcon. La distance de dix-neuf décimètres s'applique donc à ces faces latérales comme à la face principale. (*Fig.* 34).

Vues acquises
sur
l'héritage voisin;
obligation
de bâtir
en retraite sur
cet héritage.

VIII. — Lorsqu'un propriétaire possède une ou plusieurs vues droites ouvertes dans un mur joignant immédiatement l'héritage de son voisin, celui-ci ne peut élever de bâtiment en face desdites vues qu'en retraite sur son propre terrain, à la distance de dix-neuf décimètres du parement extérieur du mur où sont percées ces vues. Il peut cependant construire depuis le sol jusqu'au-dessous de l'appui des fenêtres les plus basses.

Cassation, 10 janvier 1810, 23 avril 1817, 24 juin 1823, 5 mai 1831, 26 juillet 1831, 3 août 1836, 7 no_vembre 1849, 18 janvier 1859, 1ᵉʳ juillet 1861, 2 février 1863.

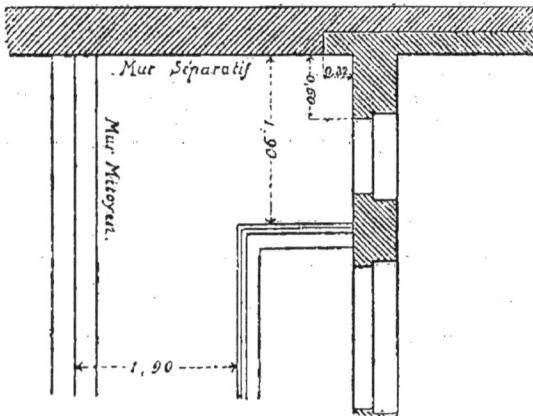

680

Mur Séparatif

Mur Mitoyen.

1,90

0,60

0,02

1,90

1,90

Fig. 34.

681

SECTION QUATRIÈME.

DE L'ÉGOUT DES TOITS.

Eaux pluviales.

ART. **681**. — Tout propriétaire doit établir des toits de manière que les eaux pluviales s'écoulent sur son terrain ou sur la voie publique; il ne peut les faire verser sur le fonds de son voisin.

C. C. 640, 652, 688, 691.

Cassation, 15 mars 1827, 28 juillet 1851.

SECTION CINQUIÈME.

DU DROIT DE PASSAGE.

Droit de passage
en faveur
des propriétaires
des
fonds enclavés.

ART. **682**. — Le propriétaire dont les fonds sont enclavés, et qui n'a aucune issue sur la voie publique, peut réclamer un passage sur les fonds de ses voisins pour l'exploitation de son héritage, à la charge d'une indemnité proportionnée au dommage qu'il peut occasionner.

C. C. 545, 643, 647, 652, 685, 688, 694, 700 et s.

I. — L'exercice du droit de passage sur un fonds est une charge onéreuse pour ce fonds, malgré l'indemnité qu'il entraîne. Il ne peut donc être réclamé que dans la limite de ce qui est rigoureusement nécessaire au service de l'héritage enclavé.

682

Limites
du
droit de passage.

Ainsi, on ne peut exiger d'un propriétaire qui doit subir un passage à travers son bâtiment, qu'il le tienne ouvert jour et nuit.

II. — Un passage doit être autant que possible de dimensions suffisantes pour que l'issue donnée au fonds enclavé sur la voie publique soit en rapport avec la nature de l'exploitation qui le met en valeur, qu'il s'agisse d'une habitation, d'une usine, d'une ferme, d'une terre, d'un bois, etc.

Cependant, si le fonds enclavé est entouré de toutes parts de bâtiments, le passage est ce que ces bâtiments permettent qu'il soit, pourvu qu'il soit.

III. — L'indemnité de passage, à défaut d'entente amiable entre les parties, est fixée à dire d'experts.

Indemnité
de passage.
Payement
préalable.

Elle est établie, suivant les circonstances, pour une saison, pour une année, ou pour une période de temps déterminée.

Elle peut varier à chaque époque de renouvellement en raison du plus ou moins de dommage souffert par le fonds servant.

Elle est payable avant qu'il soit fait aucun

682

usage de la servitude, et, en cas de payement par terme, chaque terme est exigible d'avance.

Payement
intégral pour
chaque période.

IV. — L'indemnité fixée pour une période de temps déterminée est due et doit être payée intégralement pour toute la durée de cette période, lors même que le propriétaire du fonds enclavé cesserait de se servir du passage avant qu'elle soit expirée.

Interdiction
du passage
s'il n'est plus
nécessaire.

V. — Si le passage n'est plus nécessaire, soit parce que le fonds enclavé est réuni à un fonds voisin qui a issue sur la voie publique, soit parce qu'une voie publique nouvellement ouverte vient lui donner cette issue, soit pour toute autre cause, le propriétaire du fonds assujetti a le droit de l'interdire, quand bien même le propriétaire du fonds pour lequel la servitude a été établie en jouirait depuis plus de trente ans. Il n'y a pas de prescription possible là où il y a redevance payée.

Passage
sur les propriétés
domaniales.

VI. — Le passage est dû par les propriétés domaniales comme par toute autre propriété.

Cassation, 1ᵉʳ mai 1811, 8 juillet 1812, 10 juillet 1821, 31 mai 1825, 23 août 1827, 7 mai 1829, 16 mars 1830, 19 novembre 1832, 16 février 1835, 24 février 1835, 3 avril 1835, 7 juin 1836, 8 juin 1836, 27 février 1839, 19 juillet 1843, 12 décembre 1843, 31 juillet 1844, 20 janvier 1847, 29 décembre 1847, 8 mars 1852, 30 avril 1855, 14 novembre 1859.

Art. **683**. — Le passage doit régulièrement être pris du côté où le trajet est le plus court du fonds enclavé à la voie publique.

683

C. C. 684, 701 et s.

La règle établie de prendre le passage du côté où le trajet est le plus court du fonds enclavé à la voie publique a pour but de déterminer le choix à faire entre les divers héritages qui l'entourent et d'imposer la servitude à celui sur lequel elle paraît devoir peser le moins.

Cassation, 1er mai 1811, 29 décembre 1847, 1er avril 1861, 17 août 1863, 30 novembre 1863.

Obligation de prendre le plus court trajet.

Art. **684**. — Néanmoins, il doit être fixé dans l'endroit le moins dommageable à celui sur le fonds duquel il est accordé.

Obligation de restreindre le dommage.

C. C. 683.

Lorsque, par exemple, le fonds assujetti est en partie couvert de bâtiments que le passage devrait traverser pour gagner la voie publique par la plus courte ligne, la direction de ce passage peut être modifiée pour éviter les bâtiments, quoique la longueur du trajet doive en être augmentée.

Cassation, 1er mai 1811, 29 décembre 1847, 1er avril 1861, 17 août 1863, 30 novembre 1863.

685   ART. **685**. — L'action en indemnité, dans le cas prévu par l'article 682, est prescriptible; et le passage doit être continué, quoique l'action en indemnité ne soit plus recevable.

C. C. 643, 2262.

CHAPITRE III.

DES SERVITUDES ÉTABLIES PAR LE FAIT DE L'HOMME.

SECTION PREMIÈRE.

DES DIVERSES ESPÈCES DE SERVITUDES QUI PEUVENT ÊTRE ÉTABLIES SUR LES BIENS.

Établissement
des servitudes
par titre.

ART. **686**. — Il est permis aux propriétaires d'établir sur leurs propriétés ou en faveur de leurs propriétés telles servitudes que bon leur semble, pourvu néanmoins que les services

établis ne soient imposés ni à la personne ni   686
en faveur de la personne, mais seulement à un
fonds et pour un fonds, et pourvu que ces services n'aient d'ailleurs rien de contraire à
l'ordre public.

L'usage et l'étendue des servitudes ainsi
établies se règle par le titre qui les constitue.
A défaut de titre, par les règles ci-après.

C. C. 6, 544, 628, 637, 690 et s., 900, 1134, 1142,
1156 à 1164, 1172, 1710, 1780.

Art. **687**. — Les servitudes sont établies ou   Servitudes
pour l'usage des bâtimens, ou pour celui des   urbaines
fonds de terre.   ou rurales.

Celles de la première espèce s'appellent *urbaines,* soit que les bâtimens auxquels elles
sont dues, soient situés à la ville ou à la campagne.

Celles de la seconde espèce se nomment
rurales.

Art. **688**.—Les servitudes sont ou continues,   Servitudes
ou discontinues.   continues,
                                                     ou discontinues.
Les servitudes continues sont celles dont
l'usage est ou peut être continuel sans avoir

688

besoin du fait actuel de l'homme : tels sont les conduites d'eau, les égouts, les vues et autres de cette espèce.

Les servitudes discontinues sont celles qui ont besoin du fait actuel de l'homme pour être exercées : tels sont les droits de passage, puisage, pacage et autres semblables.

C. C. 690 à 692, 703 et s., 707.

ART. **689**. — Les servitudes sont apparentes, ou non apparentes.

Les servitudes apparentes sont celles qui s'annoncent par des ouvrages extérieurs, tels qu'une porte, une fenêtre, un aqueduc.

Les servitudes non apparentes sont celles qui n'ont pas de signe extérieur de leur existence, comme, par exemple, la prohibition de bâtir sur un fonds, ou de ne bâtir qu'à une hauteur déterminée.

C. C. 690 à 692, 694, 703 et s., 707.

I. — Au nombre des servitudes urbaines, discontinues et non apparentes, se trouve celle dite du tour d'échelle.

On appelle ainsi le droit que possède, en vertu d'un titre, le propriétaire d'un héritage de passer des échelles sur l'héritage de son voisin pour

réparer le mur qui les sépare ou les bâtiments
adossés à ce mur.

689

II. — Le tour d'échelle ne doit pas être con-
fondu avec la ceinture ou échelage qui désigne,
non pas une servitude sur l'héritage voisin,
mais une bande de terrain séparée de la propriété dont elle fait partie et dont elle ne diffère
en rien, si ce n'est qu'elle est située en dehors
et au long de la clôture, sans que, pour cela, sa
situation par rapport aux propriétés voisines en
soit modifiée.

Ceinture
ou échelage.

III. — La largeur du terrain assujetti à la servitude du tour d'échelle est ordinairement de
quatre-vingt-quinze centimètres. Elle est cependant fixée par l'usage à soixante-quinze centimètres, dans certaines contrées.

Largeur
du terrain
servant.

Cassation, 25 avril 1833, 24 novembre 1835, 9 mars
1846, 28 avril 1846, 18 avril 1853, 19 juillet 1864.

SECTION DEUXIÈME.

COMMENT S'ÉTABLISSENT LES SERVITUDES.

ART. **690.** — Les servitudes continues et

Servitudes
continues
et apparentes.

690 apparentes s'acquièrent par titre, ou par la possession de trente ans.

C. C. 641 et s., 688, 689, 2228 et s., 2232 et s., 2262, 2264 et s.

Loi du 23 mars 1855 (*Transcription hypothécaire*).

Servitudes
continues
non apparentes.
Servitudes
discontinues
apparentes ou
non apparentes

ART. **691**. — Les servitudes continues non apparentes, et les servitudes discontinues apparentes ou non apparentes, ne peuvent s'établir que par titres.

La possession même immémoriale ne suffit pas pour les établir; sans cependant qu'on puisse attaquer aujourd'hui les servitudes de cette nature déjà acquises par la possession, dans les pays où elles pouvaient s'acquérir de cette manière.

C. C. 2, 688 et s., 2232.

Loi du 23 mars 1855 (*Transcription hypothécaire*).

Destination
du
père de famille.

ART. **692**. — La destination du père de famille vaut titre à l'égard des servitudes continues et apparentes.

C. C. 688, 689, 690, 693, 694.

ART. **693**. — Il n'y a destination du père de famille que lorsqu'il est prouvé que les deux fonds actuellement divisés ont appartenu au même propriétaire, et que c'est par lui que les choses ont été mises dans l'état duquel résulte la servitude.

C. C. 692, 694, 705.

693

ART. **694**. — Si le propriétaire de deux héritages entre lesquels il existe un signe apparent de servitude, dispose de l'un des héritages sans que le contrat contienne aucune convention relative à la servitude, elle continue d'exister activement ou passivement en faveur du fonds aliéné ou sur le fonds aliéné.

C. C. 689, 692, 693, 700, 1638.

Séparation de deux héritages. Servitude apparente.

ART. **695**. — Le titre constitutif de la servitude, à l'égard de celles qui ne peuvent s'acquérir par la prescription, ne peut être remplacé que par un titre récognitif de la servitude, et émané du propriétaire du fonds asservi.

C. C. 691, 1337 et s., 1350, § IV, 1355.

Titre récognitif.

ART. **696**. — Quand on établit une servitude, on est censé accorder tout ce qui est nécessaire pour en user.

Extension naturelle de la servitude.

696   Ainsi la servitude de puiser de l'eau à la fontaine d'autrui, emporte nécessairement le droit de passage.

C. C. 697 et s.

SECTION TROISIÈME.

DES DROITS DU PROPRIÉTAIRE DU FONDS AUQUEL LA SERVITUDE EST DUE.

Ouvrages
nécessaires
pour l'usage
et la conservation
de la servitude.

ART. **697**. — Celui auquel est due une servitude, a droit de faire tous les ouvrages nécessaires pour en user et pour la conserver.

C. C. 696, 698 et s.

ART. **698**. — Ces ouvrages sont à ses frais, et non à ceux du propriétaire du fonds assujetti, à moins que le titre d'établissement de la servitude ne dise le contraire.

C. C. 697, 699.

Abandon
facultatif du fonds
assujetti.

ART. **699**. — Dans le cas même où le propriétaire du fonds assujetti est chargé par le titre de faire à ses frais les ouvrages nécessaires pour l'usage ou la conservation de la servitude, il peut toujours s'affranchir de la charge, en abandonnant le fonds assujetti au propriétaire du fonds auquel la servitude est due.

699

C. C. 656, 698.

ART. **700**. — Si l'héritage pour lequel la servitude a été établie vient à être divisé, la servitude reste due pour chaque portion, sans néanmoins que la condition du fonds assujetti soit aggravée.

Division du fonds auquel la servitude est due.

Ainsi, par exemple, s'il s'agit d'un droit de passage, tous les copropriétaires seront obligés de l'exercer par le même endroit.

C. C. 682 et s., 694, 702, 1222 et s.

ART. **701**. — Le propriétaire du fonds, débiteur de la servitude, ne peut rien faire qui tende à en diminuer l'usage ou à le rendre plus incommode.

Obligations et droits du propriétaire du fonds servant.

Ainsi, il ne peut changer l'état des lieux ni transporter l'exercice de la servitude dans un endroit différent de celui où elle a été primitivement assignée.

Mais cependant si cette assignation primitive était devenue plus onéreuse au proprié-

701   taire du fonds assujetti, ou si elle l'empêchait d'y faire des réparations avantageuses, il pourrait offrir au propriétaire de l'autre fonds un endroit aussi commode pour l'exercice de ses droits, et celui-ci ne pourrait pas le refuser.

C. C. 640, 683, 684.

Obligations du propriétaire qui a un droit de servitude.

ART. **702.** — De son côté, celui qui a un droit de servitude ne peut en user que suivant son titre, sans pouvoir faire, ni dans le fonds qui doit la servitude, ni dans le fonds à qui elle est due, de changement qui aggrave la condition du premier.

C. C. 640, 1134.

SECTION QUATRIÈME.

COMMENT LES SERVITUDES S'ÉTEIGNENT.

Extinction par destruction.

ART. **703.** — Les servitudes cessent lorsque les choses se trouvent en tel état qu'on ne peut plus en user.

C. C. 617, 665, 704, 1302, 1303.

Art. **704**. — Elles revivent si les choses sont rétablies de manière qu'on puisse en user ; à moins qu'il ne se soit écoulé un espace de temps suffisant pour faire présumer l'extinction de la servitude, ainsi qu'il est dit à l'article 707.

C. C. 624, 665, 706, 2177, 2262.

704

Renaissance
par suite
de
rétablissement.

Art. **705**. — Toute servitude est éteinte lorsque le fonds à qui elle est due et celui qui la doit sont réunis dans la même main.

C. C. 617, 693, 694, 1300, 2177.

Extinction
par réunion.

Art. **706**. — La servitude est éteinte par le non-usage pendant trente ans.

C. C. 707 et s., 2180, 2262, 2264, 2265.

Extinction
par prescription.

Art. **707**. — Les trente ans commencent à courir, selon les diverses espèces de servitudes, ou du jour où l'on a cessé d'en jouir, lorsqu'il s'agit de servitudes discontinues, ou du jour où il a été fait un acte contraire à la servitude, lorsqu'il s'agit de servitudes continues.

C. C. 665, 688, 703, 704.

708

ART. **708**. — Le mode de la servitude peut se prescrire comme la servitude même, et de la même manière.

C. C. 706, 707.

ART. **709**. — Si l'héritage en faveur duquel la servitude est établie appartient à plusieurs par indivis, la jouissance de l'un empêche la prescription à l'égard de tous.

C. C. 710, 1217, 1218, 2249.

ART. **710**. — Si parmi les copropriétaires il s'en trouve un contre lequel la prescription n'ait pu courir, comme un mineur, il aura conservé le droit de tous les autres.

C. C. 2252.

LIVRE III

DES DIFFÉRENTES MANIÈRES DONT ON ACQUIERT LA PROPRIÉTÉ.

DISPOSITIONS GÉNÉRALES.

Décrétées le 29 germinal an XI (19 avril 1803),
Promulguées le 9 floréal (29 avril 1803).

ART. **711**. — La propriété des biens s'acquiert et se transmet par succession, par donation entre-vifs ou testamentaire, et par l'effet des obligations.

Acquisition
et transmission
de la propriété.

C. C. 544, 712, 718 et s., 724, 893 et s., 938, 1138, 1101 et s., 1138,, 1583.

Loi du 23 mars 1855. (*Transcription hypothécaire.*)

ART. **712**. — La propriété s'acquiert aussi par accession ou incorporation, et par prescription.

C. C. 546 et s., 2219 et s.

713

Biens
sans maître.

Art. **713**. — Les biens qui n'ont pas de maître, appartiennent à l'État.

C. C. 539, 714 à 717, 723, 768, 2227.

Art. **714**. — Il est des choses qui n'appartiennent à personne et dont l'usage est commun à tous.

Des lois de police règlent la manière d'en
jouir.

C. C. 538 et s.

Propriété
d'un trésor.

Art. **716**. — La propriété d'un trésor appartient à celui qui le trouve dans son propre
fonds. Si le trésor est trouvé dans le bien d'autrui, il appartient pour moitié à celui qui l'a
découvert, et pour l'autre moitié au propriétaire du fonds.

Le trésor est toute chose cachée ou enfouie
sur laquelle personne ne peut justifier sa propriété, et qui est découverte par le pur effet du
hasard.

C. C. 552.

DES CONTRATS OU DES OBLIGATIONS CONVENTIONNELLES EN GÉNÉRAL.

Décrété le 17 pluviôse an XII (7 février 1804).
Promulgué le 27 pluviôse (17 février 1804).

CHAPITRE II.

DES CONDITIONS ESSENTIELLES POUR LA VALIDITÉ DES CONVENTIONS.

ART. **1108**. — Quatre conditions sont essentielles pour la validité d'une convention :

Le consentement de la partie qui s'oblige;

C. C. 1109 et s.

Sa capacité de contracter ;

C. C. 1123 et s.

Un objet certain qui forme la matière de l'engagement ;

C. C. 1126 et s.

Une cause licite dans l'obligation.

C. C. 1131 et s.

Conditions de validité d'une convention.

1156

CHAPITRE III.

DE L'EFFET DES OBLIGATIONS.

SECTION CINQUIÈME.

DE L'INTERPRÉTATION DES CONVENTIONS.

Commune
intention
des parties.

ART. **1156**. — On doit dans les conventions rechercher quelle a été la commune intention des parties contractantes, plutôt que de s'arrêter au sens littéral des termes.

C. C. 1134, 1135.

Clause douteuse.

ART. **1157**. — Lorsqu'une clause est susceptible de deux sens, on doit plutôt l'entendre dans celui avec lequel elle peut avoir quelque effet, que dans le sens avec lequel elle n'en pourrait produire aucun.

Terme douteux.

ART. **1158**. — Les termes susceptibles de deux sens doivent être pris dans le sens qui convient le plus à la matière du contrat.

ART. **1159**. — Ce qui est ambigu s'interprète par ce qui est d'usage dans le pays où le contrat est passé.

C. C. 1162.

1159

Ambiguïté.

ART. **1160**. — On doit suppléer dans le contrat les clauses qui y sont d'usage, quoiqu'elles n'y soient pas exprimées.

C. C. 1135.

Clauses d'usage.

ART. **1161**. — Toutes les clauses des conventions s'interprètent les unes par les autres, en donnant à chacune le sens qui résulte de l'acte entier.

Concordance nécessaire des clauses particulières et de l'acte entier.

ART. **1162**. — Dans le doute, la convention s'interprète contre celui qui a stipulé, et en faveur de celui qui a contracté l'obligation.

C. C. 1159, 1602.

Doute, Interprétation.

ART. **1163**. — Quelque généraux que soient les termes dans lesquels une convention est conçue, elle ne comprend que les choses sur

Étendue du contrat.

1163 lesquelles il paraît que les parties se sont proposé de contracter.

C. C. 2048, 2049.

ART. **1164**. — Lorsque, dans un contrat, on
a exprimé un cas pour l'explication de l'obligation, on n'est pas censé avoir voulu par là
restreindre l'étendue que l'engagement reçoit
de droit aux cas non exprimés.

SECTION SIXIÈME.

DE L'EFFET DES CONVENTIONS A L'ÉGARD DES TIERS.

Effet
des conventions.

ART. **1165**. — Les conventions n'ont d'effet
qu'entre les parties contractantes; elles ne
nuisent point au tiers, et elles ne lui profitent
que dans le cas prévu par l'article 1121.

C. C. 1119, 1122, 1166 et s., 1208, 1210, 1285, 1287,
1321, 2036.

C. com. 507, 516.

1200

CHAPITRE IV.

DES DIVERSES ESPÈCES D'OBLIGATIONS.

———

SECTION QUATRIÈME.

DES OBLIGATIONS SOLIDAIRES.

§ II. — De la Solidarité de la part des Débiteurs.

ART. **1200**. — Il y a solidarité de la part des débiteurs, lorsqu ils sont obligés à une même chose, de manière que chacun puisse être contraint pour la totalité, et que le paiement fait par un seul libère les autres envers le créancier. Définition.

C. C. 1197, 1219, 1221, 1222.

ART. **1202**. — La solidarité ne se présume point; il faut qu'elle soit expressément stipulée. Obligation de stipuler la solidarité.

Cette règle ne cesse que dans le cas où la solidarité a lieu de plein droit, en vertu d'une disposition de la loi.

1202

C. C. 395, 396, 1033, 1442, 1734, 1995, 2002.

C. Com. 22, 140, 187.

C. Pén. 55.

Faculté de poursuivre l'un ou l'autre des contractants solidaires.

ART. **1203**. — Le créancier d'une obligation contractée solidairement peut s'adresser à celui des débiteurs qu'il veut choisir, sans que celui-ci puisse lui opposer le bénéfice de division.

C. C. 1225, 2025, 2026.

Faculté de poursuivre tous les contractants solidaires simultanément.

ART. **1204**. — Les poursuites faites contre l'un des débiteurs n'empêchent pas le créancier d'en exercer de pareilles contre les autres.

C. C. 1198, 1200.

DES ENGAGEMENS QUI SE FORMENT SANS CONVENTION.

Décrété le 19 *pluviôse an XII* (9 février 1804),
Promulgué le 29 *pluviôse an XII* (19 février 1804).

———

ART. **1370**. — Certains engagemens se forment sans qu'il intervienne aucune convention, ni de la part de celui qui s'oblige, ni de
la part de celui envers lequel il est obligé.

Les uns résultent de l'autorité seule de la
loi; les autres naissent d'un fait personnel à
celui qui se trouve obligé.

Les premiers sont les engagemens formés
involontairement, tels que ceux entre propriétaires voisins, ou ceux des tuteurs et des autres
administrateurs qui ne peuvent refuser la
fonction qui leur est déférée.

> Engagements
> qui se forment
> sans convention

C. C. 203 à 211, 371, 450, 639, 651 et s.

Les engagemens qui naissent d'un fait personnel à celui qui se trouve obligé, résultent
ou des quasi-contrats, ou des délits ou quasi-
délits; ils font la matière du présent titre.

C. C. 1371 et s., 1382 et s.

1371

CHAPITRE PREMIER

DES QUASI-CONTRATS.

Quasi-contrats.

ART. **1371**. — Les quasi-contrats sont les faits purement volontaires de l'homme, dont il résulte un engagement quelconque envers un tiers, et quelquefois un engagement réciproque des deux parties.

C. C. 1348, § I, 1372 et s., 1376 et s.

Gestion volontaire. Engagement tacite.

ART. **1372**. — Lorsque volontairement on gère l'affaire d'autrui, soit que le propriétaire connaisse la gestion, soit qu'il l'ignore, celui qui gère contracte l'engagement tacite de continuer la gestion qu'il a commencée, et de l'achever jusqu'à ce que le propriétaire soit en état d'y pourvoir lui-même; il doit se charger également de toutes les dépendances de cette même affaire.

Il se soumet à toutes les obligations qui résulteraient d'un mandat exprès que lui aurait donné le propriétaire.

C. C. 1984, 1991 à 1996, 2007.

ART. **1373**. — Il est obligé de continuer sa
gestion, encore que le maître vienne à mourir
avant que l'affaire soit consommée, jusqu'à
ce que l'héritier ait pu en prendre la direction.

C. C. 1991, 2010.

ART. **1374**. — Il est tenu d'apporter à la
gestion de l'affaire tous les soins d'un bon père
de famille.

Néanmoins les circonstances qui l'ont conduit à se charger de l'affaire, peuvent autoriser
le juge à modérer les dommages et intérêts
qui résulteraient des fautes ou de la négligence du gérant.

C. C. 1137, 1149, 1382, 1992.

ART. **1375**. — Le maître dont l'affaire a
été bien administrée, doit remplir les engagemens que le gérant a contractés en son
nom, l'indemniser de tous les engagemens
personnels qu'il a pris, et lui rembourser
toutes les dépenses utiles ou nécessaires qu'ils
a faites.

C. C. 861 et s., 1119 et s., 1153, 1997, 1998 et s., 2001,
2175.

1373

Obligations
du maître.

1382

CHAPITRE II.

DES DÉLITS ET DES QUASI-DÉLITS.

Dommage
causé à autrui
par faute.

ART. **1382**. — Tout fait quelconque de l'homme, qui cause à autrui un dommage, oblige celui par la faute duquel il est arrivé, à le réparer.

C. C. 1310, 1348, § I, 1424 et s.

C. Instr. crim. 1 et s., 637, 638, 640.

C. Pén., 73, 74, 319 et s.

Faute
de la victime.

I. — Lorsque celui qui a éprouvé un dommage par le fait d'autrui, a provoqué lui-même, par sa faute, sa négligence ou son imprudence, l'accident dont il a été victime, il est sans droit pour en demander la réparation.

Dommage causé
par la perte
d'un édifice.

II. — Lorsqu'un édifice n'a pas été construit à prix fait, l'article 1792 n'étant pas applicable à l'entrepreneur, c'est en vertu de l'article 1382 qu'il est obligé à réparer le dommage qu'il a causé si cet édifice périt en tout ou en partie. Dans ce cas il doit être jugé selon les règles de droit commun, et c'est à celui qui se prétend lésé à faire la preuve contre lui, la présomption

de faute n'existant que dans le cas du prix
fait.

III. — C'est en vertu du principe qui oblige
celui qui cause un dommage à le réparer que
l'architecte mandataire est responsable de sa
faute conformément aux prescriptions de l'ar-
cle 1992.

Cassation, 9 février 1857, 1ᵉʳ mars 1862.

1382

Dommage causé
par l'architecte
mandataire.

ART. **1383.** — Chacun est responsable du
dommage qu'il a causé non-seulement par
son fait, mais encore par sa négligence ou par
son imprudence.

C. C. 1382, 1792, 2270.

C. Pén. 73, 74, 319 et s.

Dommage causé
par négligence
ou imprudence.

ART. **1384.** — On est responsable non-seulement du dommage que l'on cause par son
propre fait, mais encore de celui qui est causé
par le fait des personnes dont on doit répondre, ou des choses que l'on a sous sa garde.

Le père, et la mère après le décès du mari,
sont responsables du dommage causé par leurs
enfants mineurs habitant avec eux;

Les maîtres et les commettans, du dommage causé par leurs domestiques et préposés

Dommage causé
par les
personnes
dont on répond
ou par les choses
qu'on a sous
sa garde.

1384 dans les fonctions auxquelles ils les ont employés;

Les instituteurs et les artisans, du dommage causé par leurs élèves et approuvés pendant le temps qu'ils sont sous leur surveillance.

La responsabilité ci-dessus a lieu, à moins que les père et mère, instituteurs et artisans, ne prouvent qu'ils n'ont pu empêcher le fait qui donne lieu à cette responsabilité.

C. C. 372, 1797, 1953, 1954.

C. Com. 216 et s.

C. Pén. 73, 74.

C. For. 72, 206.

Blessures et autres accidents : responsabilité de l'entrepreneur.

I. — Lorsqu'un accident arrive sur un chantier où s'élève une construction, ou aux abords de ce chantier par suite des travaux qu'on y exécute, soit aux ouvriers et agents qui participent à ces travaux, soit à une personne étrangère, ce sont les entrepreneurs seuls qui en sont responsables, chacun d'eux en ce qui le concerne; mais ils ne doivent subir les effets de cette responsabilité que s'il est démontré que l'accident eût été évité avec plus de prévoyance et de soin de leur part.

Dégâts matériels responsabilité de l'entrepreneur.

II. — Les entrepreneurs sont également responsables de tous les dégâts matériels, éboulements, excavations subites, chute de matériaux ou d'engins, etc., etc., qui peuvent survenir au cours des travaux. Maîtres, dans chaque cas, du choix des moyens d'exécution, choix que le soin de leurs intérêts pécuniaires peut toujours influencer, ils restent soumis d'une façon absolue aux conséquences qui peuvent en résulter.

1384

III. — Les entrepreneurs sont encore responsables des contraventions aux ordonnances qui règlent la police des chantiers de construction, ordonnent la clôture de ces chantiers, l'éclairage de cette clôture, interdisent les dépôts de matériaux sur la voie publique, etc., etc. Responsables des accidents, ils le sont nécessairement de l'inobservation des mesures prescrites par l'autorité pour les éviter.

Contraventions : responsabilité de l'entrepreneur.

IV. — Les accidents arrivés sur un chantier, ou aux abords d'un chantier, et les contraventions commises aux ordonnances qui règlent la police des chantiers ne peuvent jamais engager la responsabilité du propriétaire, non plus que celle de son mandataire architecte.

Accidents, dégats, contraventions : Irresponsabilité du propriétaire et de l'architecte.

L'insolvabilité d'un entrepreneur ne saurait rien changer à cette situation. En effet, dans le marché qui règle la situation des parties, l'entrepreneur contracte au même titre que le propriétaire et ne peut passer pour un simple préposé aux ordres de celui-ci.

Édifice non livré
sinistres et autres
événements :
responsabilité
de l'entrepreneur.

V. — Lorsqu'un bâtiment n'est pas encore reçu par le propriétaire qui le fait construire, ou que ce propriétaire n'est pas en demeure de le recevoir, les entrepreneurs sont responsables des sinistres et des événements de toute nature qui peuvent s'y produire, même des vols qui peuvent s'y commettre. Ils ont la charge de ce bâtiment tant qu'il n'est pas livré.

Cassation, 28 juin 1841, 10 novembre 1859.

Art. **1386.** — Le propriétaire d'un bâtiment est responsable du dommage causé par sa ruine, lorsqu'elle est arrivée par une suite du défaut d'entretien ou par le vice de sa construction.

C. C. 1733, 1734, 1792, 2270.

C. Pén. 471, § V, 479, § IV.

Édifice
qui menace ruine.
Mesures
à prendre.

Celui dont la propriété est menacée par la chute probable d'un édifice voisin, ou de tout autre ouvrage en état de ruine, peut contraindre par les voies de droit le propriétaire de cet édifice ou de cet ouvrage à le réparer ou à le démolir.

DE LA VENTE.

Décrété le 15 ventôse an XII (6 mars 1804).
Promulgué le 25 ventôse (16 mars 1804).

CHAPITRE I.

DE LA NATURE ET DE LA FORME
DE LA VENTE.

ART. **1582.** — La vente est une convention par laquelle l'un s'oblige à livrer une chose, et l'autre à la payer.

C. C. 1101, 1102, 1104, 1106, 1107.

Elle peut être faite par acte authentique ou sous seing privé.

C. C. 1317 et s., 1322 et s., 1341 et s.
C. Com. 109.

1602

CHAPITRE IV.

DES OBLIGATIONS DU VENDEUR.

SECTION PREMIÈRE.

DISPOSITIONS GÉNÉRALES.

Désignation
de la
chose vendue.

ART. **1602.** — Le vendeur est tenu d'expliquer clairement ce à quoi il s'oblige.

Tout pacte obscur ou ambigu s'interprète contre le vendeur.

C. C. 1156 et s., 1162 et s., 1190.

Obligation
de livrer ;
obligation
de garantir.

ART. **1603.** — Il a deux obligations principales, celle de délivrer et celle de garantir la chose qu'il vend.

C. C. 1136 et s., 1604 et s., 1625 et s.

SECTION DEUXIÈME.

DE LA DÉLIVRANCE.

Art. **1605.** — L'obligation de délivrer les immeubles est remplie de la part du vendeur, lorsqu'il a remis les clefs, s'il s'agit d'un bâtiment, ou lorsqu'il a remis les titres de propriété.

Livraison d'un immeuble.

C. C. 1604, 1606.

Art. **1614.** — La chose doit être délivrée en l'état où elle se trouve au moment de la vente.

Depuis ce jour, tous les fruits appartiennent à l'acquéreur.

État de la chose vendue.

C. C. 547, 548, 583 à 586, 604, 1137 et s., 1141, 1182, 1682, 1743.

Art. **1616.** — Le vendeur est tenu de délivrer la contenance telle qu'elle est portée au contrat, sous les modifications ci-après exprimées.

Contenance. Obligation du vendeur.

C. C. 1617 à 1623.

Contenance
indiquée
supérieure à la
contenance
réelle.

Art. **1617**. — Si la vente d'un immeuble a
été faite avec indication de la contenance, à
raison de tant la mesure, le vendeur est obligé
de délivrer à l'acquéreur, s'il l'exige, la quan-
tité indiquée au contrat ;

Et si la chose ne lui est pas possible, ou si
l'acquéreur ne l'exige pas, le vendeur est obligé
de souffrir une diminution proportionnelle du
prix.

C. C. 1616, 1622, 1636 et s., 1765.

Contenance
indiquée
inférieure à la
contenance
réelle.

Art. **1618**. — Si, au contraire, dans le cas
de l'article précédent, il se trouve une contenance plus grande que celle exprimée au
contrat, l'acquéreur a le choix de fournir le
supplément du prix, ou de se désister du
contrat, si l'excédant est d'un vingtième au-
dessus de la contenance déclarée.

C. C. 1617, 1622, 1681 et s.

Différence
moindre d'un
vingtième :
prix variable.

Art. **1619**. — Dans tous les autres cas,

Soit que la vente soit faite d'un corps certain
et limité,

Soit qu'elle ait pour objet des fonds distincts
et séparés,

Soit qu'elle commence par la mesure, ou par la désignation de l'objet vendu suivie de la mesure,

1619

L'expression de cette mesure ne donne lieu à aucun supplément de prix, en faveur du vendeur, pour l'excédant de mesure, ni en faveur de l'acquéreur, à aucune diminution du prix pour moindre mesure, qu'autant que la différence de la mesure réelle à celle exprimée au contrat est d'un vingtième en plus ou en moins, eu égard à la valeur de la totalité des objets vendus, s'il n'y a stipulation contraire.

C. C. 1617 et s., 1623.

Art. **1620**. — Dans le cas où, suivant l'article précédent, il y a lieu à augmentation de prix pour excédant de mesure, l'acquéreur a le choix ou de se désister du contrat ou de fournir le supplément du prix, et ce, avec les intérêts, s'il a gardé l'immeuble.

Différence
supérieure
à un vingtième:
droit
de l'acquéreur.

C. C. 1601, 1618, 1652, 1681 et s.

Art. **1621**. — Dans tous les cas où l'acquéreur a le droit de se désister du contrat, le

Désistement :
frais de contrat

1621   vendeur est tenu de lui restituer, outre le prix, s'il l'a reçu, les frais de ce contrat.

C. C. 1618 et s., 1630.

SECTION TROISIÈME.

DE LA GARANTIE.

Objets
de la garantie,

Art. **1625**. — La garantie que le vendeur doit à l'acquéreur a deux objets : le premier est la possession paisible de la chose vendue ; le second, les défauts cachés de cette chose ou les vices rédhibitoires.

C. C. 1603, 1610, 1626 et s., 1641 et s.

§ 1er. — De la garantie en cas d'éviction.

Garantie
en cas d'éviction :
droits
de l'acquéreur.

Art. **1630**. — Lorsque la garantie a été promise ou qu'il n'a rien été stipulé à ce sujet, si l'acquéreur est évincé, il a le droit de demander contre le vendeur :

1° La restitution du prix ;

C. C. 1631.

2° Celle des fruits, lorsqu'il est obligé de les 1630
rendre au propriétaire qui l'évince ;

C. C. 549 et s., 1599, 1614, 1652, 1682.

3° Les frais faits sur la demande en garantie
de l'acheteur, et ceux faits par le demandeur
originaire ;

C. C. 2028.

C. Pr. civ. 130.

4° Enfin les dommages et intérêts, ainsi
que les frais et loyaux coûts du contrat.

C. C. 1149 et s., 1593, 1646, 1673, 1699, 2188.

C. Pr. civ. 185.

Art. **1631**. — Lorsqu'à l'époque de l'éviction, la chose vendue se trouve diminuée de
valeur ou considérablement détériorée, soit
par la négligence de l'acheteur, soit par des
accidents de force majeure, le vendeur n'en
est pas moins tenu de restituer la totalité du
prix.

Diminution
de valeur de la
chose vendue :
obligation
du vendeur.

C. C. 1382, 1383, 1632, 2175.

Art. **1632**. — Mais si l'acquéreur a tiré

Réserve.

1631

profit des dégradations par lui faites, le vendeur a droit de retenir sur le prix une somme égale à ce profit.

C. C. 1631.

Augmentation
de prix
de la chose
vendue.

Art. **1632**. — Si le chose vendue se trouve avoir augmenté de prix à l'époque de l'éviction, indépendamment même du fait de l'acquéreur, le vendeur est tenu de lui payer ce qu'elle vaut au-dessus du prix de la vente.

C. C. 1150, 1630, § IV, 1637.

Réparations
et améliorations
utiles.

Art. **1634**. — Le vendeur est tenu de rembourser ou de faire rembourser à l'acquéreur, par celui qui l'évince, toutes les réparations et améliorations utiles qu'il aura faites au fonds.

C. C. 861 et s., 867, 1150, 2175.

Dépenses
voluptuaires
ou d'agrément.

Art. **1635**. — Si le vendeur avait vendu de mauvaise foi le fonds d'autrui, il sera obligé de rembourser à l'acquéreur toutes les dépenses, même voluptuaires ou d'agrément, que celui-ci aura faites au fonds.

C. C. 549, 1150, 1599, 2268.

Art. **1636**. — Si l'acquéreur n'est évincé
que d'une partie de la chose, et qu'elle soit de
telle conséquence relativement au tout, que
l'acquéreur n'eût point acheté sans la partie
dont il a été évincé, il peut faire résilier la
vente.

C. C. 1637, 1638.

1636

Éviction
partielle :
Résiliation.

Art. **1637**. — Si, dans le cas de l'éviction
d'une partie du fonds vendu, la vente n'est
pas résiliée, la valeur de la partie dont l'acquéreur se trouve évincé lui est remboursée
suivant l'estimation à l'époque de l'éviction, et
non proportionnellement au prix total de la
vente, soit que la chose vendue ait augmenté
ou diminué de valeur.

C. C. 1617, 1633, 1636.

Éviction
partielle :
Remboursement
d'après
estimation.

Art. **1638**. — Si l'héritage vendu se trouve
grevé, sans qu'il en ait été fait de déclaration,
de servitudes non apparentes, et qu'elles
soient de telle importance qu'il y ait lieu de
présumer que l'acquéreur n'aurait pas acheté
s'il en avait été instruit, il peut demander la

Servitudes
non déclarées
Résiliation
ou indemnité.

1638 résiliation du contrat, si mieux il n'aime se contenter d'une indemnité.

C. C. 689, 1636, 1637, 1641 et s.

§ II. — De la garantie des défauts de la chose vendue.

Défauts cachés.

ART. **1641**. — Le vendeur est tenu de la garantie à raison des défauts cachés de la chose vendue qui la rendent impropre à l'usage auquel on la destine, ou qui diminuent tellement cet usage, que l'acheteur ne l'aurait pas acquise, ou n'en aurait donné qu'un moindre prix, s'il les avait connus.

C. C. 1110, 1625, 1642 et s. 1891.

Édifice :
Vice caché.

I. — On doit considérer comme défaut caché, ou vice caché, dans un édifice, le vice dont un homme de l'art ne peut constater l'existence sans opérer une démolition partielle ou des sondages.

Mur mitoyen :
Exception.

II. — Le propriétaire qui cède à son voisin la mitoyenneté du mur qui sépare leurs héritages, n'est point tenu de la garantie à raison des défauts cachés de ce mur.

Indemnité
locative.

III. — Lorsqu'un vice caché oblige d'évincer un locataire, le vendeur de l'immeuble est tenu de l'indemnité due pour privation de la chose louée.

1641

Cassation, 23 juin 1835, 29 janvier 1841, 29 mars 1852, 31 janvier 1853, 21 mars 1853, 16 novembre 1853, 24 mai 1854, 1ᵉʳ août 1861, 17 février 1864, 23 août 1865.

Art. **1642**. — Le vendeur n'est pas tenu des vices apparens et dont l'acheteur a pu se convaincre lui-même.

Vices apparents.

C. C. 1629, 1638.

On doit considérer comme vices apparents, dans un édifice, les porte-à-faux, les fléchissements des planchers, les tassements et les déversements de murs, les détériorations visibles au jour de la vente, quelle qu'en soit la cause, enfin les malfaçons, de quelque nature qu'elles soient.

Édifice :
Vices apparents.

Art. **1643**. — Il est tenu des vices cachés, quand même il ne les aurait pas connus, à moins que, dans ce cas, il n'ait stipulé qu'il ne sera obligé à aucune garantie.

Vices cachés
ignorés
du vendeur.

C. C. 1627 et s., 1629, 1644.

Art. **1644**. — Dans le cas des articles 1641 et 1643, l'acheteur a le droit de rendre la

Résiliation
ou diminution
de prix.

1644 chose et de se faire restituer le prix, ou de garder la chose et de se faire rendre une partie du prix, telle qu'elle sera arbitrée par experts.

C. C. 1638.

C. Pr. civ. 302 et s.

Cassation, 29 mars 1852.

Vices connus du vendeur : Dommages-intérêts.

ART. **1645**. — Si le vendeur connaissait les vices de la chose, il est tenu, outre la restitution du prix qu'il en a reçu, de tous les dommages et intérêts envers l'acheteur.

C. C. 1149, 1151, 1630 et s., 1635, 1891.

Vices ignorés du vendeur : Restitution.

ART. **1646**. — Si le vendeur ignorait les vices de la chose, il ne sera tenu qu'à la restitution du prix, et à rembourser à l'acquéreur les frais occasionnés par la vente.

C. C. 1150, 1593, 1630.

Perte de la chose vendue.

ART. **1647**. — Si la chose qui avait des vices, a péri par suite de sa mauvaise qualité, la perte est pour le vendeur, qui sera tenu envers l'acheteur à la restitution du prix, et aux autres

dédommagemens expliqués dans les deux
articles précédents.

Mais la perte arrivée par cas fortuit sera
pour le compte de l'acheteur.

C. C. 1148 et s., 1302 et s.

ART. **1648** — L'action résultant des vices rédhibitoires doit être intentée par l'acquéreur,
dans un bref délai, suivant la nature des vices
rédhibitoires, et l'usage du lieu où la vente a
été faite.

C. C. 1159.

Vices
rédhibitoires :
Action
de l'acquéreur.

I. — L'acquéreur qui constate l'existence d'un
vice rédhibitoire dans l'immeuble qu'il a acheté
doit s'abstenir de tout travail, même de toute
recherche sur le point où ce vice se manifeste.
Il lui importe, en effet, d'éviter tout ce qui pourrait modifier la situation en dénaturant l'état
des lieux, et même tout ce qui en aurait l'apparence. Il doit se borner à se pourvoir sans
retard.

Constat
par l'acquéreur
d'un vice
rédhibitoire.

II. — Le laps de temps que désigne l'expression *dans un bref délai* n'étant pas déterminé,
c'est au juge seul qu'il appartient d'apprécier

Interprétation
des mots :
dans un bref délai.

1648   si l'action a été introduite en temps utile, et de
                  le déclarer.

         Cassation, 17 mai 1847, 16 novembre 1853,
              15 mai 1854.

Ventes
par autorité de   ART. **1649**. — Elle n'a pas lieu dans les
justice.   ventes faites par autorité de justice.

         C. C. 1684.

         C. Pr. civ. 953 et s., 970, 972.

TITRE HUITIÈME.

DU CONTRAT DE LOUAGE.

Décrété le 16 ventôse an XII (7 mars 1804).
Promulgué le 26 ventôse an XII (17 mars 1804).

CHAPITRE I.

DISPOSITIONS GÉNÉRALES.

Art. **1708**. — Il y a deux sortes de contrats de louage :

Celui des choses,

C. C. 1709, 1711 et s.

Et celui d'ouvrage.

C. C. 1710, 1711, 1779 et s.

Contrat de louage.

Art. **1709**. — Le louage des choses est un contrat par lequel l'une des parties s'oblige à faire jouir l'autre d'une chose pendant un cer-

Louage des choses.

1709

tain temps, et moyennant un certain prix que celle-ci s'oblige de lui payer.

C. C. 1101, 1102, 1104, 1106, 1127, 1713 et s.

Louage
d'ouvrage.

ART. **1710.** — Le louage d'ouvrage est un contrat par lequel l'une des parties s'engage à faire quelque chose pour l'autre, moyennant un prix convenu entre elles.

C. C. 1101, 1102, 1104, 1106, 1142 et s., 1779 et s.

Espèces
particulières
de louage.

ART. **1711.** — Ces deux genres de louage se subdivisent encore en plusieurs espèces parti-culières :

On appelle *bail à loyer*, le louage des mai-sons et celui des meubles ;

C. C. 1711, 1714 et s., 1752 et s.

Bail à ferme, celui des héritages ruraux ;

C. C. 1714 et s., 1763 et s.

Loyer, le louage du travail ou service ;

C. C. 1779 et s.

Bail à cheptel, celui des animaux dont le

profit se partage entre le propriétaire et celui   **1711**
à qui il les confie.

C. C. 1800 et s.

Les *devis, marché* ou *prix fait,* pour l'entreprise d'un ouvrage moyennant un prix déterminé, sont aussi un louage, lorsque la
matière est fournie par celui pour qui l'ouvrage se fait.

C. C. 1787 et s.

Ces trois dernières espèces ont des règles
particulières.

ART. **1712.**— Les baux des biens nationaux,
des biens des communes et des établissements
publics, sont soumis à des règlemens particuliers.

C. C. 537.

1713

CHAPITRE II.

DU LOUAGE DES CHOSES.

Louage
des biens

ART. **1713**. — On peut louer toutes sortes de biens meubles ou immeubles.

C. C. 517 et s., 527 et s., 631, 634, 637, 1127, 1128, 2226.

———

SECTION PREMIÈRE.

DES RÈGLES COMMUNES AUX BAUX DES MAISONS ET DES BIENS RURAUX.

Nature
de l'engagement.

ART. **1714**. — On peut louer par écrit ou verbalement.

C. C. 1715 et s., 1736, 1758, 1774, 2102, § I.

Loi du 23 mars 1855 (*Transcription hypothécaire*).

Bail verbal nié.

ART. **1715**. — Si le bail fait sans écrit n'a encore reçu aucune exécution, et que l'une des parties le nie, la preuve ne peut être reçue par témoins, quelque modique qu'en soit le

prix, et quoiqu'on allègue qu'il y a eu des   1715
arrhes données.

Le serment peut seulement être déféré à
celui qui nie le bail.

C. C. 1341, 1358, 1366, 1367, 1716.

C. Pr. civ. 121.

Cassation, 14 janvier 1840, 5 mars 1856, 29 avril 1859,
18 novembre 1861, 12 janvier 1864.

ART. **1716.** — Lorsqu'il y aura contestation
sur le prix du bail verbal dont l'exécution a
commencé, et qu'il n'existera point de quittance, le propriétaire en sera cru sur son serment, si mieux n'aime le locataire demander
l'estimation par experts ; auquel cas les frais
de l'expertise restent à sa charge, si l'estimation excède le prix qu'il a déclaré.

Contestation sur le prix du bail verbal.

C. C. 1366 et s.

C. Pr. civ. 130, 302 et s.

Cassation, 4 décembre 1823, 5 mars 1856.

ART. **1717.** — Le preneur a le droit de sous-
louer, et même de céder son bail à un autre, si
cette faculté ne lui a pas été interdite.

Sous-location et cession de bail.

1717

Elle peut être interdite pour le tout ou partie.

Cette clause est toujours de rigueur.

C. C. 1184, 1728, 1735, 1741, 1763, 1766.

Cassation, 17 mai 1817, 13 décembre 1820, 29 mars 1827, 2 février 1859, 28 juin 1859, 13 mars 1860, 18 juillet 1865.

ART. **1718**. — Les articles du titre du *Contrat de mariage* et des *Droits respectifs des époux,* relatifs aux baux des biens des femmes mariées, sont applicables aux baux des biens des mineurs.

C. C. 450, 451, 509, 595, 1429, 1430.

Livraison, entretien et garantie de la chose louée.

ART. **1719**. — Le bailleur est obligé, par la nature du contrat, et sans qu'il soit besoin d'aucune stipulation particulière,

1° De délivrer au preneur la chose louée;

C. C. 1604, 1720.

2° D'entretenir cette chose en état de servir à l'usage pour lequel elle a été louée;

C. C. 1720.

3° D'en faire jouir paisiblement le preneur pendant la durée du bail.

    C. C. 1721, 1741.

1719

    I. — La location d'un appartement ne comprend la jouissance de la façade depuis le niveau du plancher jusqu'à celui du plafond, pour y placer des écriteaux, des enseignes ou tableaux, que s'il y a consentement exprès du bailleur à cet égard. Alors même que ce consentement existe, le preneur reste toujours responsable des dégradations que peuvent causer ces objets aux murs où ils sont appliqués.

Usage
de la façade
par le locataire.

    II. — La clause par laquelle le preneur s'interdit, d'une manière générale, de former aucun recours contre le bailleur pour quelque cause que ce soit, est nulle de plein droit comme contraire à la nature du contrat de louage ; et malgré cette clause, le preneur peut demander la résiliation de son bail si le bailleur n'entretient pas les lieux en état de servir à l'usage pour lequel ils ont été loués.

Renonciation
à tout recours
contre
le bailleur :
Clause nulle.

    III. — Lorsque des réparations ordonnées par l'administration ont eu pour résultat de rendre la chose impropre à l'usage pour lequel elle a été louée, le locataire peut contraindre le bailleur à l'exécution des travaux nécessaires pour remettre les lieux en état de répondre à leur destination première.

Réparations ;
locaux dénaturés :
droit du locataire.

1719

Expiration
prochaine du bail :
annonce
de la vacance des
lieux loués.

IV. — C'est troubler la jouissance paisible due au locataire occupant, mais dont le bail expire dans un laps de temps déterminé, que d'annoncer la vacance future des lieux loués : appartement, magasin ou maison entière, avant l'époque imposée à ce locataire par les usages locaux ou par les conventions, pour laisser visiter lesdits lieux. Le bailleur n'a pas le droit de faire cette annonce.

Cassation, 7 novembre 1853 ; 19 janvier 1863.

Livraison
en bon état.

ART. **1720**. — Le bailleur est tenu de délivrer la chose en bon état de réparations de toute espèce.

C. C. 1719, § I, 1731.

Il doit y faire, pendant la durée du bail, toutes les réparations qui peuvent devenir nécessaires, autres que les locatives.

C. C. 1719, § II, 1724, 1731, 1741, 1754, 1755.

Dégradations
visibles
au moment
de la location.

I. — Le preneur qui a déclaré prendre les lieux en l'état où ils se trouvent, est sans droit pour exiger du bailleur la réparation de dégradations qui étaient visibles au moment où la location a été consentie, à moins que ces dégradations ne mettent la chose louée en péril.

Travaux
prescrits par
l'administration.

II. — Le locataire n'a pas qualité pour contraindre le propriétaire à exécuter, dans les

lieux loués, des travaux prescrits par l'adminis- **1720**
tration pour cause d'insalubrité ou pour tout
autre motif.

III. — Lorsqu'un locataire est engagé, par une
· clause expresse du bail, à élever des constructions décrites d'une manière précise et complète dans la dite clause, et lorsqu'il y est dit,
en outre, que ces constructions resteront la propriété du bailleur à l'expiration du dit bail, l'entretien de ces constructions est à la charge du
bailleur s'il n'y a convention contraire.

Lorsqu'il est stipulé, au contraire, que les
constructions faites par le preneur seront ou dé-
molies, ou achetées par le bailleur à la fin du
bail seulement, l'entretien de ces constructions
est à la charge du locataire qui en est seul propriétaire jusqu'au jour où sa location expire.

Cassation, 27 janvier 1858.

ART. **1721.** — Il est dû garantie au preneur pour tous les vices ou défauts de la chose
louée qui en empêchent l'usage, quand même
le bailleur ne les aurait pas connus lors du
bail.

S'il résulte de ces vices ou défauts quelque
perte pour le preneur, le bailleur est tenu de
l'indemniser.

C. C. 1641 à 1649, 1719, 1725 et suiv., 1891.

C. Com. 297.

Marginalia:

Constructions
élevées
par le preneur :
Entretien.

Vices
de la chose louée
Garantie.

1721

Vice caché :
Résiliation.

I. — Un vice caché peut entraîner la résiliation d'un bail, s'il a pour conséquence de rendre les lieux impropres à l'usage pour lequel ils ont été loués.

Travaux faits
par le voisin :
Résiliation.

II. — Le locataire troublé dans sa jouissance par suite de modifications que le propriétaire de l'héritage voisin apporte à sa propriété ; à ce point que les lieux qu'il occupe ne puissent plus servir à l'usage pour lequel ils ont été loués, peut demander et obtenir la résiliation du bail, si ce bail stipule d'une façon expresse la destination que le preneur a voulu donner aux dits lieux. Mais cette résiliation ne peut entraîner aucun dédommagement.

Cassation, 11 mai 1847.

Destruction
totale ou partielle
de la chose louée
par cas fortuit.

ART. **1722.** — Si, pendant la durée du bail, la chose louée est détruite en totalité par cas fortuit, le bail est résilié de plein droit ; si elle n'est détruite qu'en partie, le preneur peut, suivant les circonstances, demander ou une diminution de prix, ou la résiliation même du bail. Dans l'un et l'autre cas, il n'y a lieu à aucun dédommagement.

C. C. 1148, 1302 et s., 1724, 1741, 1769.

C. Com. 300, 302 et s.

(Voir *Commentaire*, art. 607 (*Cas fortuit*), p. 143.)

Un arrêté administratif qui ordonne la démo- **1722**
lition d'un immeuble ne constitue un cas de
force majeure que dans le cas où le bâtiment
démoli ne peut être réédifié sur le même plan
par suite de retranchement par voie d'alignement. C'est donc dans ce cas seul qu'il peut
avoir pour conséquence la résiliation du bail
de plein droit, si ce retranchement apporte
dans les lieux loués un trouble tel qu'ils ne
puissent plus servir à l'usage auquel ils ont été
destinés.

- *Cassation*, 30 mai 1837, 7 juillet 1847, 3 août 1847,
5 mai 1850, 27 février 1854, 8 août 1855, 16 avril
1862, 20 janvier 1864, 10 février 1864, 9 août 1864.

ART. **1723**. — Le bailleur ne peut, pen-   Modification
dant la durée du bail, changer la forme de la   de la chose louée.
chose louée.

C. C. 1719, § III, 1728, 1729.

Le bailleur ne peut modifier l'état des lieux
qui entourent la chose louée sans en dépendre,
quoique faisant partie du même héritage, de
telle sorte qu'il en résulte un changement dans
l'aspect de ces lieux, ou une diminution de l'espace libre, c'est-à-dire de l'air et du jour dont le
locataire avait la jouissance en prenant possession de la chose louée.

Art. **1724**. — Si, durant le bail, la chose   Réparations
urgentes :

1724

obligation
du preneur.
Délai :
Indemnité ;
Résiliation.

louée a besoin de réparations urgentes et qui ne puissent être différées jusqu'à sa fin, le preneur doit les souffrir, quelque incommodité qu'elles lui causent, et quoiqu'il soit privé, pendant qu'elles se font, d'une partie de la chose louée.

Mais si ces réparations durent plus de quarante jours, le prix du bail sera diminué à proportion du temps et de la partie de la chose louée dont il aura été privé.

Si les réparations sont de telle nature qu'elles rendent inhabitable ce qui est nécessaire au logement du preneur et de sa famille, celui-ci pourra faire résilier le bail.

C. C. 1148, 1720, 1722.

C. Proc. civ. 635, § II.

C. Com. 296.

(Voir *Commentaire* des art. 655 et 661.)

Réparation
ou reconstruction
du mur mitoyen.

I. La réparation et la reconstruction d'un mur mitoyen sont au nombre des réparations urgentes que le locataire doit souffrir sans que, de leur exécution, puisse naître pour lui aucun droit à des dommages et intérêts, lors même que le mur a été reconnu suffisant pour la maison qu'il habite, s'il n'y a eu aucune faute commise par l'un ou l'autre des copropriétaires dudit mur.

II. Dans le cas dont il vient d'être parlé, la diminution proportionnelle du prix du bail, s'il y a lieu de l'appliquer, est toujours à la charge du bailleur qui a garanti la jouissance paisible de la chose louée, lors même qu'il ne concourt pas à la réparation ou à la reconstruction du mur mitoyen.

1724

Indemnité
locative.

III. La résiliation du bail, à la demande du preneur, pour impossibilité d'habiter pendant la durée de travaux urgents à exécuter dans les lieux loués, ne peut donner lieu à aucun dédommagement.

Résiliation
sans indemnité.

IV. Le locataire a toujours droit à la remise des lieux loués en leur état primitif et au remboursement des dépenses qu'il a pu faire pour location provisoire, pour transport de meubles, pour réparation ou remplacement d'objets détériorés ou détruits.

S'il s'agit de la réparation ou de la reconstruction d'un mur mitoyen, les frais dont il vient d'être parlé sont répartis suivant les règles posées dans les commentaires des articles 655 et suivants.

Droit
du locataire.

Art. **1725**. — Le bailleur n'est pas tenu de garantir le preneur du trouble que des tiers apportent par voies de fait à sa jouissance, sans prétendre d'ailleurs aucun droit sur la chose

Jouissance
troublée par
des tiers.

1725   louée; sauf au preneur à les poursuivre en son nom personnel.

C. C. 1726 et s.

Art. **1726**. — Si, au contraire, le locataire ou le fermier ont été troublés dans leur jouissance par suite d'une action concernant la propriété du fonds, ils ont droit à une diminution proportionnée sur le prix du bail à loyer ou à ferme, pourvu que le trouble et l'empêchement aient été dénoncés au propriétaire.

C. C. 1147 et s., 1630, 1640, 1727, 1768.

C. Pr. civ. 175 et s.

Art. **1727**. — Si ceux qui ont commis les voies de fait, prétendent avoir quelque droit sur la chose louée, ou si le preneur est lui-même cité en justice pour se voir condamner au délaissement de la totalité ou de partie de cette chose, ou à souffrir l'exercice de quelque servitude, il doit appeler le bailleur en garantie et doit être mis hors d'instance, s'il l'exige, en nommant le bailleur pour lequel il possède.

C. C. 1725 et s., 1768.

C. Pr. civ. 175 et s., 182.

Art. 1728. — Le preneur est tenu de deux obligations principales :

1° D'user de la chose louée en bon père de famille et suivant la destination qui lui a été donnée par le bail, ou suivant celle présumée d'après les circonstances, à défaut de convention ;

2° De payer le prix du bail aux termes convenus.

C. C. 1729 et s., 1741, 2102, § I, 2277.

C. Pr. civ. 819 et s.

I. Lorsqu'une dégradation occasionnée par vétusté ou par accident de force majeure se manifeste, le locataire est tenu d'en informer aussitôt le propriétaire.

II. A défaut de conventions, les époques de payement sont fixées par les usages locaux.

A Paris, l'usage a fixé les termes aux premier janvier, premier avril, premier juillet et premier octobre de chaque année. Mais un autre usage,

Marginal notes:

1727

Obligations du preneur.

Dégradation : avis au bailleur.

Époques du payement des loyers à Paris.

1728

non moins bien établi, accorde au locataire, pour payer le terme échu de son loyer, un délai de huit jours, si le prix annuel de la location ne dépasse pas quatre cents francs, et un délai de quinze jours, si ce prix est supérieur à quatre cents francs.

Cassation, 28 octobre 1814, 14 novembre 1827, 6 avril 1833, 13 février 1834, 21 avril 1834, 2 juillet 1860, 11 janvier 1865.

Abus
de la chose louée.

Art. **1729**. — Si le preneur emploie la chose louée à un autre usage que celui auquel elle a été destinée, ou dont il puisse résulter un dommage pour le bailleur, celui-ci peut, suivant les circonstances, faire résilier le bail.

C. C. 1728, § I, 1760, 1766.

Démolition
d'ouvrages faits
sans autorisation.

I. La faculté donnée au bailleur de faire résilier le bail, si le preneur emploie la chose louée à un autre usage que celui auquel elle a été destinée, implique le droit de demander la remise en l'état primitif des lieux dans lesquels le preneur a fait exécuter des travaux sans y être autorisé. Mais cette demande n'est recevable que si ces travaux sont tels que le maintien de l'état nouveau qu'ils ont créé puisse causer un dommage au bailleur.

Cassation, 19 mai 1835, 3 décembre 1838, 20 ou 26 décembre 1858.

Art. **1730**. — S'il a été fait un état des
lieux entre le bailleur et le preneur, celui-ci
doit rendre la chose telle qu'il l'a reçue, suivant cet état, excepté ce qui a péri ou a été
dégradé par vétusté ou force majeure.

C. C. 1728, 1731 et s., 1735, 1755.

1730

Remise des lieux.

I. L'état des lieux est un acte qui donne la
description de la chose louée, dans toutes ses
parties. La forme et la qualité de chacune de
ces parties, la matière dont elle se compose, la
place qu'elle occupe, l'état de conservation ou
de vétusté dans lequel elle se trouve y sont
énoncés en détail. Tout ce qui présente quelque
particularité y est mentionné d'une manière
spéciale.

Cet état doit être dressé en double expédition.

État des lieux.

II. L'état des lieux est nécessaire au bailleur ;
il constate son droit de propriété sur toutes les
parties de la chose louée.

Il est indispensable au preneur ; il constate
les défectuosités de la chose louée qui, faute de
cette constatation, est présumée être en bon
état, ainsi qu'il est dit à l'article 1731 du Code
civil.

Utilité
de l'état des lieux.

III. Le droit d'exiger l'établissement d'un état
des lieux appartient également au bailleur et au
preneur ; mais il est d'usage que cet état soit

Payement
des frais.

1730

dressé par les soins du bailleur et vérifié par le preneur.

Il est de droit que les frais de cet acte soient à la charge du preneur comme le coût du bail lui-même dont l'état des lieux n'est que le complément; mais le bailleur qui prend l'initiative de faire dresser l'état des lieux doit faire l'avance des frais qu'il entraîne, sauf son recours contre l'autre contractant pour se faire rembourser la part qui incombe à celui-ci.

Dégradations
survenues
pendant
la durée du bail :
Constat.

IV. — Le bailleur ne peut exercer aucune action contre son locataire pour le contraindre à exécuter les réparations locatives qui peuvent devenir nécessaires pendant la durée de la location; mais il a le droit de faire constater les dégradations qui surviennent pendant l'occupation, en vue des réclamations qu'il aura à produire à l'expiration du bail.

Compensations
non recevables.

V. — Le locataire ne peut contraindre le bailleur à lui tenir compte des dépenses qu'il a faites dans les lieux, alors même qu'il en est résulté des améliorations.

Il ne peut non plus le forcer à accepter ces améliorations en compensation des réparations qu'il peut devoir.

Délai d'exécution
des réparations
par le locataire.

VI. — Le locataire doit faire exécuter les réparations qui sont à sa charge pendant le temps de l'occupation, de telle sorte que les lieux soient en bon état le jour où il les rend, sa location finissant. **1730**

Il profite, pour le faire, du délai de huitaine ou de quinzaine qui lui est accordé par l'usage à Paris, comme il est dit au commentaire de l'article 1728, pour payer le prix de son loyer.

Faute d'exécution.desdites réparations dans le délai prescrit, le locataire est passible de dommages et intérêts envers le bailleur qui peut se trouver dans l'impossibilité de faire immédiatement une nouvelle location par suite du mauvais état dans lequel les lieux lui sont rendus.

VII. — Le locataire qui n'a pas fait procéder à l'exécution des réparations qui lui incombent, avant de quitter les lieux à l'expiration de la location, n'a plus la faculté d'y introduire ses ouvriers pour les exécuter, son droit de pénétrer dans les lieux finissant avec la convention qui l'en faisait locataire. Dans ce cas, les réparations doivent être estimées, et le montant de cette estimation doit être payé par le locataire sortant au bailleur. *Estimation des réparations après le délai expiré.*

Cassation, 3 janvier 1849, 1ᵉʳ août 1859.

Art. **1731**. — S'il n'a pas été fait d'état des lieux, le preneur est présumé les avoir reçus en bon état de réparations locatives et doit les rendre tels, sauf la preuve contraire. *Présomption du bon état des lieux.*

C. C. 1720, 1731, 1754 et s.

21

1732

Responsabilité
du preneur : .
dégradations.

Art. **1732**. — Il répond des dégradations ou des pertes qui arrivent pendant sa jouissance, à moins qu'il ne prouve qu'elles ont eu lieu sans sa faute.

C. C. 1728, 1735, 1755.

Loi du 25 mai 1838, art. 4, § II (*Compétence des juges de paix*).

Incendie.

ART. **1733**. — Il répond de l'incendie, à moins qu'il ne prouve

Que l'incendie est arrivé par cas fortuit ou force majeure, ou par vice de construction,

Ou que le feu a été communiqué par une maison voisine.

C. C. 1148, 1245, 1302 et s., 1382, 1383, 1732, 1734 et s., 1792.

C. Pén. 95, 434, 458.

Estimation
des dégâts.

I. — L'estimation des dégâts causés par un incendie s'établit en prenant pour base la valeur des objets avariés ou détruits, au jour même du sinistre; c'est-à-dire en tenant compte de la différence de valeur qui existe entre un objet neuf et un objet vieux, eu égard au temps qui s'est écoulé depuis le jour où cet objet a été créé jusqu'à celui où il a subi les effets de l'incendie, et aux dégradations de toute nature qui ont pu l'atteindre durant cette période.

II. — La responsabilité des dégâts causés à un immeuble par un incendie comprend non-seulement l'obligation de réparer ces dégâts, mais encore celle d'indemniser le propriétaire de la perte des loyers dont il est privé pendant la durée des travaux nécessaires pour rétablir les constructions avariées ou détruites.

1733
Perte des loyers.

Cassation, 18 décembre 1827, 11 avril 1831, 11 février 1834, 1ᵉʳ juillet 1834, 16 août 1841, 1ᵉʳ décembre 1846, 30 janvier 1854, 7 mai 1855, 20 novembre 1855, 30 janvier 1856, 20 décembre 1859, 31 décembre 1862.

Conseil d'État, 29 novembre 1851, 18 février 1864.

ART. **1734**. — S'il y a plusieurs locataires, tous sont solidairement responsables de l'incendie,

Solidarité de tous
les locataires, en
cas d'incendie.

A moins qu'ils ne prouvent que l'incendie a commencé dans l'habitation de l'un d'eux, auquel cas celui-là seul en est tenu ;

Ou que quelques-uns ne prouvent que l'incendie n'a pu commencer chez eux, auquel cas ceux-là n'en sont pas tenus.

C. C. 1200 et s., 1213, 1733.

ART. **1735**. — Le preneur est tenu des dégradations et des pertes qui arrivent par le fait

Sous-locataires;
Gens
de la maison;
Responsabilité
du preneur.

1735   des personnes de sa maison ou de ses sous-locataires.

C. C. 1384 et s., 1953.

Congés.   ART. **1736**. — Si le bail a été fait sans écrit, l'une des parties ne pourra donner congé à l'autre qu'en observant les délais fixés par l'usage des lieux.

C. C. 1709, 1714 et s., 1757, 1759, 1774, 1775.

Loi du 25 mai 1838, art. 3 (*Compétence des juges de paix*).

Délais d'usage à Paris.   I. — A Paris, lorsque les locations sont simplement verbales, l'usage règle les délais à observer pour donner congé de la manière suivante :

Six semaines, lorsque le prix de la location ne dépasse pas 400 francs ;

Trois mois, lorsque le prix de la location dépasse 400 francs, à quelque somme qu'il s'élève :

Six mois lorsqu'il s'agit d'un local destiné au commerce ou à l'industrie, soit boutique, soit magasin situé dans une cour, mais en vue de la rue ;

Un an lorsqu'il s'agit d'un corps de logis entier ou d'une maison entière.

II. — Les délais de huitaine et de quinzaine dont il est parlé au commentaire de l'article 1728, sont applicables au déménagement aussi bien qu'au payement des loyers.

Toutefois, le locataire qui a vidé les lieux, sans profiter du délai que l'usage lui accorde, est sans droit pour en retenir les clefs pendant la durée de ce délai. Il doit les rendre le premier jour du terme.

Cassation, 23 février 1814, 19 avril 1831, 12 août 1858.

USAGES LOCAUX

(Extrait des *Codes français* de TRIPIER, édition citée.)

CODE CIVIL, ART. 1736.

Coutume de la ville de Saint-Flour.

ART. 2. — Tout conducteur de maison située dans ladite ville et fauxbourgs d'icelle, est tenu, six mois auparavant le louage de l'année finie, dénoncer au seigneur et maistre de la maison, qu'il ne la veut plus tenir; autrement est tenu au louage entier de ladite maison de toute l'année ensuivant, posé qu'il ne tienne ladite maison.

ART. 3. — Et pareillement est tenu le maistre et locataire de la maison, six mois auparavant le louage fini, dénoncer au conducteur qu'il se pourvoye d'autre maison; autrement est loisible audit conducteur la tenir l'année ensuivant, pour le prix du premier louage.

Coutume de la ville d'Orilhac.

ART. 1er. — Ceux qui tiennent maisons à louage, faut qu'ils déclarent à Noel, qui est la demie année, qu'ils ne la veulent plus tenir; autrement, ladite année passée, s'ils s'en alloient à la Saint Jean ensuivant, doivent les louages de l'année lors

1736

prochain ensuivant, posé qu'ils ne demeurent en ladite maison. Et quand le déclarent à Noel, faut que les locataires dedans la feste Saint Pierre au mois de juin, rendent les clefs au
seigneur de la maison ; autrement payent le salaire de toute
l'année ensuivant.

Expiration
du bail.

Art. **1737**. — Le bail cesse de plein droit
à l'expiration du terme fixé, lorsqu'il a été
fait par écrit, sans qu'il soit nécessaire de
donner congé.

C. C. 1738 et s., 1775.

C. Pr. civ. 135, § III.

Location tacite.

Art. **1738**. — Si, à l'expiration des baux
écrits, le preneur reste et est laissé en possession, il s'opère un nouveau bail dont l'effet
est réglé par l'article relatif aux locations faites
sans écrit.

C. C. 1736, 1759, 1776.

Décret du 28 septembre-6 octobre 1791, titre I,
section II.

Congé régulier.

Art. **1739**. — Lorsqu'il y a un congé signi-
fié, le preneur, quoiqu'il ait continué sa
jouissance, ne peut invoquer la tacite récon-
duction.

C. C. 1738.

Loi du 25 mai 1838, art. 3 (*Compétence des juges de paix*).

1739

Art. **1740**. — Dans le cas des deux articles précédents, la caution donnée pour le bail ne s'étend pas aux obligations résultant de la prolongation.

Caution.

C. C. 2015, 2034, 2127.

Art. **1741**. — Le contrat de louage se résout par la perte de la chose louée et par le défaut respectif du bailleur et du preneur de remplir leurs engagemens.

Résolution du contrat de louage.

C. C. 1184, 1302 et s., 1722, 1760.

Art. **1742**. — Le contrat de louage n'est point résolu par la mort du bailleur ni par celle du preneur.

Décès du bailleur ou du preneur.

C. C. 607, 1122, 1795.

Art. **1743**. — Si le bailleur vend la chose louée, l'acquéreur ne peut expulser le fermier ou le locataire qui a un bail authentique ou

Vente de la chose louée : Continuation du bail.

1743

dont la date est certaine, à moins qu'il ne se soit réservé ce droit par le contrat de bail.

C. C. 1141, 1317, 1328, 1719, 1744 et s., 1750 et s., 1761.

Décret des 28 septembre-6 octobre 1791, titre I, section II.

Résiliation
du bail
en cas de vente :
Indemnité.

Art. **1744**. — S'il a été convenu, lors du bail, qu'en cas de vente, l'acquéreur pourrait expulser le fermier ou locataire, et qu'il n'ait été fait aucune stipulation sur les dommages et intérêts, le bailleur est tenu d'indemniser le fermier ou le locataire de la manière suivante.

C. C. 1745 et s., 1748 et s.

Location
d'une propriété
urbaine.

Art. **1745**. — S'il s'agit d'une maison, appartement ou boutique, le bailleur paie, à titre de dommages et intérêts, au locataire évincé, une somme égale au prix du loyer pendant le temps qui, suivant l'usage des lieux, est accordé entre le congé et la sortie.

C. C. 1748 et s.

Location
d'une propriété
rurale.

Art. **1746**. — S'il s'agit de biens ruraux, l'indemnité que le bailleur doit payer au fer-

mier est du tiers du prix du bail pour tout le   1746
temps qui reste à courir.

C. C. 1748 et s.

Art. **1747**. — L'indemnité se réglera par
experts s'il s'agit de manufactures, usines ou
autres établissemens qui exigent de grandes
avances.

C. C. 1748 et s.

Art. **1748**. — L'acquéreur qui veut user
de la faculté réservée par le bail d'expulser le
fermier ou locataire en cas de vente est, en
outre, tenu d'avertir le locataire au temps
d'avance usité dans le lieu pour les congés.

Il doit aussi avertir le fermier des biens
ruraux au moins un an à l'avance.

C. C. 1736.

Art. **1749**. — Les fermiers ou les locataires   Payement
de l'indemnité
avant l'expulsion.
ne peuvent être expulsés qu'ils ne soient payés
par le bailleur, ou, à son défaut, par le nouvel
acquéreur, des dommages et intérêts ci-dessus
expliqués.

C. C. 1745 et s.

1750

Bail sans
date certaine.

Art. **1750**. — Si le bail n'est pas fait par acte authentique, ou n'a point de date certaine, l'acquéreur n'est tenu d'aucuns dommages et intérêts.

C. C. 1317, 1328, 1736, 1743, 1748, 1774.

Délai imposé
à l'acquéreur
à pacte de rachat.

Art. **1751**. — L'acquéreur à pacte de rachat ne peut user de la faculté d'expulser le preneur jusqu'à ce que, par l'expiration du délai fixé pour le réméré, il devienne propriétaire incommutable.

C. C. 1662, 1665, 1736, 1743, 1750.

SECTION DEUXIÈME.

DES RÈGLES PARTICULIÈRES AUX BAUX A LOYER.

Garantie due
par le locataire.

Art. **1752**. — Le locataire qui ne garnit pas la maison de meubles suffisans peut être expulsé, à moins qu'il ne donne des sûretés capables de répondre du loyer.

C. C. 1741, 1760, 1766, 2011, 2073, 2102, § I, 2114.

USAGES LOCAUX

(Extrait des *Codes français* de TRIPIER, édition citée.)

CODE CIVIL, ART. 1752.

Coutume de la ville d'Orléans.

ART. 417. — Le locataire, qui n'a de quoi payer, ou qui ne garnit l'hôtel de biens meubles pour le payement de deux termes de loyer, en peut être expulsé et mis hors par ledit seigneur d'hôtel, avec autorité et permission de justice.

Art. **1753**. — Le sous-locataire n'est tenu, envers le propriétaire, que jusqu'à concurrence du prix de sa sous-location dont il peut être débiteur au moment de la saisie, et sans qu'il puisse opposer des paiemens faits par anticipation.

Obligations du sous-locataire vis-à-vis le propriétaire.

Les paiemens faits par le sous-locataire, soit en vertu d'une stipulation portée en son bail, soit en conséquence de l'usage des lieux, ne sont pas réputés faits par anticipation.

C. C. 1350, 1352, 1716, 1717.

C. Proc. civ. 820.

Art. **1754**. — Les réparations locatives ou de menu entretien dont le locataire est tenu,

Réparations locatives.

1754 s'il n'y a clause contraire, sont celles désignées comme telles par l'usage des lieux, et, entre autres, les réparations à faire :

Aux âtres, contre-cœurs, chambranles et tablettes des cheminées ;

Au recrépiment du bas des murailles des appartemens et autres lieux d'habitation, à la hauteur d'un mètre ;

Aux pavés et carreaux des chambres, lorsqu'il y en a seulement quelques-uns de cassés ;

Aux vitres, à moins qu'elles ne soient cassées par la grêle ou autres accidens extraordinaires et de force majeure, dont le locataire ne peut être tenu ;

Aux portes, croisées, planches de cloison ou de fermeture de boutiques, gonds, targettes et serrures.

C. C. 1720, 1731, 1732, 1755, 2102, § I.

Loi du 25 mai 1838, art. 5, § II (*Compétence des juges de paix*).

Extension des obligations du locataire.

I. — De nombreux objets de toute nature, qu'on ne trouvait dans aucune habitation à l'époque où le législateur a rédigé le Code civil, sont mis aujourd'hui à la disposition des locataires.

Leur responsabilité, en ce qui concerne l'entretien locatif, en a été notablement étendue, mais non modifiée dans son principe.

1754

Ce principe est celui qui subordonne les obligations de l'occupant aux négligences, aux fautes et aux abus de jouissance qu'il a pu commettre. Il reste le seul applicable au règlement des réparations locatives.

II. — Le locataire est tenu d'entretenir et de réparer les appareils de chauffage de toute nature qui se trouvent dans les lieux loués ; il doit les rendre garnis de toutes les pièces mobiles qui en dépendent.

Fumisterie : Appareils de chauffage.

Il est tenu de remplacer les plaques de fonte et les panneaux ou carreaux de faïence cassés, soit aux cheminées, soit aux poêles.

Il est tenu de faire ramoner les tuyaux de fumée aussi souvent que cela est nécessaire pendant la durée de l'occupation, et spécialement au moment de rendre les lieux.

III. — Le locataire doit la réparation et, s'il est nécessaire, le remplacement des foyers en marbre des cheminées et des poêles.

Marbrerie : Foyers.

IV. — Le locataire est tenu de faire boucher en maçonnerie pleine et convenablement raccordée tous les trous qu'il a pu faire pour son usage, dans les murs et cloisons, à quelque hauteur que ce soit. Cependant, il n'est pas obligé de faire boucher les trous pratiqués pour

Maçonnerie : Bouchement des trous.

1754

Pierres d'évier.

Bornes, bancs,
vasques,
statues, etc.

Dallage,
enduits, etc.

Menuiserie.

Stalles,
mangeoires,
râteliers,
porte-harnais, etc.

Serrurerie.

la pose des rideaux, s'ils ont été percés avec soin et n'ont entraîné aucune dégradation.

Il est tenu de la réparation et, s'il est nécessaire, du remplacement des pierres d'évier.

A l'extérieur, et dans les cours et jardins, il est tenu de la réparation ou du remplacement des bornes, auges, vasques, bassins, bancs, vases, statues et autres objets qu'il a pu dégrader.

V. — Le locataire doit l'entretien et la réparation des dallages en pierre ou en marbre, des pavages en mosaïque, et des enduits soit en ciment, soit en bitume, soit en toute autre matière qui remplisse la même fonction sur le sol.

VI. — Le locataire est tenu de remplacer toute pièce de menuiserie qu'il a fait couper ou percer de part en part ; par exemple, un bâti de porte dans lequel il a fait pratiquer un trou pour y placer un verrou de sûreté.

Il doit entretenir et réparer les stalles, bat-flancs, mangeoires et râteliers qui meublent les écuries, les coffres dans les remises et les porte-harnais des selleries.

VII. — Le locataire est tenu d'entretenir et de réparer tous les objets de quincaillerie mis à sa disposition.

Il doit remplacer toutes les pièces de serrurerie, fixes ou mobiles, dès qu'elles sont cassées ou perdues.

VIII. — Le locataire est tenu d'entretenir et de réparer tous les objets de plomberie et de fontainerie destinés à la distribution de l'eau et du gaz dans les lieux loués.

Il doit l'entretien et la réparation des cuvettes d'eaux ménagères et des cuvettes de siége d'aisances, quel qu'en soit le système.

Il est responsable des effets de la gelée sur ces divers appareils, s'il n'a pris les précautions d'usage pour éviter les accidents.

IX. — Le locataire est tenu de la réparation des peintures, des tentures et des dorures, suivant la nature des lieux loués, le soin apporté à leur décoration et le luxe qu'on y a déployé, le mode et la durée de l'occupation. A cet égard, aucune règle fixe ne serait équitable, et chaque espèce doit être appréciée en elle-même pour ce qu'elle est.

Le locataire n'est pas tenu de remplacer une tenture nuancée, parce que certaines parties de sa surface ont été couvertes par des tableaux. Ce fait ne constitue pas un abus de jouissance.

Le locataire d'un appartement doit rendre les lieux en bon état de propreté, nets de toute ordure, les vitres lavées, les glaces nettoyées, les parquets frottés.

X. — Lorsqu'un locataire a changé la forme de la chose louée pour l'approprier soit à sa convenance, soit à l'exercice de sa profession ou de son industrie, il doit, à la fin du bail, la rétablir en son état primitif.

1754

Indemnité
pécuniaire.

XI. — L'exécution des réparations dues par le locataire, dont la location expire, peut toujours être remplacée par une indemnité pécuniaire payée au bailleur.

Cassation, 24 novembre 1832.

Réparations
locatives ;
vétusté ou
force majeure

Art. **1755**. — Aucune des réparations réputées locatives n'est à la charge des locataires, quand elles ne sont occasionnées que par vétusté ou force majeure.

C. C. 1730, 1731, 1754.

Curement des
puits et fosses.

Art. **1756**. — Le curement des puits et celui des fosses d'aisances sont à la charge du bailleur, s'il n'y a clause contraire.

Bail des meubles.

Art. **1757**. — Le bail des meubles fournis pour garnir une maison entière, un corps de logis entier, une boutique ou tous autres appartemens est censé fait pour la durée ordinaire des baux de maisons, corps de logis, boutiques ou autres appartemens, selon l'usage des lieux.

C. C. 1159, 1736, 1737.

Bail
des appartements
meublés.

Art. **1758**. — Le bail d'un appartement meublé est censé fait à l'année, quand il a été fait à tant par an ;

Au mois, quand il a été fait à tant par mois;   1758
Au jour, s'il a été fait à tant par jour.

Si rien ne constate que le bail soit fait à tant par an, par mois ou par jour, la location est censée faite suivant l'usage des lieux.

C. C. 1159, 1736, 1737, 1759, 1775.

USAGES LOCAUX

(Extrait des *Codes français* de TRIPIER, édition citée.)

CODE CIVIL, ART. 1758.

Coutume de Bordeaux.

ART. 37. — L'on paiera par quarterons les louages des maisons ou autres choses immeubles estans ès villes et autres lieux de sénéchaussée de Guyenne, s'il n'y a pacte au contraire.

Coutume de Dourdan.

ART. 143. — Tous conducteurs de maisons sont tenus de payer louage de trois mois en trois mois, et entretenir lesdites maisons de menues réparations.

Coutume de Meleun.

ART. 185. — Les louages de maisons et rentes, se payeront à quatre termes, à sçavoir ès premiers jours de janvier, avril, juillet et octobre, s'il n'y a convention au contraire.

22

1758

Coutume de Sens.

ART. 257. — Louages de maisons, rentes foncières et vo-
lages, se payent à quatre termes, Noel, Pasques, Sainct-Jean
et Sainct-Remy, s'il n'y a convention au contraire.

———

Coutume de Vallois.

ART. 180. — Par la coustume générale dudit bailliage, les
termes de payer les louages des maisons sont Pasques, Sainct-
Jean, Sainct-Remy et Noel, ou de trois mois en trois mois, à
commencer du jour du louage. Et peuvent être contraints les
conducteurs, de payer à chacun terme dudit louage, supposé
qu'il n'en ait point esté parlé au contrat.

———

Expiration
du bail :
Continuation
de la jouissance.

Art. **1759**. — Si le locataire d'une maison
ou d'un appartement continue sa jouissance
après l'expiration du bail par écrit, sans opposition de la part du bailleur, il sera censé les
occuper aux mêmes conditions, pour le terme
fixé par l'usage des lieux, et ne pourra plus en
sortir ni en être expulsé qu'après un congé
donné suivant le délai fixé par l'usage des
lieux.

C. C. 1159, 1736, 1738, 1758.

USAGES LOCAUX

Extrait des *Codes français* de TRIPIER, édition citée.)

CODE CIVIL, ART. 1759.

Coutume d'Auxerre.

ART. 149. — Qui loue maisons à une ou plusieurs années, si après icelles passées il ne s'en départ, et entre en l'année ou terme premier, il sera tenu payer le premier terme, et autres ensuivans, tant qu'il y demeurera et entrera esdits termes, au pris qu'il aura tenu la dernière année précédente, et en ce cas, ne pourra le locateur mettre hors le conducteur, durant chacun des termes, s'il ne luy dénonce qu'il se pourvoye et départe quinze jours devant ledit terme escheu : et aussi est tenu le conducteur s'il s'en veut départir le dénoncer au locateur quinze jours devant le terme escheu, et à la fin d'iceux apporter les clefs de la maison qui sera louée.

Coutume de Bar.

ART. 202. — Conducteur de maison à une ou plusieurs années, si le temps de son louage passé, ne s'en déporte, ains la tient sans nouvel marché, il doit payer le pris du louage à raison du bail précédent, pour le temps qu'il en sera détenteur : et ne sera tenu d'en vuyder si le locateur ne lui dénonce trois mois auparavant. Et où le conducteur voudra sortir, sera aussi tenu de le dénoncer au locateur trois mois auparavant, autrement payera le prochain terme suivant.

Coutume de Bordeaux.

ART. 38. — Le louage finy, si le locataire ou conducteur y demeure un jour ou deux, outre le vouloir du seigneur, sera tenu la tenir pour un quarteron; et s'il la laisse, sera tenu payer ledit quartier. Aussi le seigneur de la maison, si pour

ledit quartier est commencé, ne pourra mettre dehors le locataire que ledit quarteron ne soit finy, si, avant le terme finy,
ledit seigneur ne luy a dit et notifié qu'il vuide ladite maison, et qu'il ne la luy vouloit louer, s'il n'y a pas pacte au contraire.

Coutume du Bourbonnais.

ART. 124. — Si celuy qui a loué ou prins à louage maisons
ou autres héritages par aucun temps, ne déclare, avant ledit
temps passé, qu'il ne veut plus que ladite location ou conduc-
tion dure ledit temps passé, elle est censée renouvelée pour un
an seulement.

Coutume de Chaalons.

ART. 274. — Qui prend maison à louage à une ou plusieurs
années, et le temps du louage passé ne s'en départ, ains la
retient sans nouveau marché, il doit payer le prix du louage
à la raison du bail précédent, pour le temps qu'il en sera détenteur. De laquelle maison, au cas de ladite continuation, le
conducteur ne sera tenu vuider, s'il ne lui est dénoncé trois
mois auparavant, par le locateur. Sera aussi ledit conducteur
tenu dénoncer trois mois auparavant, s'il se veut départir de
ladicte maison, autrement payer le prochain terme ensuivant.

Coutume de Lille, chap. xv.

ART. 10. — Un louagier d'une maison après son louage
passé, ayant paisiblement résidé par forme d'entamement de
nouveau louage, en ladite maison pour le terme d'un mois, il
est tenu de parfaire ledit louage, au mesme prix que paravant,
pour une année, et si ne le peut l'héritier contraindre à vuider,
n'estoit pour sa demeure et occupation, en payant intérests
comme dessus.

Coutume de Montargis, ch. XVIII.

ART. 5. — Quand une personne tient héritage à loyer, et après le terme finy de la location, il en jouist huict jours, sans ce que dénonciation lui soit faite de vuider, il parachevera l'année pour le prix à quoy il la tenoit, et à ce faire pourra estre contrainct, et pareillement sera tenu le seigneur le souffrir.

Coutume d'Orléans.

ART. 420. — Celuy qui exploite une maison à lui baillée à tiltre de loyer, huict jours après ledit loyer finy, sans que dénonciation luy soit faicte de vuider, il jouira et parachevera l'année, pour le pris à quoy il tenoit ladite maison auparavant. Et pareillement le seigneur de ladite maison le pourra contraindre à tenir icelle maison, et en payer le loyer aud i prix pour ladite année.

Coutume de Rheims.

ART. 390. — Si le conducteur a habité ou tenu une maison ou habitation jusques au jour de Sainct-Jean-Baptiste (auquel jour se commence à Rheims, l'an du louage des maisons), et ledit conducteur continue et entretient entre le jour de feste Sainct-Pierre et Sainct-Paul (qui est cinq jours après ledit jour Sainct-Jean), il est censé et réputé avoir reprins à louage icelle maison ou habitation pour tout l'an qui est entamé et commencé, et au prix mesme de l'an précédent, s'il ne fait apparoir d'autre louage et convention faicte entre lui et le locateur.

Coutume de Sens.

ART. 258. — Qui prend maison à louage à une ou plusieurs années, et le temps du louage passé ne s'en départ, ains la tient sans nouvel marché, il payera le prix de louage, à la

1759 raison du bail précédent, et pour le temps qu'il en sera détenteur. De laquelle maison (au cas de ladicte continuation) le conducteur ne sera tenu vuider, s'il ne lui est dénoncé trois mois auparavant par le locateur. Sera aussi ledit conducteur tenu dénoncer trois mois auparavant, s'il se veut départir de ladite maison; autrement payera le prochain terme ensuivant.

Résiliation
par la faute
du locataire.

Art. **1760**. — En cas de résiliation par la faute du locataire, celui-ci est tenu de payer le prix du bail pendant le temps nécessaire à la relocation, sans préjudice des dommages et intérêts qui ont pu résulter de l'abus.

C. C. 1149, 1729, 1741, 1752.

Obligations
du bailleur.

Art. **1761**. — Le bailleur ne peut résoudre la location, encore qu'il déclare vouloir occuper par lui-même la maison louée, s'il n'y a eu convention contraire.

C. C. 1134, 1743, 1762.

Art. **1762**. — S'il a été convenu, dans le contrat de louage, que le bailleur pourrait venir occuper la maison, il est tenu de signifier d'avance un congé aux époques déterminées par l'usage des lieux.

C. C. 1736, 1744, 1748, 1761.

CHAPITRE III.

DU LOUAGE D'OUVRAGE ET D'INDUSTRIE.

———

SECTION TROISIÈME.

DES DEVIS ET MARCHÉS (1).

ART. **1787**. — Lorsqu'on charge quelqu'un de faire un ouvrage, on peut convenir qu'il fournira seulement son travail ou son industrie, ou bien qu'il fournira aussi la matière.

C. C. 1711, 1779, 1788 et s.

Louage d'ouvrage: Travail; Matière.

I. — Entre la personne qui charge un architecte de dresser le projet d'une construction qu'elle se propose de faire exécuter par des entrepreneurs ou par des ouvriers, et l'architecte qui accepte cette commande, il y a contrat de louage.

Commande d'un projet: louage d'ouvrage.

(1) La loi reconnaît deux sortes de contrat de louage : celui des choses et celui d'ouvrage.

Elle définit le louage d'ouvrage : un contrat par lequel une

1787

> Un projet est un ensemble de dessins : plans, élévations et coupes, représentant, sous ses principaux aspects, une construction à édifier.

des parties s'engage à faire quelque chose pour l'autre, moyennant un prix convenu entre elles.

Elle distingue trois espèces principales de louage d'ouvrage et d'industrie, et l'une de ces espèces est le louage des entrepreneurs d'ouvrages par suite de devis et marchés. Le devis est le règlement, fait à l'avance, des travaux à exécuter et du prix à payer. Le marché est la convention en vertu de laquelle ce règlement devient obligatoire pour l'avenir.

Elle admet d'ailleurs que les devis, marché ou prix fait, pour l'entreprise d'un ouvrage moyennant un prix déterminé, sont aussi un louage, lorsque la matière est fournie par celui pour qui l'ouvrage est fait.

Il résulte de ces définitions que l'objet d'un contrat de louage passé avec un entrepreneur d'ouvrage est toujours une matière première à façonner ou à transformer, que cette matière soit fournie par le maître ou par l'ouvrier.

Mais il n'en résulte pas que le travail auquel doit se livrer l'ouvrier soit nécessairement un travail purement matériel. Ce peut être un travail où la part de l'intelligence soit de beaucoup la plus importante. Tel est le cas de beaucoup de professions libérales et surtout des professions artistiques.

Entre la personne qui commande un tableau et le peintre qui s'engage à le faire, il y a contrat de louage.

Et de même, entre la personne qui commande une statue et le sculpteur qui s'engage à la faire, il y a contrat de louage.

La matière qu'il faut façonner ou transformer ici, c'est la toile nue que le peintre doit couvrir de couleurs, c'est le marbre brut que le sculpteur doit tailler. Mais qui pourrait dire qu'il s'agit d'un ouvrage matériel ? Et n'est-ce pas là un travail essentiellement intellectuel ? Cependant c'est un louage d'ouvrage généralement à prix fait.

Car ce n'est pas une vente. La vente suppose que l'objet à livrer existe. Dans le louage, l'objet à livrer est à faire, et c'est le cas.

Ce n'est pas non plus un mandat. Pour qu'il y ait mandat,

1787

Il peut aussi consister en un modèle en relief de cette construction.

Un architecte qui dresse un projet fournit donc et son travail et la matière nécessaire pour exprimer sa conception, de manière à la rendre intelligible pour autrui.

II. — C'est ce projet lui-même, c'est-à-dire cet ensemble de dessins ou ce modèle, qui est l'objet du contrat de louage, et non la construction que le maître pourra faire élever, si bon lui semble, au moyen de ce projet, quand il l'aura acquis.

En conséquence, lorsque l'architecte livre son projet, celui qui l'a commandé doit l'examiner, le critiquer s'il le croit critiquable, refuser d'en prendre possession s'il le trouve défectueux, sous réserve du droit de l'architecte d'établir que son travail répond au programme qui lui a été tracé, de démontrer qu'il est recevable et

Obligations du maître : Acceptation du projet : Décharge.

il faut que celui qui travaille agisse au nom d'un autre, et que la capacité et la volonté de cet autre donnent force et effet à ses actes. Mais lorsque celui qui travaille agit en son propre nom, lorsque les actes qu'il accomplit émanent de sa capacité et de sa volonté personnelles, celui-là est un locateur.

C'est donc la nature du travail accompli et les conditions dans lesquelles il s'accomplit qui déterminent la qualification à attribuer au travailleur.

Et si cette nature est variable, si ces conditions sont multiples pour un même individu, il peut être alternativement qualifié de façon différente,

Il en résulte que ses obligations ne sont pas toujours identiques, et que sa responsabilité varie suivant la nature de ses obligations.

1787

d'en exiger le prix. Mais lorsque le projet a été accepté et reçu, l'obligation imposée au locateur par le contrat de louage est remplie, et nulle responsabilité ne peut lui incomber ultérieurement, déchargé qu'il est d'une façon absolue par la réception de son ouvrage.

Exécution ultérieure du projet ;
Responsabilité de ceux qui l'exécutent.

III. — Si dans la suite un édifice est élevé au moyen de ce projet, la responsabilité de cet édifice incombera à ceux qui le construiront comme entrepreneurs, et à celui qui en dirigera les travaux comme architecte, selon le rôle rempli par chacun d'eux dans cette nouvelle opération. Car il ne peut y avoir responsabilité encourue que quand il y a préjudice causé, et il ne peut y avoir préjudice causé que quand il y a construction faite. Donc ceux-là seuls peuvent causer un préjudice et encourir une responsabilité qui concourent à l'exécution.

Vérification et règlement de mémoires ;
Louage d'ouvrage.

IV. — Entre la personne qui charge un architecte de vérifier et de régler les mémoires de travaux qu'elle a fait exécuter par des entrepreneurs ou par des ouvriers et l'architecte qui consent à faire cet ouvrage, il y a contrat de louage.

Dans ce cas, le locateur fournit seulement son travail.

Ce travail est représenté par les annotations, approbations et corrections mises sur les mémoires confiés à l'architecte à cette fin. Ces annotations, approbations et corrections sont des avis que le maître peut contrôler, accepter ou rejeter, qui par conséquent ne l'engagent pas.

Consistant en appréciations toujours susceptibles d'être discutées, et en calculs toujours susceptibles d'être vérifiés, un travail de vérification et de règlement ne peut entraîner aucune responsabilité pour le locateur.

Cassation, 25 août 1862.

ART. **1788**. — Si, dans le cas où l'ouvrier fournit la matière, la chose vient à périr, de quelque manière que ce soit, avant d'être livrée, la perte en est pour l'ouvrier, à moins que le maître ne fût en demeure de recevoir la chose.

C. C. 1139, 1146, 1182, 1585, 1606, 1609.

Perte de la chose avant livraison ; Responsabilité absolue de l'ouvrier.

Si le projet dressé par un architecte est détruit entre ses mains, avant d'être livré à celui qui l'a commandé, ou avant que celui-ci ait été en demeure d'en prendre livraison, la perte est pour l'architecte.

Cassation, 13 août 1860.

ART. **1789**. — Dans le cas où l'ouvrier fournit seulement son travail ou son indus-

Responsabilité de l'ouvrier en cas de faute.

1787

1789

trie, si la chose vient à périr, l'ouvrier n'est tenu que de sa faute.

C. C. 1302, 1382, 1383, 1790.

Responsabilité
limitée à la
perte du salaire.

ART. **1790**. — Si, dans le cas de l'article précédent, la chose vient à périr, quoique sans aucune faute de la part de l'ouvrier, avant que l'ouvrage ait été reçu, et sans que le maître fût en demeure de la vérifier, l'ouvrier n'a point de salaire à réclamer, à moins que la chose n'ait péri par le vice de la matière.

C. C. 1139, 1792.

Responsabilité
limitée
aux parties de
l'ouvrage
non payées.

ART. **1791**. — S'il s'agit d'un ouvrage à plusieurs pièces ou à la mesure, la vérification peut s'en faire par partie : elle est censée faite pour toutes les parties payées, si le maître paye l'ouvrier en proportion de l'ouvrage fait.

C. C. 1350, 1352.

Responsabilité
décennale
de l'entrepreneur
de bâtiments.

ART. **1792**. — Si l'édifice construit à prix fait, périt en tout ou en partie par le vice de la construction, même par le vice du sol, les architecte et entrepreneur en sont responsables pendant dix ans.

1792

I. — Les dispositions de l'article 1792 sont des dispositions exceptionnelles :

1° En ce qu'elles rendent le constructeur responsable de la perte de la chose, alors même que cette chose périt par le vice de la matière fournie par le maître, c'est-à-dire *le sol ;*

2° En ce que la livraison et la réception de l'ouvrage ne déchargent pas le constructeur de sa responsabilité qui doit durer dix ans ;

3° En ce que la présomption de faute est admise en principe contre le constructeur.

Ces dispositions dérogent au droit commun en matière de responsabilité, tel qu'il résulte des articles 1788, 1789, 1790 et 1791. Elles doivent donc être restreintes à l'hypothèse qu'elles prévoient.

II. — Le *prix fait* ou *marché à prix fait* est un contrat par lequel une des parties s'oblige envers l'autre à faire ou à fournir quelque chose, pour un certain prix, à perte ou à gain.

L'article 1792 ne se rapportant qu'aux édifices construits à prix fait, n'est applicable qu'au constructeur qui fournit la matière et la main-d'œuvre nécessaires à l'érection de l'édifice pour un prix déterminé à l'avance en bloc et à forfait.

Il n'est point applicable à l'entrepreneur dont l'ouvrage est estimé postérieurement au moyen de mémoires établis conformément aux prix en usage dans la localité où le travail a été fait, ou aux conventions préalablement intervenues entre les parties. Cet entrepreneur, qui n'a pas construit à prix fait, est responsable de son ouvrage, s'il vient à périr, en vertu des articles 1382 et 1383 du Code civil qui l'obligent à réparer le préjudice qu'il peut avoir causé par sa faute, par sa négligence ou par son imprudence. Il échappe à la disposition exceptionnelle de l'article 1792 qui présume la faute du constructeur, et c'est à celui qui se prétend lésé à faire la preuve contre lui. Mais il ne saurait bénéficier des dispositions favorables au locateur des articles 1788, 1789, 1790 et 1791, puisque la responsabilité du constructeur dure pendant dix ans.

Ruine totale ou partielle de l'édifice.

III. — L'emploi du mot *périt* démontre que le législateur n'a voulu imposer la responsabilité exceptionnelle de l'article 1792 à l'entrepreneur que pour un fait grave entraînant la ruine totale ou au moins partielle de l'édifice.

On doit donc regarder les mots *en partie*, comme désignant une portion importante des gros ouvrages, qui tombe ou menace ruine.

Les gros ouvrages sont les murs et points d'appui de toute nature, les voûtes, les pièces essentielles des planchers et des combles, et, en général, tout ce qui constitue l'ossature de l'édifice. Toutes les autres parties de la construction doivent être considérées comme de menus ouvrages, pour lesquels les entrepreneurs sont

soumis aux règles ordinaires de la section des
devis et des marchés, et non aux dispositions
exceptionnelles de l'article 1792.

IV. — La perte de l'édifice par le vice de la
construction, c'est la perte de l'ouvrage par la
faute de l'ouvrier. La responsabilité ici est donc
de droit commun ; elle n'est exceptionnelle que
par sa durée.

La perte de l'édifice par le vice du sol, c'est
la perte de l'ouvrage par le vice de la matière
fournie par le maître. La responsabilité ici est
donc exceptionnelle par son objet et par sa
durée.

V. — Les mots *architecte* et *entrepreneur* sont
employés ici comme synonymes, bien que les
fonctions qu'ils désignent soient essentiellement distinctes aujourd'hui.

L'architecte est l'artiste qui conçoit les projets, rédige les cahiers des charges , les devis,
les marchés, ordonne les travaux au lieu et
place du propriétaire, en surveille l'exécution
et en règle le prix, en restant étranger aux faits
qui constituent de véritables transactions com-
merciales dans la construction des édifices.

L'entrepreneur est l'industriel qui exécute
les projets conçus par l'architecte, en fournis-
sant son travail, son industrie et la matière.

Mais à l'époque où le Code civil a été élaboré,
bien que la distinction qui depuis lors est devenue définitive entre les deux fonctions existât
déjà, on se servait indifféremment du mot *ar-*

1792

chitecte et du mot *entrepreneur* pour désigner celui qui entreprenait la construction entière d'un bâtiment d'après un devis fait à l'avance et suivant un prix fixé à forfait.

C'est cet entrepreneur général construisant des édifices à prix fait que le législateur a eu en vue en écrivant le mot *architecte* dans l'article 1792 et dans les articles suivants de la section des devis et des marchés.

L'architecte qui dirige et surveille les travaux exécutés par des entrepreneurs, est, pour cette part de la fonction qu'il remplit, le mandataire du propriétaire dont il a mission de sauvegarder les intérêts. Ses obligations sont réglées au titre du mandat, et sa responsabilité, née des articles 1382 et 1383, est régie par l'article 1992. · Entre l'architecte mandataire du propriétaire et l'entrepreneur qui exécute les travaux, il y a opposition constante d'intérêts.

Responsabilité relative au vice de la construction.

VI. — L'entrepreneur répond du vice de la construction; mais, pour apprécier cette responsabilité d'une façon équitable, on doit tenir compte des volontés manifestées par le propriétaire et de ses prescriptions au point de vue de l'économie à apporter dans l'édifice par lui commandé.

En aucun cas, les obligations imposées par la loi à l'entrepreneur ne dispensent le propriétaire du soin d'entretenir son immeuble dès qu'il en a pris possession.

Responsabilité relative au *vice du sol*.

L'entrepreneur répond du vice du sol. Il doit savoir si le sol qu'on lui donne pour bâtir est

susceptible de porter une construction, et il a
le devoir de s'en assurer. Cette obligation toutefois a des limites et doit être appréciée selon
les espèces.

L'entrepreneur répond non-seulement du vice
de la construction et du vice du sol, mais encore des infractions commises aux lois, décrets, règlements de grande et petite voirie,
et ordonnances de police, relatifs aux bâtiments. Il répond aussi de l'inobservation des
conventions faites avec les voisins quand elles
lui ont été dénoncées. Ces infractions, en effet,
constituent de véritables vices de construction
qui doivent entraîner la démolition totale ou
partielle des bâtiments élevés en contravention.

Responsabilité
relative
à l'inobservation
des lois,
des règlements et
des conventions.

VII. — La responsabilité exceptionnelle de
dix ans que l'article 1792 impose à l'entrepreneur a pour but de laisser passer un délai
suffisant pour qu'il devienne certain que la construction est solide.

Responsabilité
décennale :
Vices cachés.

Le législateur a pensé et dit qu'un édifice
peut avoir toutes les apparences de la solidité,
et cependant être affecté de *vices cachés* qui le
fassent tomber après un laps de temps.

La responsabilité décennale de l'entrepreneur a donc pour but de donner au propriétaire une garantie contre les vices cachés.

Voir *Ordonnance du Conseil d'État*, 13 juillet 1825 et
20 juin 1837.

Cassation, 20 novembre 1817, 3 décembre 1834,

1792

10 février 1835, 4 juillet 1838, 11 mars 1839,
18 décembre 1839, 12 novembre 1844, 12 février
1850, 19 mai 1851, 15 juin 1863.

Conseil d'État, 5 avril 1851, 9 août 1851, 21 juillet
1853, 12 juillet 1855, 5 février 1857, 22 décembre 1863, 23 janvier 1864.

Construction
à forfait.
Prix invariable.
Réserve.

ART. **1793**. — Lorsqu'un architecte ou un
entrepreneur s'est chargé de la construction
à forfait d'un bâtiment, d'après un plan arrêté et convenu avec le propriétaire du sol, il
ne peut demander aucune augmentation de
prix, ni sous le prétexte de l'augmentation de
la main-d'œuvre ou des matériaux, ni sous
celui de changemens ou d'augmentations faits
sur ce plan, si ces changemens ou augmentations n'ont pas été autorisés par écrit et le
prix convenu avec le propriétaire.

C. C. 1356, 1358, 2103, § IV, 2110.

Architecte
et
Entrepreneur.

I. — L'architecte, tel qu'il est défini au paragraphe V du commentaire de l'article 1792,
c'est-à-dire l'architecte artiste et mandataire
du propriétaire, ne se charge point de la construction à forfait d'un bâtiment. C'est encore
l'entrepreneur général qui est désigné ici sous
le nom d'architecte.

II. — Le marché à forfait est nul toutes les fois que l'objet de la transaction n'est pas nettement défini.

III. — L'obligation de faire autoriser par écrit tout changement ou augmentation et d'en fixer le prix à l'avance est absolue dans le cas de forfait pur et simple. Faute d'avoir rempli ces formalités, l'entrepreneur n'est fondé à réclamer aucune augmentation, fût-ce pour des modifications d'une certaine importance faites au projet primitif, et quand même il s'agirait de l'addition d'un étage ou d'une aile de bâtiment.

Travaux
supplémentaires.
Autorisation
par écrit:
Obligation
absolue.

IV. — Mais il serait recevable dans sa demande s'il pouvait invoquer à l'appui de sa réclamation une pièce quelconque écrite ou figurée, émanée de la main même du propriétaire, établissant l'adhésion formelle de celui-ci aux travaux supplémentaires exécutés. Ce serait là, en effet, un commencement de preuve par écrit.

Présomption
d'autorisation.

V. — Si la valeur des travaux supplémentaires autorisés n'a point été fixée au moment de l'autorisation, elle est établie, par analogie, d'après les prix indiqués au traité principal.

Estimation.

ART. **1794**. — Le maître peut résilier, par sa seule volonté, le marché à forfait, quoique

Résiliation
du marché à
forfait.
Dédommage-
ment.

1794

l'ouvrage soit déjà commencé, en dédommageant l'entrepreneur de toutes ses dépenses,
de tous ses travaux, et de tout ce qu'il aurait
pu gagner dans cette entreprise.

C. C. 1791.

Marché régulier
sans forfait.

I. — Tout entrepreneur pourvu d'un marché
régulier, alors même que ce marché n'est point
un marché à forfait, doit être dédommagé de
toutes ses dépenses, de tous ses travaux et de
tout ce qu'il aurait pu gagner dans son entreprise, si le maître résilie le contrat par sa seule
volonté. C'est l'article 1382 qui oblige le propriétaire à réparer le préjudice qu'il cause à
l'entrepreneur en rompant le marché; mais ce
préjudice étant le même, que le prix des travaux
soit fixé avant ou après leur exécution, c'est
l'article 1794 qui donne la règle à appliquer
dans ce cas.

Architecte
locateur.

II.—Un propriétaire peut, par sa seule volonté,
retirer à un architecte la commande qu'il lui a
faite de dresser un projet pour lui, ou celle de
vérifier et régler des mémoires, quoique l'ouvrage soit déjà commencé, en le dédommageant
conformément à la loi.

Cassation, 3 février 1851.

Art. **1795**. — Le contrat de louage d'ouvrage est dissous par la mort de l'ouvrier, de l'architecte ou entrepreneur.

C. C. 1237, 1742, 1796.

I. — Il y a contrat de louage entre la personne qui charge un architecte de dresser un projet et l'architecte qui accepte cette commande, ainsi qu'il est dit au paragraphe Ier du Commentaire de l'article 1787. Il y a encore contrat de louage entre la personne qui charge un architecte de vérifier et de régler des mémoires et l'architecte qui accepte ce travail, ainsi qu'il est dit au paragraphe IV du même Commentaire. La mort du locateur dissout ces contrats.

Architecte
locateur.

II. — Mais il n'y a pas contrat de louage entre le propriétaire et l'architecte qui ne construit ni à prix fait, ni au métré. C'est toujours l'entrepreneur général qui est désigné sous le nom d'architecte.

Architecte
et
Entrepreneur.

ART. **1796.** Mais le propriétaire est tenu de payer en proportion du prix porté par la convention, à leur succession, la valeur des ouvrages faits et celle des matériaux préparés, lors seulement que ces travaux ou ces matériaux peuvent lui être utiles.

Droits
des héritiers.

ART. **1797**. — L'entrepreneur répond du fait des personnes qu'il emploie.

C. C. 1384.

Voir *Commentaire* de l'article 1384.

ART. **1798**. — Les maçons, charpentiers et autres ouvriers qui ont été employés à la construction d'un bâtiment ou d'autres ouvrages faits à l'entreprise, n'ont d'action contre celui pour lequel les ouvrages ont été faits, que jusqu'à concurrence de ce dont il se trouve débiteur envers l'entrepreneur, au moment où leur action est intentée.

C. C. 1166, 2103, §§ IV et V, 2210.

ART. **1799**. — Les maçons, charpentiers, serruriers, et autres ouvriers qui font directement des marchés à prix fait, sont astreints aux règles prescrites dans la présente section : ils sont entrepreneurs dans la partie qu'ils traitent.

Responsabilité des entrepreneurs de gros ouvrages.

I. — Tous les entrepreneurs spéciaux qui concourent au gros œuvre de l'édifice, en faisant des marchés à prix fait, sont astreints aux règles prescrites par l'article 1792 pour l'entrepreneur général, si leur ouvrage périt en tout ou en partie par le vice de la construction; mais, seul parmi eux, l'entrepreneur qui a exécuté les fondations répond de la perte de l'édifice par le vice du sol.

1799

II. — Les entrepreneurs qui n'exécutent que de menus ouvrages sont astreints aux règles de droit commun et non aux dispositions exceptionnelles de l'article 1792.

Responsabilité des entrepreneurs de menus ouvrages.

Le droit commun veut que l'ouvrier soit déchargé de la responsabilité des menus ouvrages par la réception. Cette réception résulte soit d'un procès-verbal, soit d'une prise de possession, soit du règlement des mémoires. Des conventions particulières insérées dans les marchés peuvent seules reculer les limites de la responsabilité.

III. — Les entrepreneurs spéciaux sont responsables aussi bien envers l'entrepreneur général, quand ils sont sous-traitants, qu'envers le propriétaire quand ils sont entrepreneurs directs.

Responsabilité des sous-traitants.

1984

TITRE TREIZIÈME.

DU MANDAT.

Décrété le 19 *ventôse an XII* (10 mars 1804).
Promulgué le 29 *ventôse an XII* (20 mars 1804).

CHAPITRE Ier.

DE LA NATURE ET DE LA FORME DU MANDAT.

ART. **1984**. — Le mandat ou procuration est un acte par lequel une personne donne à une autre le pouvoir de faire quelque chose pour le mandant et en son nom.

Le contrat ne se forme que par l'acceptation du mandataire.

C. C. 1101, 1103, 1108, 1119, 1372 et s., 1375, 1985 et s., 1991.

Architecte mandataire.

Entre la personne qui donne à un architecte mission de diriger les travaux qu'elle se propose de faire exécuter par des entrepreneurs ou

par des ouvriers, et l'architecte qui accepte   1984
cette mission, il y a contrat de mandat.

Cassation, 11 décembre 1855.

Art. **1985**. — Le mandat peut être donné
ou par acte public, ou par écrit sous seing
privé, même par lettre. Il peut aussi être
donné verbalement; mais la preuve testimo-
niale n'en est reçue que conformément au
titre des *Contrats ou des Obligations con-
ventionnelles en général*.

C. C. 1103, 1338, 1341 et s., 1347, 1353, 1372, 1375,
1578, 1984.

L'acceptation du mandat peut n'être que
tacite, et résulter de l'exécution qui lui a été
donnée par le mandataire.

Le mandat donné verbalement à l'architecte
ne comporte d'autres pouvoirs que ceux de
diriger et de surveiller l'exécution des travaux.
Pour toute autre opération, un mandat écrit
est nécessaire, et la forme de ce mandat doit
être subordonnée à la forme de l'acte qu'il a
en vue.

Mandat verbal : son étendue. Mandat écrit : sa forme.

Cassation, 6 février 1837, 7 mars 1860.

1986

ART. **1986**. — Le mandat est gratuit, s'il n'y a convention contraire.

C. C. 1710, 1794, 1992.

Honoraires
de l'architecte.

I. — L'usage fait loi. L'architecte a toujours droit à des honoraires, bien qu'il n'y ait pas de stipulation préalable à cet égard (1).

Contrat rompu
par
cas fortuit.

II. — En cas de rupture du contrat, par cas forfuit, avant son entier accomplissement, l'honoraire est dû proportionnellement au travail accompli.

Cassation, 23 novembre 1858.

ART. **1987**. — Il est ou spécial et pour une affaire ou certaines affaires seulement, ou général et pour toutes les affaires du mandant.

C. C. 1988 et s.

Nature
du mandat
de l'architecte.

Le mandat donné à l'architecte est un mandat spécial.

Cassation, 18 juin 1844.

ART. **1988**. — Le mandat conçu en termes

(1) Voir avis du conseil des bâtiments civils du 12 pluviôse an VIII.

généraux n'embrasse que les actes d'administration.

1988

S'il s'agit d'aliéner ou hypothéquer, ou de
quelque autre acte de propriété, le mandat
doit être exprès.

C. C. 412, 481, 933, 1429 et s.

I. — Il n'appartient qu'au propriétaire de
passer un marché avec un entrepreneur en vue
d'une construction à ériger.

Mandat exprès;
sa nécessité.

L'architecte ne doit donc passer un marché
avec un entrepreneur, au nom de son mandant,
qu'en vertu d'un pouvoir exprès.

II. — Le fait d'ordonner des travaux d'entretien, lorsqu'ils sont urgents, est considéré
comme un acte d'administration.

Travaux
d'entretien.

ART. **1989**. — Le mandataire ne peut rien
faire au-delà de ce qui est porté dans son
mandat : le pouvoir de transiger ne renferme
pas celui de compromettre.

I. — Ces prescriptions sont absolues; cependant, on doit toujours faire rendre à une
convention les conséquences qu'elle est appelée
à produire. La mission donnée à un architecte
de faire exécuter un projet comporte tous les
actes principaux et accessoires que l'architecte

Interprétation
du mandat.

1989

accomplit journellement dans l'exercice de sa profession, sans qu'il soit nécessaire de les stipuler.

Transaction.
Compromis.

II. — On ne peut transiger ni compromettre valablement sans pouvoir exprès.

ART. **1990**. — Les femmes et les mineurs émancipés peuvent être choisis pour mandataires ; mais le mandant n'a d'action contre le mandataire mineur que d'après les règles générales relatives aux obligations des mineurs, et contre la femme mariée et qui a accepté le mandat sans autorisation de son mari, que d'après les règles établies au titre du *Contrat de mariage et des Droits respectifs des Époux.*

C. C. 217, 219, 481, 1124, 1126, 1305, 1312, 1413, 1420.

Irresponsabilité
du mandataire
incapable.

Le mandataire peut faire pour le compte de son mandant certains actes que la loi lui défend de faire pour lui-même ; mais l'incapable qui a accepté un mandat peut en invoquer la nullité lorsqu'il est recherché soit pour faute commise par lui, soit pour reddition de compte.

1991

CHAPITRE II.

DES OBLIGATIONS DU MANDATAIRE.

ART. **1991**. — Le mandataire est tenu d'accomplir le mandat tant qu'il en demeure chargé, et répond des dommages-intérêts qui pourraient résulter de son inexécution.

Il est tenu de même d'achever la chose commencée au décès du mandant, s'il y a péril en la demeure.

C. C. 1135, 1142, 1149, 1372, 1373, 2003, 2007, 2010.

I. — Nonobstant le principe posé ici, toute chose juste pouvant constituer un empêchement légitime, suffit à excuser le mandataire qui n'accomplit pas son mandat.

Excuse.

II. — En cas d'inexécution du mandat, avis doit en être aussitôt donné par le mandataire au mandant, à moins d'impossibilité constatée de pouvoir le faire.

Obligation d'avertir le mandant.

III. — L'inexécution non justifiée du mandat ne suffit pas pour que le mandataire soit passible de dommages-intérêts, il faut que cette

La responsabité naît du préjudice causé.

1991

inexécution ait été la cause d'un préjudice. C'est au mandant qu'incombe le devoir d'établir l'existence et l'importance de ce préjudice.

Obligation d'ordonner les mesures de conservation.

IV. — Si pendant l'exécution des travaux, le propriétaire vient à décéder, l'architecte doit ordonner les mesures de conservation nécessaires pour écarter le péril qui résulterait de la suspension immédiate de ces travaux. Le péril conjuré, il doit s'abstenir.

Limite des obligations de l'architecte.

V. — Les obligations du mandataire sont toujours subordonnées à la possibilité où il se trouve de faire exécuter ses ordres. Un architecte n'est tenu de faire travailler les entrepreneurs, que si le mandant, ou, en cas de décès, sa succession fournit les fonds nécessaires pour solder le prix des travaux.

Cassation, 9 mai 1853, 3 mai 1865.

ART. **1992**. — Le mandataire répond non seulement du dol, mais encore des fautes qu'il commet dans sa gestion.

Néanmoins la responsabilité relative aux fautes est appliquée moins rigoureusement à celui dont le mandat est gratuit qu'à celui qui reçoit un salaire.

C. C. 1374, 1596, 1850, 1986.

C. Pén. 408.

I. — Le mandant a le droit d'exiger de l'architecte non seulement de la bonne foi, mais
encore tout le soin et toute l'habileté qui sont
nécessaires à l'accomplissement de son mandat.
L'architecte qui dirige des travaux doit donc
répondre des fautes qu'il commet par négligence, par imprudence et par défaut d'habileté
comme constructeur; il n'est jamais responsable du cas fortuit.

1992

Responsabilité
de l'architecte.

II. — L'architecte est en faute : s'il ne surveille pas ou ne fait pas surveiller suffisamment
les travaux; s'il laisse fonder l'édifice sur un
mauvais sol; s'il tolère l'emploi de matériaux
impropres à l'usage auquel ils sont destinés ou
insuffisants; s'il prescrit des combinaisons
vicieuses au point de vue de la construction;
s'il néglige de faire observer les lois, décrets,
règlements et ordonnances relatifs à la construction, les servitudes et les conventions de
toute nature que le mandant lui a fait connaître.

Fautes
de l'architecte.

III. — La faute de l'architecte, comme celle
de tout mandataire, peut être lourde, légère
ou très-légère; les deux premières seules engagent sa responsabilité.

Importance
de la faute.

La faute ne peut être justement qualifiée
qu'en tenant compte des intentions et des
instructions du mandant, de la nature, de la
destination et de la valeur des travaux qu'il a
commandés.

Conséquence
de la faute.

1992

IV. — La faute de l'architecte, comme celle de tout mandataire, ne doit avoir de conséquences pour lui que si elle a causé un préjudice au mandant.

C'est à celui-ci qu'incombe le devoir d'établir l'existence de ce préjudice et de prouver qu'il est le résultat d'une faute du mandataire architecte.

Si le préjudice n'existe pas, comme c'est le cas lorsque l'auteur du dommage, c'est-à-dire l'entrepreneur, le répare ou est capable de le réparer, l'action contre l'architecte mandataire est sans objet et non recevable, alors même qu'il aurait commis une faute.

Cette action ne peut donc être exercée que subsidiairement.

Action solidaire.

V. — Cependant, s'il est établi qu'il y a faute commune, c'est-à-dire que l'architecte a prescrit des combinaisons vicieuses au point de vue de la construction, ou contraires aux lois et règlements, et que l'entrepreneur les a exécutées, ils peuvent être poursuivis tous deux solidairement.

VI. — Mandataire salarié, l'architecte est de ceux auxquels la responsabilité relative aux fautes est appliquée rigoureusement.

Prescription.

VII. — La responsabilité de l'architecte prend fin le jour où cesse la responsabilité im-

posée aux entrepreneurs qui ont travaillé sous   1992
sa direction.

Cassation, 9 mai 1853, 3 mai 1865.

ART. **1993**. — Tout mandataire est tenu de rendre compte de sa gestion, et de faire raison au mandant de tout ce qu'il a reçu en vertu de sa procuration, quand même ce qu'il aurait reçu n'eût point été dû au mandant.

C. C. 1376, 1948, 1996.

C. Pr. civ. 527.

ART. **1994**. — Le mandataire répond de celui qu'il s'est substitué dans la gestion, 1° quand il n'a pas reçu le pouvoir de se substituer quelqu'un; 2° quand ce pouvoir lui a été conféré sans désignation d'une personne, et que celle dont il a fait choix était notoirement incapable ou insolvable.

Dans tous les cas, le mandant peut agir directement contre la personne que le mandataire s'est substituée.

C. C. 1384, 1753, 1798.

C. Pr. civ. 820.

1994

Substitution.

La substitution est de droit; elle peut devenir un devoir si le mandataire est dans l'impossibilité d'agir, et si, ne pouvant prévenir rapidement le mandant, l'affaire doit souffrir de son inaction forcée.

ART. **1995**. — Quand il y a plusieurs fondés de pouvoir ou mandataires établis par le même acte, il n'y a solidarité entre eux qu'autant qu'elle est exprimée.

C. C. 1033, 1202, 1857, 2006.

ART. **1996**. — Le mandataire doit l'intérêt des sommes qu'il a employées à son usage, à dater de cet emploi; et de celles dont il est reliquataire, à compter du jour qu'il est mis en demeure.

C. C. 1130, 1153 et s., 2001.

C. Pr. civ. 540, 542.

C. Pén. 408.

ART. **1997**. — Le mandataire qui a donné à la partie avec laquelle il contracte en cette qualité, une suffisante connaissance de ses pouvoirs, n'est tenu d'aucune garantie pour ce qui a été fait au-delà, s'il ne s'y est personnellement soumis.

C. C. 1120, 1889, 1998.

Tous les ordres, verbaux et écrits, que donne l'architecte dans le courant du travail, n'engagent que le mandant envers l'entrepreneur.

La suffisante connaissance de ses pouvoirs résulte, pour le tiers, de sa qualité.

1997

L'architecte contracte pour le mandant.

CHAPITRE III.

DES OBLIGATIONS DU MANDANT.

ART. **1998**. — Le mandant est tenu d'exécuter les engagemens contractés par le mandataire, conformément au pouvoir qui lui a été donné.

Il n'est tenu de ce qui a pu être fait au-delà, qu'autant qu'il l'a ratifié expressément ou tacitement.

C. C. 1338, 1375, 1420, 1989, 1997.

ART. **1999**. — Le mandant doit rembourser au mandataire les avances et frais que celui-ci a faits pour l'exécution du mandat, et lui payer ses salaires lorsqu'il en a été promis.

S'il n'y a aucune faute imputable au man-

1999 dataire, le mandant ne peut se dispenser de faire ces remboursement et paiement, lors même que l'affaire n'aurait pas réussi, ni faire réduire le montant des frais et avances sous le prétexte qu'ils pouvaient être moindres.

C. C. 1375, 1986, 1992, 2001 et s.

Frais et avances.

I. — Les frais de voyage doivent être remboursés intégralement au mandataire sans en retrancher ce qu'il aurait dépensé s'il était resté chez lui.

Il en est de même de toutes les dépenses faites de bonne foi et sans faute.

Salaire.

II. — Le mandant doit payer le salaire nonseulement lorsqu'il a été promis, mais encore lorsque le mandataire exerce une profession dans laquelle il est d'usage d'en donner.

Prescription.

III. — L'action du mandataire pour réclamer son salaire se prescrit par trente ans.

ART. **2000**. — Le mandant doit aussi indemniser le mandataire des pertes que celui-ci a essuyées à l'occasion de sa gestion, sans imprudence qui lui soit imputable.

C. C. 1375, 1947, 1992.

On entend par le mot : *pertes*, tout accident survenu au mandataire pendant l'exercice du mandat. Telle serait même une blessure.

2000

Pertes.

ART. **2001**. — L'intérêt des avances faites par le mandataire lui est dû par le mandant, à dater du jour des avances constatées.

C. C. 1153, 1907, 1996.

L'honoraire ne peut être considéré comme une avance, sous prétexte que le mandant est en retard pour l'acquitter. Il ne porte intérêt que du jour de la demande en justice.

L'honoraire n'est point une avance.

ART. **2002**. — Lorsque le mandataire a été constitué par plusieurs personnes pour une affaire commune, chacune d'elles est tenue solidairement envers lui de tous les effets du mandat.

C. C. 1200 et s., 1222, 1995, 1999 et s., 2030.

C. Com. 93 et s.

2003

CHAPITRE IV.

DES DIFFÉRENTES MANIÈRES DONT LE MANDAT FINIT.

ART. **2003**. — Le mandat finit,
Par la révocation du mandataire,

C. C. 1856, 2004 et s.

Par la renonciation de celui-ci au mandat,
C. C. 2007.

Par la mort naturelle ou civile, l'interdiction ou la déconfiture, soit du mandant, soit du mandataire.

C. C. 23, 25, 502, 1373, 1991, 2008, 2010.
C. Com. 437.
C. Pén. 18.

Loi du 31 mai-3 juin 1854 (*Abolition de la mort civile*).

Rupture du mandat. Affaire entière.

I. — Si le contrat est rompu avant que le mandataire ait commencé d'agir, le mandat est regardé comme n'ayant jamais existé.

II. — Si le contrat est rompu pendant la gestion, le mandat est anéanti pour l'avenir ; mais ce qu'il a produit dans le passé subsiste avec toutes ses conséquences.

ART. **2004.** — Le mandant peut révoquer sa procuration quand bon lui semble, et contraindre, s'il y a lieu, le mandataire à lui remettre, soit l'écrit sous seing privé qui la contient, soit l'original de la procuration, si elle a été délivrée en brevet, soit l'expédition, s'il en a été gardé minute.

C. C. 1856, 2006.

Si la révocation a lieu sans motifs légitimes, par caprice, ou par acte de pure volonté non justifié, le mandataire a droit à des dommages-intérêts.

Révocation. Dommages-intérêts.

Cassation, 8 avril 1857, 10 juillet 1865.

ART. **2005.** — La révocation notifiée au seul mandataire ne peut être opposée aux tiers qui ont traité dans l'ignorance de cette révocation, sauf au mandant son recours contre le mandataire.

C. C. 1165, 1991, 1998, 2004.

ART. **2006**. — La constitution d'un nouveau mandataire pour la même affaire, vaut révocation du premier, à compter du jour où elle a été notifiée à celui-ci.

C. C. 1037, 1352, 2005.

Constitution d'un nouveau mandataire.

La constitution d'un second mandataire pour la même affaire et avec les mêmes pouvoirs est un mode de révocation. Dès lors, le premier doit s'abstenir aussitôt que cette constitution lui a été notifiée.

Cassation, 14 mai 1829.

ART. **2007**. — Le mandataire peut renoncer au mandat, en notifiant au mandant sa renonciation.

Néanmoins, si cette renonciation préjudicie au mandant, il devra en être indemnisé par le mandataire, à moins que celui-ci ne se trouve dans l'impossibilité de continuer le mandat sans en éprouver lui-même un préjudice considérable.

C. C. 1136 et s., 1372 et s., 2003.

Renonciation du mandataire. Affaire entière.

1. — Le droit du mandataire de renoncer au mandat est absolu quand l'affaire n'est pas en-

core commencée et cette renonciation ne peut
engager sa responsabilité.

II. — Si l'affaire est commencée et si le mandant établit que la renonciation du mandataire,
lui cause un dommage, il a droit à une indemnité; mais il ne faut pas qu'il ait amené cette
renonciation par sa manière d'agir envers le
mandataire.

Affaire
commencée.

III. — Cependant si l'accomplissement du
mandat devient la cause d'un préjudice pour le
mandataire, il peut y renoncer sans être tenu à
des dommages-intérêts envers le mandant,
quelles que soient les conséquences de sa
renonciation.

Affaire
préjudiciable
au mandataire.

Par *préjudice* on doit entendre non-seulement ce qui peut porter atteinte aux intérêts
matériels du mandataire, mais encore ce qui
peut nuire à sa réputation. Obliger un architecte
à certains faits que celui-ci considérerait comme
incompatibles avec ses convictions d'artiste et
comme susceptibles de faire douter de son talent, serait de la part du mandant un acte
attentoire à la liberté du mandataire, en ce
qui concerne sa profession, et justifierait la
renonciation de celui-ci au mandat.

IV. — Le mandataire est toujours tenu de
donner avis au mandant de sa renonciation, à
moins d'impossibilité absolue.

Obligation
d'avertir
le mandant.

2008

ART. **2008**. — Si le mandataire ignore la mort du mandant, ou l'une des autres causes qui font cesser le mandat, ce qu'il a fait dans cette ignorance est valide.

ART. **2009**. — Dans les cas ci-dessus, les engagemens du mandataire sont exécutés à l'égard des tiers qui sont de bonne foi.

C. C. 2005, 2268.

ART. **2010**. — En cas de mort du mandataire, ses héritiers doivent en donner avis au mandant, et pourvoir, en attendant, à ce que les circonstances exigent pour l'intérêt de celui-ci.

C. C. 419, 724, 1372.

TITRE DIX-HUITIÈME.

DES PRIVILÉGES ET HYPOTHÈQUES

Décrété le 28 ventôse an XII (19 mars 1804).
Promulgué le 8 germinal an XII (29 mars 1804).

CHAPITRE II.

DES PRIVILÉGES.

SECTION DEUXIÈME.

DES PRIVILÉGES SUR LES IMMEUBLES.

ART. **2103**. — Les créanciers privilégiés sur les immeubles sont,

C. C. 2095, 2098, 2104 et s., 2106 et s., 2171.

Loi du 17 juillet 1856 (*Sociétés en commandite*).

1° Le vendeur, sur l'immeuble vendu, pour le paiement du prix;

C. C. 1184, 1654, 1673, 2108, 2151, 2277.

S'il y a plusieurs ventes successives dont le

2103 prix soit dû en tout ou en partie, le premier vendeur est préféré au second, le deuxième au troisième, et ainsi de suite;

C. C. 1140, 1141, 1582 et s.

2° Ceux qui ont fourni les deniers pour l'acquisition d'un immeuble, pourvu qu'il soit authentiquement constaté, par l'acte d'emprunt, que la somme était destinée à cet emploi, et, par la quittance du vendeur, que ce paiement a été fait des deniers empruntés;

C. C. 1250, § II, 1317.

3° Les cohéritiers, sur les immeubles de la succession, pour la garantie des partages faits entre eux, et des soulte ou retour de lots;

C. C. 815, 822, 827, 833, 875, 884 et s., 2109.

4° Les architectes, entrepreneurs, maçons et autres ouvriers employés pour édifier, reconstruire ou réparer les bâtimens, canaux, ou autres ouvrages quelconques, pourvu néanmoins que, par un expert nommé d'office par le tribunal de première instance dans le ressort duquel les bâtimens sont situés, il ait été dressé préalablement un procès-verbal, à l'effet de constater l'état des lieux relativement aux ouvrages que le propriétaire déclarera avoir dessein de faire, et que les ouvrages aient été, dans les six mois au plus de leur perfection, reçus par un expert également nommé d'office ;

Mais le montant du privilége ne peut excéder les valeurs constatées par le second procès-verbal, et il se réduit à la plus-value existante à l'époque de l'aliénation de l'immeuble et résultant des travaux qui y ont été faits ;

C. C. 1792 et s., 1798 et s., 2110, 2113, 2378.

Loi du 11 brumaire an VII (1er novembre 1798), art. 12.

5° Ceux qui ont prêté les deniers pour payer ou rembourser les ouvriers, jouissent du même privilége, pourvu que cet emploi soit authentiquement constaté par l'acte d'emprunt, et par la quittance des ouvriers, ainsi qu'il a été dit ci-dessus pour ceux qui ont prêté les deniers pour l'acquisition d'un immeuble.

C. C. 1250, 1317, 2110.

Tout entrepreneur pourvu d'un marché régulier peut, sans même avertir le propriétaire signataire du marché, présenter une requête au

Droit de l'entrepreneur.

2103

2103   tribunal civil pour que ce tribunal nomme d'office l'expert chargé de constater l'état des lieux avant le commencement d'exécution des travaux.

Cassation, 22 juin 1837, 8 juillet 1846, 1er mars 1853, 11 juillet 1855.

SECTION QUATRIÈME.

COMMENT SE CONSERVENT LES PRIVILÉGES.

ART. **2110.** — Les architectes, entrepreneurs, maçons et autres ouvriers employés pour édifier, reconstruire ou réparer des bâtimens, canaux ou autres ouvrages, et ceux qui ont, pour les payer et rembourser, prêté les deniers dont l'emploi a été constaté, conservent, par la double inscription faite, 1º du procès-verbal qui constate l'état des lieux ; 2º du procès-verbal de réception, leur privilége à la date de l'inscription du premier procès-verbal.

C. C. 2103, §§ IV et V, 2106, 2113.

Loi du 11 brumaire an VII (1er novembre 1798), art. 13.

TITRE VINGTIÈME.

DE LA PRESCRIPTION.

Décrété le 24 ventôse an XII (15 mars 1804).
Promulgué le 4 germinal an XII (25 mars 1804).

CHAPITRE Ier.

DISPOSITIONS GÉNÉRALES.

ART. **2219**. — La prescription est un moyen d'acquérir ou de se libérer par un certain laps de temps, et sous les conditions déterminées par la loi.

C. C. 712, 1234, 2180, 2228 et s.

ART. **2220**. — On ne peut, d'avance, renoncer à la prescription : on peut renoncer à la prescription acquise.

C. C. 6, 1130, 2222, 2224.

ART. **2221**. — La renonciation à la pres-

2221 cription est expresse ou tacite : la renonciation tacite résulte d'un fait qui suppose l'abandon du droit acquis.

C. C. 778, 2222.

ART. **2222**. — Celui qui ne peut aliéner, ne peut renoncer à la prescription acquise.

C. C. 217, 457, 484, 509, 513, 1124, 1125, 1421, 1428, 1535, 1538, 1554, 1561, 1594, 1988, 2220, 2221.

ART. **2223**. — Les juges ne peuvent pas suppléer d'office le moyen résultant de la prescription.

ART. **2227**. — L'État, les établissemens publics et les communes sont soumis aux mêmes prescriptions que les particuliers et peuvent également les opposer.

C. C. 539, 541, 542, 560, 713, 723.

C. Pr. civ. 398.

Loi du 2 mars 1832 (*Liste civile*).

CHAPITRE II.

DE LA POSSESSION.

Art. **2228**. — La possession est la détention ou la jouissance d'une chose ou d'un droit que nous tenons ou que nous exerçons par nous-mêmes, ou par un autre qui la tient ou qui l'exerce en notre nom.

C. C. 2229 et s., 2236.

C. Pr. civ. 3, § II, 23.

Loi du 25 mai 1838, art. 6, § I (*Compétence des juges de paix*).

Art. **2229**. — Pour pouvoir prescrire, il faut une possession continue et non interrompue, paisible, publique, non équivoque, et à titre de propriétaire.

C. C. 688, 690 et s., 2230 et s., 2236, 2242 et s.

C. Pr. civ. 23.

Art. **2230**. — On est toujours présumé posséder pour soi, et à titre de propriétaire,

25

2230   s'il n'est prouvé qu'on a commencé à posséder pour un autre.

C. C. 1350, 1352, 2229, 2234.

ART. **2231**. — Quand on a commencé à posséder pour autrui, on est toujours présumé posséder au même titre, s'il n'y a preuve du contraire.

C. C. 1350, 1352, 2229, 2236 à 2238.

ART. **2232**. — Les actes de pure faculté et ceux de simple tolérance ne peuvent fonder ni possession ni prescription.

C. C. 688, 691, 2229.

ART. **2233**. — Les actes de violence ne peuvent fonder non plus une possession capable d'opérer la prescription.

La possession utile ne commence que lorsque la violence a cessé.

C. C. 1111 et s., 1304, 2229.

Art. **2234**. — Le possesseur actuel qui prouve avoir possédé anciennement, est pré-

sumé avoir possédé dans le temps intermé- 2234
diaire, sauf la preuve contraire.

C. C. 1350, 1352, 2229 et s.

ART. **2235**. — Pour compléter la prescription, on peut joindre à sa possession celle de
son auteur, de quelque manière qu'on lui ait
succédé, soit à titre universel ou particulier,
soit à titre lucratif ou onéreux.

C. C. 724, 1122, 2237, 2239.

CHAPITRE V.

DU TEMPS REQUIS POUR PRESCRIRE.

SECTION TROISIÈME.

DE LA PRESCRIPTION PAR DIX ET VINGT ANS.

ART. **2265**. — Celui qui acquiert de bonne
foi et par juste titre un immeuble, en prescrit
la propriété par dix ans, si le véritable propriétaire habite dans le ressort de la Cour
'appel dans l'étendue de laquelle l'immeuble

2265   est situé; et par vingt ans, s'il est domicilié hors dudit ressort.

C. C. 517 et s., 526, 550, 617, 706, 707, 966, 2180, § IV, 2266 à 2270.

COUTUME DE PARIS.

TITRE VI. — DE PRESCRIPTION.

ART. 113. — Si aucun a jouy et possédé héritage ou rente à juste tiltre et de bonne foy, tant par lui que ses prédécesseurs, dcnt il a le droit et cause, franchement et sans inquiétation, par dix ans entre présens, et vingt ans entre absens aagez et non privilégiez, il acquiert prescription dudict héritage ou rente.

Architecte;
entrepreneurs;
prescription.

ART. **2270.** — Après dix ans, l'architecte et les entrepreneurs sont déchargés de la garantie des gros ouvrages qu'ils ont faits ou dirigés.

C. C. 1792.

SECTION QUATRIÈME.

DE QUELQUES PRESCRIPTIONS PARTICULIÈRES.

ART. **2271.** — L'action des maîtres et instituteurs des sciences et arts, pour les leçons qu'ils donnent au mois;

Celle des hôteliers et traiteurs, à raison du logement et de la nourriture qu'ils fournissent;

C. C. 2102, § v.

Celle des ouvriers et gens de travail, pour le paiement de leurs journées, fournitures et salaires;

C. C. 1781, 1799, 2101, § IV.

Se prescrivent par six mois.

C. C. 2260 et s., 2274, 2275, 2278.

2271

COUTUME DE PARIS.

TITRE VI. — DE PRESCRIPTION.

Art. 126. — Marchans, gens de mestier et autres vendeurs de marchandise et denrées en détail, comme boulangers, paticiers, cousturiers, selliers, bouchers, bourrelliers, passementiers, mareschaux, rotisseurs, cuisiniers et autres semblables, ne peuvent faire action après les six mois passez du jour de la premiere delivrance de leur dite marchandise ou denrée, sinon qu'il y eust arrest de compte, sommation ou interpellation judiciairement faicte, cédule ou obligation.

Art. **2272.** — L'action des médecins, chirurgiens et apothicaires, pour leurs visites, opérations et médicaments;

C. C. 2101, § III.

2272

Celle des huissiers, pour le salaire des actes qu'ils signifient, et des commissions qu'ils exécutent;

C. C. 2060, § VII, 2276.
C. Pr. civ. 60.

Celle des marchands, pour les marchandises qu'ils vendent aux particuliers non marchands;

C. C. 1329, 2101, § V.
C. Com. 1.

Celle des maîtres de pension, pour le prix de la pension de leurs élèves; et des autres maîtres, pour le prix de l'apprentissage;

C. C. 2101, § V.

Celle des domestiques, qui se louent à l'année, pour le paiement de leur salaire;

C. C. 1781, 2101, § IV.

Se prescrivent par un an.

C. C. 2260 et s., 2271, 2274, 2275, 2278.

COUTUME DE PARIS.

TITRE VI. — DE PRESCRIPTION.

ART. 127. — Drappiers, merciers, espiciers, orfèvres et autres marchans grossiers, maçons, charpentiers, couvreux, barbiers, serviteurs, laboureurs et autres mercenaires, ne peuvent faire action ne demande de leur marchandise, sallaires et services après un an passé, à compter du jour de la livrance de leur marchandise ou vacation, s'il n'y a cédule, obligation, arrest de compte par escrit ou interpellation judiciaire.

ART. **2274**. — La prescription, dans les cas ci-dessus, a lieu, quoiqu'il y ait eu continuation de fournitures, livraisons, services et travaux.

Elle ne cesse de courir que lorsqu'il y a eu compte arrêté, cédule ou obligation, ou citation en justice non périmée.

C. C. 2244, 2271 à 2273, 2275, 2278.

C. Pr. civ. 15, 156, 397 et s., 469.

I. L'action de l'ouvrier se prescrit par six mois, celle de l'entrepreneur se prescrit par trente ans.

Action de l'ouvrier. Action de l'entrepreneur.

II. — Le même individu peut indifféremment et alternativement faire acte d'entrepreneur et acte de simple ouvrier.

Distinction entre l'ouvrier et l'entrepreneur.

2274   On ne doit considérer comme entrepreneur que celui qui a contracté un engagement avant de commencer les travaux. L'absence complète de toute convention préalable doit faire considérer comme ouvrier tout individu qui exécute un travail quelle qu'en soit l'importance.

Cassation, 27 juillet 1853, 8 août 1860.

FIN DES EXTRAITS DU CODE CIVIL.

TABLE ANALYTIQUE

DES EXTRAITS DU CODE CIVIL

LIVRE II

DES BIENS, ET DES DIFFÉRENTES MODIFICATIONS DE LA PROPRIÉTÉ.

LIVRE III

DES DIFFÉRENTES MANIÈRES DONT ON ACQUIERT LA PROPRIÉTÉ.

FIN DE LA TABLE DES EXTRAITS DU CODE CIVIL.

MANUEL

DES

LOIS DU BATIMENT

SECTION II

EXTRAITS DU CODE DE PROCÉDURE CIVILE

SECTION II

EXTRAITS

DU CODE DE PROCÉDURE CIVILE

PREMIÈRE PARTIE.

PROCÉDURE DEVANT LES TRIBUNAUX.

LIVRE II

DES TRIBUNAUX INFÉRIEURS.

(Suite du décret du 14 avril 1806.)

TITRE QUATORZIÈME.

DES RAPPORTS D'EXPERTS.

Art. **302**. — Lorsqu'il y aura lieu à un rapport d'experts, il sera ordonné par un juge=

302   ment, lequel énoncera clairement les objets de l'expertise.

C. Proc. civ. 42, 196, 295, 935, 955, 971.

C. C. 126, 453, 824, 1559, 1678, 1716.

C. Com. 414, 416.

Ordonnance d'avril 1667, titre XXI (*Sur la réformation*).

Loi du 22 frimaire an VII (12 décembre 1798), art. 17, 19 ; loi du 27 ventôse an IX (15 mars 1801), art. 5 (*Enregistrement*).

Témoins.

I. — Les experts ne sont jamais autorisés à faire une enquête régulière ; cependant, afin d'être à même d'éclairer le tribunal, ils doivent s'entourer de tous les renseignements utiles. Ils peuvent donc entendre des témoins et consigner, dans le rapport, leurs déclarations ; mais ils ne doivent ni requérir, ni recevoir leur serment, ou leur signature au procès-verbal.

Expertise ordonnée d'office.

II.— L'expertise ordonnée d'office par les juges pour éclairer le tribunal est opposable à toutes les parties, même à celles qui n'auraient été appelées en cause que postérieurement au dépôt du rapport.

Expertise sur réquisition des parties.

Il n'en est pas de même de l'expertise ordonnée par le tribunal sur la réquisition des parties. Celle-ci n'est opposable qu'aux parties présentes ou régulièrement appelées en cause lors de la nomination des experts.

Cassation, 16 avril 1855, 19 novembre 1856, 23 novembre 1857.

Art. **303**. — L'expertise ne pourra se faire
que par trois experts, à moins que les parties
ne consentent qu'il soit procédé par un seul.

C. Proc. civ. 196 et s., 232 et s., 304 et s., 429, 935,
955 et s.

C. C. 126, 453, 466, 824, 834, 1678.

Art. **304**. — Si, lors du jugement qui ordonne l'expertise, les parties se sont accordées
pour nommer les experts, le même jugement
leur donnera acte de la nomination.

C. Proc. civ. 303, 305.

Art. **305**. — Si les experts ne sont pas convenus par les parties, le jugement ordonnera
qu'elles seront tenues d'en nommer dans les
trois jours de la signification ; sinon, qu'il sera
procédé à l'opération par les experts qui seront
nommés d'office par le même jugement.

Ce même jugement nommera le juge-com-
missaire, qui recevra le serment des experts
convenus ou nommés d'office : pourra néanmoins le tribunal ordonner que les experts

305   prêteront leur serment devant le juge de paix
du canton où ils procéderont.

C. Proc. civ. 302, 306 et s., 1033, 1035.

Décret du 30 mars 1808, art. 65 (*Cours et tribu-naux*).

Art. 306. — Dans le délai ci-dessus, les parties qui se seront accordées pour la nomination
des experts en feront leur déclaration au
greffe.

C. Proc. civ. 305, 1035.

Décret du 16 février 1807, art. 91, § VII, art. 20.

ART. 307. — Après l'expiration du délai
ci-dessus, la partie la plus diligente prendra
l'ordonnance du juge, et fera sommation aux
experts nommés par les parties ou d'office,
pour faire leur serment, sans qu'il soit nécessaire que les parties y soient présentes.

C. Proc. civ. 305, 308 et s., 315.

Décret du 16 février 1807, art. 29, § IX; art. 72,
76, §§ IX, XXI; art. 91, §§ VIII, XX.

Lorsque les experts ne sont pas dispensés de
prêter serment, ils ne peuvent, sous peine de

nullité, accomplir aucun acte concernant la
mission qui leur est confiée avant d'avoir procédé à cette opération.

ART. **308**. — Les récusations ne pourront
être proposées que contre les experts nommés
d'office, à moins que les causes.n'en soient
survenues depuis la nomination et avant le
serment.

Récusations.

C. Proc. civ. 197, 237, 309, 310, 430.

ART. **309**. — La partie qui aura des moyens
de récusation à proposer sera tenue de le faire
dans les trois jours de la nomination, par un
simple acte signé d'elle ou de son mandataire
spécial, contenant les causes de récusation, et
les preuves, si elle en a, ou l'offre de les vérifier par témoins; le délai ci-dessus expiré, la
récusation ne pourra être proposée, et l'expert
prêtera serment au jour indiqué par la sommation.

C. Proc. civ. 310, 383, 1029, 1035.

Décret du 16 février 1807, art. 71, § VII, XVII.

ART. **310**. — Les experts pourront être ré-

310   cusés par les motifs pour lesquels les témoins peuvent être reprochés.

C. Proc. civ. 283, 284, 387.

C. C. 25.

C. P. 28, 34, 42, 43.

En conséquence, ne peuvent être experts : les parents ou alliés de l'une ou de l'autre des parties, jusqu'au degré de cousin issu de germain inclusivement ; les parents ou alliés des conjoints au degré ci-dessus, si le conjoint est vivant ou si la partie ou l'expert en a des enfants vivants.

En cas que le conjoint soit décédé et qu'il n'ait pas laissé de descendants, pourront être reprochés les parents ou alliés en ligne directe, frères, beaux-frères, sœurs et belles-sœurs.

Pourront être aussi récusés, l'expert héritier présomptif ou donataire, celui qui aura mangé ou bu avec la partie et à ses frais, depuis la prononciation du jugement qui l'a nommé ; celui qui aura donné des certificats sur les faits relatifs au procès ; les serviteurs ou domestiques ; celui qui est en état d'accusation ; celui qui aura été condamné à une peine afflictive ou infamante, ou même à une peine correctionnelle pour cause de vol.

ART. 311. — La récusation contestée sera jugée sommairement à l'audience, sur un simple acte, et sur les conclusions du ministère

public; les juges pourront ordonner la preuve
par témoins, laquelle sera faite dans la forme
ci-après prescrite pour les enquêtes som-
maires.

C. Proc. civ. 83, 312 et s., 405 et s.

Décret du 16 février 1807, art. 7, §§ VIII, XVII.

Art. **312.** — Le jugement sur la récusation
sera exécutoire, nonobstant l'appel.

C. Proc. civ. 135, 391, 443 et s.

Art. **313.** — Si la récusation est admise, il
sera d'office, par le même jugement, nommé
un nouvel expert ou de nouveaux experts à la
place de celui ou de ceux récusés.

C. Proc. civ. 310.

Art. **314.** — Si la récusation est rejetée, la
partie qui l'aura faite sera condamnée en tels
dommages et intérêts qu'il appartiendra, même
envers l'expert, s'il le requiert; mais, dans ce
dernier cas, il ne pourra demeurer expert.

C. Proc. civ. 128, 390.

C. C. 1146 et s.

315

ART. **315**. — Le procès-verbal de prestation de serment contiendra indication, par les experts, du lieu et des jour et heure de leur opération.

En cas de présence des parties ou de leurs avoués, cette indication vaudra sommation.

En cas d'absence, il sera fait sommation aux parties, par acte d'avoué, de se trouver aux jour et heure que les experts auront indiqués.

C. Proc. civ. 267, 280, 307, 316, 1034.

Décret du 16 février 1807, art. 70, §§ XXIV, XXXIX; art. 91, §§ VIII, XX.

Les experts ne peuvent procéder à aucun acte ni entendre aucun intéressé avant la comparution régulière des parties en cause.

Exécution
par provision.

La mention d'exécution par provision et nonobstant appel oblige les experts à passer outre à leur mission, s'ils en sont requis régulièrement par dire signé d'une des parties.

Les experts doivent toujours se renfermer dans les termes clairs et précis des ordonnances ou des jugements qui les désignent, et en cas de doute, ils doivent, si les parties sont d'accord sur l'interprétation à y donner, consigner cet accord au procès-verbal et le faire signer par toutes les parties : en cas de désaccord, ils doivent, par un rapport sommaire, en référer au tribunal.

A moins d'accord entre les parties, une ordonnance de référé ne peut ordonner que des
travaux urgents, c'est-à-dire ceux qui sont in-
dispensables à la sécurité des personnes ou à la
conservation des choses.

En conséquence, lorsque le péril a cessé, les
experts doivent déposer un rapport, sur lequel
les parties peuvent suivre l'affaire, si elles le
jugent convenable.

Les experts, dans tous les cas où cela est possible sans nuire à l'intérêt d'une des parties,
doivent se refuser à diriger l'exécution des travaux.

Lorsqu'ils sont requis d'opérer une consolidation ou d'élever une construction, ils doivent,
comme tout architecte, éviter les travaux inutiles, présentant une solidité ou un luxe hors de
proportion avec les besoins réels de la construction.

Avant d'ordonner les travaux, les experts
doivent faire déposer en mains tierces, par la
partie qui en requiert l'exécution, une somme
suffisante, à titre de provision, afin de garantir les intérêts des entrepreneurs qu'ils mettent en œuvre.

Les experts ne peuvent jamais se refuser à
déposer leur rapport, sous prétexte que leurs
honoraires n'ont pas été consignés ; mais les parties ne peuvent exiger d'eux aucune avance de
fonds pour frais de voyage ou autres analogues.

Cassation, 16 février 1855, 2 janvier 1858, 10 mars
1858.

315

Travaux
urgents.

Direction
des travaux.

Provision.

Dépôt
de rapport

316

ART. **316**. — Si quelque expert n'accepte
point la nomination, ou ne se présente point,
soit pour le serment, soit pour l'expertise, aux
jour et heure indiqués, les parties s'accorde-
ront sur-le-champ pour en nommer un autre
à sa place; sinon la nomination pourra être
faite d'office par le tribunal.

L'expert qui, après avoir prêté serment, ne
remplira pas sa mission, pourra être condamné
par le tribunal qui l'avait commis, à tous les
frais frustratoires, et même aux dommages-
intérêts, s'il y échet.

C. Proc. civ. 128, 303 et s., 320, 1031.

C. C. 1146 et s., 1149.

Refus
d'experts.

Avant la prestation de serment, ou le commencement des opérations s'il est dispensé du
serment, l'expert peut se refuser à accomplir
la mission qui lui est confiée. Après, il est
tenu de la poursuivre jusqu'à son achèvement.

Dommages-
intérêts.

Les dommages-intérêts, dont il est parlé dans
le présent article, peuvent comprendre, s'il y a
plusieurs experts, tous les frais d'expertise faits
jusqu'au jour du déport de l'expert défaillant,
ce commencement d'expertise devenant nul et
toutes les opérations devant être reprises en présence du nouvel expert nommé en rempla-

cement de celui qui s'est retiré sans *motif légitime*.

ART. **317**. — Le jugement qui aura ordonné le rapport, et les pièces nécessaires, seront remis aux experts ; les parties pourront faire tels dires et réquisitions qu'elles jugeront convenables : il en sera fait mention dans le rapport ; il sera rédigé sur le lieu contentieux, ou dans le lieu et aux jour et heure qui seront indiqués par les experts.

La rédaction sera écrite par un des experts et signée par tous : s'ils ne savent pas tous écrire, elle sera écrite et signée par le greffier de la justice de paix du lieu où ils auront procédé.

C. Proc. civ. 207, 236, 307, 956.

Décret du 16 février 1807, art. 15, 92, §§ XII, XXXIV.

> La partie qui assiste sous toutes réserves à une expertise, peut, au cours des opérations, se retirer et refuser de signer le procès-verbal, sans que sa présence aux premières vacations puisse être considérée comme un acquiescement à l'ordonnance ou au jugement qui a ordonné l'expertise.

Cassation, 27 février 1860.

318

Art. **318**. — Les experts dresseront un seul rapport; ils ne formeront qu'un seul avis à la pluralité des voix.

Ils indiqueront néanmoins, en cas d'avis différens, les motifs des divers avis, sans faire connaître quel a été l'avis personnel de chacun d'eux.

C. Pr. civ. 210, 322 et s., 956.

C. C. 824, 1679.

L'un des experts ne peut consigner son avis dans un rapport séparé, sous peine d'être considéré comme démissionnaire; en ce cas l'article 316 lui est applicable.

Responsabilité des experts.

Les experts ne sont pas responsables des erreurs qu'ils peuvent commettre dans leurs appréciations.

Mais ils sont responsables comme architectes dans les termes de droit des constructions qu'ils dirigent.

(Voir Commentaires des art. 1991 à 1997 du Code civil, p. 365 et suiv.)

Cassation, 1er février 1864.

Voir plus loin, p. 427, un extrait du Ve TARIF EN MATIÈRES CIVILES, *relatif à la taxe des Experts.*

DEUXIÈME PARTIE

PROCÉDURES DIVERSES. •

LIVRE III

(Décret du 26 avril 1806, promulgué le 9 mai suivant).

TITRE UNIQUE.

DES ARBITRAGES.

ART. **1003**. — Toutes personnes peuvent compromettre sur les droits dont elles ont la libre disposition.

C. Proc. civ. 1004 et s.

C. C. 128, 217 et s., 499, 502, 513, 1124, 1127, 1989.

C. Com. 51, 63.

Décret du 16-24 août 1790, titre Iᵉʳ (*Organisation judiciaire*).

> Le compromis fait par un mandataire sans qualité *ad hoc* est nul et ne peut être ratifié par la partie intéressée après la reddition de la sentence.

Compromis : Nullité.

1003

La femme non autorisée de son mari ne peut compromettre ; mais, lorsque le compromis est signé par plusieurs intéressés et qu'il a pour objet une chose indivisible, la nullité ne peut être invoquée qu'à l'égard de la femme et non contre les autres contractants.

Cassation, 3 mars 1863.

ART. **1004**. — On ne peut compromettre sur les dons et legs d'alimens, logement et vêtements ; sur les séparations d'entre mari et femme, *divorces,* questions d'état, ni sur aucune des contestations qui seraient sujettes à communication au ministère public.

C. Proc. civ. 83, 581 et s., 1003, 1010.
Loi du 8 mai 1816, art. 1er (*Abolition du Divorce*).

Rédaction de compromis.

ART. **1005**. — Le compromis pourra être fait par procès-verbal devant les arbitres choisis, ou par acte devant notaires, ou sous signature privée.

C. Proc. civ. 1006 et s.
C. Com. 53.

ART. **1006**. — Le compromis désignera les objets en litige et les noms des arbitres, à peine de nullité.

C. Pr. civ. 1005, 1007, 1027, § II; 1028, §§ II, V; 1029.

Le compromis doit, lorsqu'il est sous seing
privé, être fait en autant d'expéditions qu'il y
a de parties, plus une qui doit être remise au
tribunal arbitral, qu'il soit composé d'un ou
de plusieurs membres.

Mais il peut également être inscrit en tête du
procès-verbal des opérations d'arbitrage; en ce
cas, ce premier procès-verbal doit être signé par
les parties. A la suite de ces signatures le procès-
verbal doit constater l'acceptation du tribunal
arbitral et sa constitution, après quoi les arbitres seuls apposent leurs signatures.

Le sujet en litige devant être indiqué dans le
compromis, toute clause par laquelle les parties
s'engagent en termes généraux à soumettre à
un tribunal arbitral les difficultés qui pourraient naître entre elles est nulle comme contraire à l'article 1006.

Les arbitres chargés de statuer sur un diffé-
rend élevé entre un mandant et son mandataire
relativement à un établissement de compte sont,
par cela même, investis du pouvoir de statuer
sur les dommages-intérêts réclamés par le mandataire à raison de sa révocation, encore bien
que cette révocation n'ait aucun caractère mal-
veillant; il suffit qu'elle ait été intempestive.

Cassation, 28 juillet 1852.

Art. **1007**. — Le compromis sera valable,
encore qu'il ne fixe pas de délai; et, en ce cas,

1007 la mission des arbitres ne durera que trois mois, du jour du compromis.

C. Proc. civ. 1005, 1008, 1012 et s., 1018, 1028, § II; 1029.

C. Com. 54.

Délai. Une sentence peut être rendue légalement sans qu'il soit besoin que les arbitres l'aient signée dans le délai voulu : il suffit qu'elle ait été prononcée aux parties dans le délai légal.

Cassation, 5 février 1855.

Le délai pour la reddition d'une sentence peut être prolongé, soit par écrit, soit même tacitement, la relation insérée dans la sentence de la remise de pièce faite d'un commun accord par les parties après l'expiration dudit délai est une prolongation tacite.

ART. **1008**. — Pendant le délai de l'arbitrage, les arbitres ne pourront être révoqués que du consentement unanime des parties.

C. Proc. civ. 1014.
C. C. 1134.

ART. **1009**. — Les parties et les arbitres suivront, dans la procédure, les délais et les

formes établis pour les tribunaux, si les parties 1009.
n'en sont autrement convenues.

C. Proc. civ. 1011, 1019, 1027, 1033.

C. C. 1134.

> Les arbitres chargés de statuer en première **Enquête**
> instance seulement, sur des difficultés qui exi- **par les arbitres.**
> gent pour être résolues qu'il soit procédé à une
> enquête, doivent insérer en entier cette enquête
> dans leur procès-verbal ; l'omission de cette for-
> malité entraînerait la nullité de la sentence.

> La sentence rendue est sans appel lorsque le **Appel.**
> compromis porte que les arbitres prononceront
> comme *amiables compositeurs*.

> Le mandataire ayant pouvoir de constituer
> des arbitres ne peut valablement renoncer à
> l'appel si son mandat n'exprime pas cette
> faculté d'une façon expresse. La nullité en-
> traînée par ce fait ne peut être couverte même
> par l'exécution de la sentence.

Cassation, 21 juillet 1852.

Art. **1010.** — Les parties pourront, lors et
depuis le compromis, renoncer à l'appel.

Lorsque l'arbitrage sera sur appel ou sur
requête civile, le jugement arbitral sera définitif et sans appel.

C. Proc. civ. 1009, 1019, 1023, 1026, 1028.

C. Com. 52, 63.

Loi du 16-24 août 1790, titres I, X (*Organisation
judiciaire*).

1011

ART. **1011**. — Les actes de l'instruction, et les procès-verbaux du ministère des arbitres, seront faits par tous les arbitres, si le compromis ne les autorise à commettre l'un d'eux.

C. Proc. civ. 1009.

Cessation des pouvoirs.

ART. **1012**. — Le compromis finit : 1° par le décès, refus, déport ou empêchement d'un des arbitres, s'il n'y a clause qu'il sera passé outre, ou que le remplacement sera au choix des parties ou au choix de l'arbitre ou des arbitres restans; 2° par l'expiration du délai stipulé, ou de celui de trois mois s'il n'en a pas été réglé; 3° par le partage, si les arbitres n'ont pas le pouvoir de prendre un tiers arbitre.

C. Proc. civ. 118, 1007, 1013, 1014, 1017.
C. Com. 51, 54, 60.

> Le déport d'un arbitre qui a participé à une déclaration de *non-entente* ne met pas fin au compromis et n'empêche pas la validité du tiers arbitre.

Cassation, 5 février 1855.

ART. **1013**. — Le décès, lorsque tous les héritiers sont majeurs, ne mettra pas fin au

compromis : le délai pour instruire et juger
sera suspendu pendant celui pour faire inventaire et délibérer. 1013

C. Proc. civ. 174, 1007.
C. Com. 795 et s., 1122, 1456 et s.

ART. **1014**. — Les arbitres ne pourront se
déporter si leurs opérations sont commencées:
ils ne pourront être récusés, si ce n'est pour
cause survenue depuis le compromis. Déport
et récusation.

C. Proc. civ. 44 et s., 308 et s., 378 et s., 1012.

ART. **1015**. — S'il est formé inscription de
faux, même purement civile, ou s'il s'élève
quelque incident criminel, les arbitres délais-
seront les parties à se pourvoir, et les délais de
l'arbitrage continueront à courir du jour du
jugement de l'incident.

C. Proc. civ. 14, 214 et s., 427, 1007.
C. Inst. crim. 3, 448 et s.

ART. **1016**. — Chacune des parties sera Délai
pour production
tenue de produire ses défenses et pièces, de pièces.
quinzaine au moins avant l'expiration du délai

1016

du compromis; et seront tenus les arbitres de juger sur ce qui aura été produit.

Refus
de signature.

Le jugement sera signé par chacun des arbitres; et dans le cas où il y aurait plus de deux arbitres, si la minorité refusait de le signer, les autres arbitres en feraient mention, et le jugement aura le même effet que s'il avait été signé par chacun des arbitres.

Opposition.

Un jugement arbitral ne sera, dans aucun cas, sujet à l'opposition.

C. Proc. civ. 1007, 1009, 1020 et s., 1028.

C. Com. 56 et s.

Tous les arbitres doivent assister à chaque délibération. La sentence ne peut être valablement prononcée si un seul est absent, encore bien que la sentence soit postérieurement revêtue de sa signature.

Partage.

ART. **1017**. — En cas de partage, les arbitres autorisés à nommer un tiers seront tenus de le faire par la décision qui prononce le partage: s'ils ne peuvent en convenir, ils le déclareront sur le procès-verbal, et le tiers sera nommé par le président du tribunal qui doit ordonner l'exécution de la décision arbitrale.

Il sera, à cet effet, présenté requête par la **1017**
partie la plus diligente.

Dans les deux cas, les arbitres divisés seront
tenus de rédiger leur avis distinct et motivé,
soit dans le même procès-verbal, soit dans des
procès-verbaux séparés.

C. Proc. civ. 116 et s., 1012, § III; 1018 et s., 1020.
C. Com. 60.

Décret du 16 février 1807, art. 77, §§ XV et s.

> Le procès-verbal constatant la divergence
> d'opinion des premiers arbitres peut n'être ré-
> digé qu'en même temps que la sentence; il suffit
> que cette divergence soit constatée par le tiers
> arbitre et qu'il énonce clairement l'opinion de
> chacun des arbitres. La sentence ainsi rendue
> est valable même si l'un des arbitres s'est retiré
> après avoir fait connaître son opinion, encore
> bien qu'il refuse de signer, ou même de prendre
> part à la sentence.

Cassation, 3 juillet 1850, 5 février 1855.

ART. **1018**. — Le tiers arbitre sera tenu de   Tiers arbitre.
juger dans le mois du jour de son acceptation,
à moins que ce délai n'ait été prolongé par
l'acte de la nomination : il ne pourra prononcer qu'après avoir conféré avec les arbitres

[1018 divisés, qui seront sommés de se réunir à cet effet.

Si tous les arbitres ne se réunissent pas, le tiers arbitre prononcera seul; et néanmoins il sera tenu de se conformer à l'un des avis des autres arbitres.

C. Proc. civ. 1007, 1017, 1028, §§ II, IV; 1029.
Décret du 16 février 1807, art. 29, §§ LXX, LXXII.

Troisième arbitre

Le compromis peut indiquer qu'en cas de désaccord les premiers arbitres nommeront un *troisième arbitre* et qu'alors la sentence sera rendue à la majorité. En ce cas le troisième arbitre n'est pas tenu d'adopter l'opinion d'un des premiers arbitres, comme le tiers arbitre, et si les trois arbitres ont chacun une opinion, l'affaire n'a pas de solution.

Modification d'avis.

Les arbitres peuvent modifier ou même changer leur avis dans la délibération qui a lieu entre eux et le tiers arbitre. Le premier avis émis par les arbitres ne doit pas être regardé comme acquis définitivement aux parties.

Après s'être assuré que les premiers arbitres persistent dans leur avis, le tiers arbitre peut rendre seul la sentence.

Les pouvoirs des premiers arbitres sont de droit prorogés jusqu'à l'expiration de ceux du tiers arbitre; ils conservent donc le droit de délibérer avec lui jusqu'à la reddition de la sentence.

Cassation, 26 février 1856.

ART. **1019**. — Les arbitres et tiers arbitre décideront d'après les règles du droit à moins que le compromis ne leur donne pouvoir de prononcer comme amiables compositeurs.

C. Proc. civ. 1009.

ART. **1020**. — Le jugement arbitral sera rendu exécutoire par une ordonnance du président du tribunal de première instance dans le ressort duquel il a été rendu : à cet effet, la minute du jugement sera déposée dans les trois jours, par l'un des arbitres, au greffe du tribunal.

S'il avait été compromis sur l'appel d'un jugement, la décision arbitrale sera déposée au greffe du tribunal d'appel, et l'ordonnance rendue par le président de ce tribunal.

Les poursuites pour les frais du dépôt et les droits d'enregistrement ne pourront être faites que contre les parties.

C. Proc. civ. 130 et s., 545, 551, 1021 et s., 1028.

C. C. 2123.

C. Com. 61.

Décret du 16 février 1807, art .91, §§ XIX et s.

1020

Les arbitres peuvent être dispensés d'opérer le dépôt de la sentence si les parties sont d'accord sur ce point.

En ce cas elles doivent écrire entièrement de leur main et signer à la suite de la sentence la mention suivante : *Je déclare accepter la présente sentence et dispenser les arbitres (ou l'arbitre), d'en opérer le dépôt.*

Lorsque après cette acceptation l'une des parties n'exécute pas le jugement arbitral, les arbitres doivent effectuer le dépôt de leur sentence, mais après en avoir été requis par dire signé de la partie intéressée à ce dépôt.

ART. **1021**. — Les jugemens arbitraux, même ceux préparatoires, ne pourront être exécutés qu'après l'ordonnance qui sera accordée, à cet effet, par le président du tribunal, au bas ou en marge de la minute, sans qu'il soit besoin d'en communiquer au ministère public; et sera ladite ordonnance expédiée ensuite de l'expédition de la décision.

La connaissance de l'exécution du jugement appartient au tribunal qui a rendu l'ordonnance.

C. Proc. civ. 442, 452, 472, 528, 545, 1020.
C. C. 2123.

ART. **1022**. — Les jugemens arbitraux ne

pourront, en aucun cas, être opposés à des
tiers.

C. C. 1165, 1351, 2123.

Art. **1023**. — L'appel des jugemens arbitraux sera porté, savoir : devant les tribunaux
de première instance, pour les matières qui,
s'il n'y eût point eu d'arbitrage, eussent été,
soit en premier, soit en dernier ressort, de la
compétence des juges de paix; et devant les
cours royales, pour les matières qui eussent
été, soit en premier, soit en dernier ressort,
de la compétence des tribunaux de première
instance.

C. Proc. civ. 435, 449, 456, 457, 471, 1010, 1026,
1028.

Décret du 11 juin 1809, art. 27.

Art. **1024**. — Les règles sur l'exécution
provisoire des jugemens des tribunaux sont
applicables aux jugemens arbitraux.

C. Proc. civ. 135 et s., 155, 457 et s., 554, 806,
1009.

Art. **1025**. — Si l'appel est rejeté, l'appe-
lant sera condamné à la même amende que

1025

s'il s'agissait d'un jugement des tribunaux ordinaires.

C. Proc. civ. 471, 1010, 1023.

ART. **1026**. — La requête civile pourra être prise contre les jugemens arbitraux, dans les délais, formes et cas ci-devant désignés pour les jugemens des tribunaux ordinaires.

Elle sera portée devant le tribunal qui eût été compétent pour connaître de l'appel.

C. Proc. civ. 480 et s., 1010, 1027 et s.

ART. **1027**. — Ne pourront cependant être proposés pour ouvertures :

1° L'inobservation des formes ordinaires, si les parties n'en étaient autrement convenues, ainsi qu'il est dit dans l'article 1009;

2° Le moyen résultant de ce qu'il aura été prononcé sur choses non demandées, sauf à se pourvoir en nullité, suivant l'article ci-après.

C. Proc. civ. 480, §§ II, III.

ART. **1028**. — Il ne sera besoin de se pourvoir par appel ni requête civile dans les cas suivans :

1° Si le jugement a été rendu sans compro-mis, ou hors des termes du compromis;

C. Proc. civ. 1006.

2° S'il l'a été sur compromis nul ou expiré;

C. Proc. civ. 1004, 1007, 1012.

3° S'il n'a été rendu que par quelques arbi-tres non autorisés à juger en l'absence des au-tres;

4° S'il l'a été par un tiers sans en avoir con-féré avec les arbitres partagés;

C. Proc. civ. 1018.

5° Enfin, s'il a été prononcé sur choses non demandées.

C. Proc. civ. 480, § III; 1027, § II.

Dans tous les cas, les parties se pourvoiront par opposition à l'ordonnance d'exécution, de-vant le tribunal qui l'aura rendue, et deman-deront la nullité de l'acte qualifié *jugement arbitral.*

C. Proc. civ. 1020.

Il ne pourra y avoir recours en cassation

1028

Cassation.

1028   que contre les jugemens des tribunaux, rendus soit sur requête civile, soit sur appel d'un jugement arbitral.

C. Com. 52.

———

FIN DES EXTRAITS DU CODE DE PROCÉDURE CIVILE.

———

Le Rapporteur,   Le Président de la Commission,
L. CERNESSON.   ACH. LUCAS.

Le Secrétaire de la Commission,
CHARLES LUCAS.

Adopté par la Société réunie en Assemblée générale.

Pour le Président de la Société, Membre de l'Institut,

Le Secrétaire principal,   Le Vice-Président délégué,
AUG. DUVERT.   ACH. HERMANT.

Vᴱ TARIF EN MATIÈRES CIVILES

TITRE DEUXIÈME

DISPOSITIONS
POUR LE RESSORT DE LA COUR ROYALE DE PARIS.

CHAPITRE IV.

DES EXPERTS.

ART. **15**. (C. Proc. civ. 955, 956). — Il sera taxé aux experts, par chaque vacation de trois heures, quand ils opéreront dans les lieux où ils sont domiciliés ou dans la distance de deux myriamètres, savoir :

Dans le département de la Seine :

Pour les artisans ou laboureurs. . . . .   4 fr. 00 c.
Pour les architectes et autres artistes .   8   00

15

Dans les autres départemens :

Aux artisans ou laboureurs. . . . . . . 3 fr. 00 c.
Aux architectes et autres artistes. . . . 6   00

Au-delà de deux myriamètres, il sera alloué par chaque myriamètre, pour frais de voyage et nourriture, aux architectes et autres artistes, soit pour aller, soit pour revenir :

A ceux de Paris. . . . . 6 fr. 00 c.
A ceux des départemens. 4   50

Il leur sera alloué pendant leur séjour, à charge de faire quatre vacations par jour, savoir :

A ceux de Paris. . . . . 32 fr. 00 c.
A ceux des départemens. 24   00

La taxe sera réduite dans le cas où le nombre des quatre vacations n'aurait pas été employé.

S'il y a lieu à transport d'un laboureur au-delà de deux myriamètres, il sera alloué 3 fr. par myriamètre pour aller et autant pour le

retour, sans néanmoins qu'il puisse être rien **15**
alloué au-delà de cinq myriamètres.

Il sera encore alloué aux experts deux vacations, l'une pour leur prestation de serment, l'autre pour le dépôt de leur rapport, indépendamment de leurs frais de transport s'ils sont domiciliés à plus de deux myriamètres de distance du lieu ou siége le tribunal; il leur sera accordé par myriamètre, en ce cas, le cinquième de leur journée de campagne.

Au moyen de cette taxe, les experts ne pourront rien réclamer, ni pour frais de voyage et de nourriture, ni pour s'être fait aider par des écrivains ou par des toiseurs et porte-chaînes, ni sous quelque autre prétexte que ce soit; ces frais, s'ils ont eu lieu, restant à leur charge.

Le président, en procédant à la taxe de leurs vacations, en réduira le nombre, s'il lui paraît excessif.

Paris, 30 juin 1878.

Vu et approuvé :

Le Président de la Société,
LESUEUR,
Membre de l'Institut.

Le Secrétaire-Rédacteur,
CHARLES LUCAS.

TABLE ANALYTIQUE
DES EXTRAITS DU CODE DE PROCÉDURE CIVILE

PREMIÈRE PARTIE
PROCÉDURE DEVANT LES TRIBUNAUX

LIVRE II
DES TRIBUNAUX INFÉRIEURS

DEUXIÈME PARTIE
PROCÉDURES DIVERSES

LIVRE III

Vᵉ TARIF EN MATIÈRES CIVILES.

FIN DE LA TABLE DES EXTRAITS DU CODE DE PROCÉDURE CIVILE.

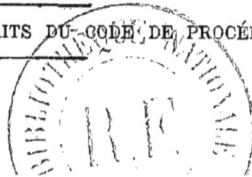

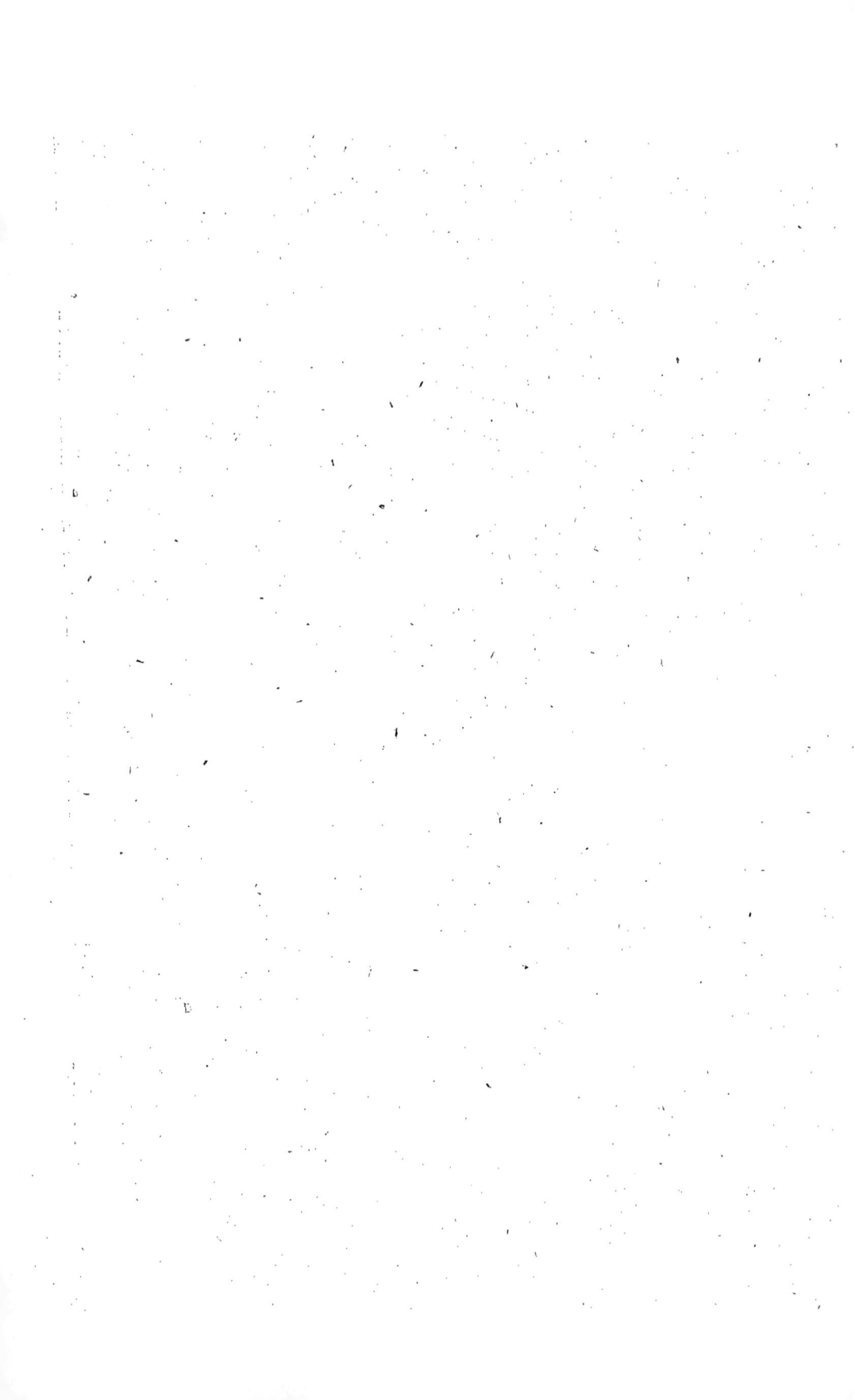

OUVRAGES PUBLIÉS

LA LIBRAIRIE GÉNÉRALE DE L'ARCHITECTURE ET DES TRAVAUX PUBLICS

PUBLICATIONS PÉRIODIQUES.

La Revue générale de l'Architecture et des Travaux publics. — La Semaine des Constructeurs. — Le Bulletin de la Société centrale des Architectes. — Les Annales de la Société centrale des Architectes. — Les Croquis d'Architecture. — Le Recueil d'Architecture. — Les Annales industrielles. — Les Matériaux et Documents d'Architecture. — L'Art et l'Industrie. — L'Art pratique. — Le Recueil de Menuiserie pratique. — Le Recueil de Serrurerie pratique.

OUVRAGES TERMINÉS.

L'Architecture privée au dix-neuvième siècle (1re, 2e et 3e séries). — Le Nouvel Opéra de Paris. — Les Motifs historiques d'Architecture et de Sculpture d'ornement (1re et 2e séries). — La Maison ordinaire au point de vue décoratif. — L'Architecture funéraire. — Les motifs des tissus. — Recueil de Tombeaux modernes. — L'Alhambra. — Les Châteaux de Blois, d'Anet, de Fontainebleau. — L'Architecture de la Renaissance. — Le Mobilier de la Garde-meuble. — Architecture toscane. — Le Théâtre du Vaudeville. — Les Théâtres anciens et modernes. — L'Église de la Trinité. — L'Église Saint-Ambroise. — Les halles centrales de Paris. — Les Maisons de Berlin. — Maisons d'Allemagne. — L'Architecture moderne de Vienne. — Motifs d'Architecture russe. — Les Habitations ouvrières. — L'Art de bâtir chez les Romains. — L'Ornementation pratique. — La Décoration usuelle. — Dictionnaire d'Architecture. — Histoire de l'Architecture, etc., etc.

Jurisprudence du bâtiment. — Traité des Honoraires, de la Responsabilité, de la Mitoyenneté, des Devis dépassés. — Dictionnaire du métré. — Traité des Réparations locatives. — Traité de la Voirie urbaine. — Comptabilité du Bâtiment. — Carnets-contrôle à l'usage des entrepreneurs, etc.

Constructions en bois et en fer. — Pratique de la Résistance des matériaux. — Cours de Construction. — Manuel des entrepreneurs. — Série des prix de la Ville. — Carnet du Conducteur de travaux. — L'Art de la menuiserie. — Recueil de charpente. — Traité des ponts. — Traité des Paratonnerres. — Machines à vapeur, etc.

Papiers exceptionnels à calquer, à dessiner, pour esquisses sur toile, etc.

Envoi franco du catalogue et d'une collection d'échantillons des papiers sur toute demande.

Paris. — Imp. Arnous de Rivière, rue Racine, 26.

www.ingramcontent.com/pod-product-compliance
Lightning Source LLC
Chambersburg PA
CBHW060526220326
41599CB00022B/3438